普通高等教育"十四五"系列教材

计算机绘图与信息建模

主　编　裴金萍　吴明玉

副主编　杨秀娟　冉　辉

中国水利水电出版社

www.waterpub.com.cn

·北京·

内 容 提 要

本书介绍了建筑、水利、道桥等土建类各专业计算机绘图基础知识及 BIM 信息建模技术。全书分为两大部分，第一部分主要介绍 AutoCAD 2020 的基本功能、二维绘图与编辑、文字与尺寸的标注等内容，并以工程案例的形式详细介绍三维建模的方法与技巧；第二部分主要以 BIM 技术中常用软件 Revit、Civil 3D、Fuzor 为工具，基于工程案例介绍 BIM 技术信息建模的思路、方法、技巧及可视化技术。

本书是一本新形态立体化教材，在"行水云课"平台（www.xingshuiyun.com）上有完整的 PPT 课件、教学视频和章节习题等资源，可通过平台在线学习。同时每章节的知识点、工程案例配有二维码，扫码即可观看视频和其他学习资源。

本书可作为高等院校土建类各专业计算机绘图、BIM 技术等课程的配套教材，也可作为相关工程技术人员培训及参考用书。

图书在版编目（CIP）数据

计算机绘图与信息建模 / 裴金萍，吴明玉主编. --
北京 ： 中国水利水电出版社，2021.12
普通高等教育"十四五"系列教材
ISBN 978-7-5226-0270-7

Ⅰ．①计… Ⅱ．①裴… ②吴… Ⅲ．①计算机制图－高等学校－教材②建筑设计－计算机辅助设计－应用软件－高等学校－教材 Ⅳ．①TP391.72TU201.4

中国版本图书馆CIP数据核字(2021)第247241号

书　　名	普通高等教育"十四五"系列教材 **计算机绘图与信息建模** JISUANJI HUITU YU XINXI JIANMO
作　　者	主编　裴金萍　吴明玉　副主编　杨秀娟　冉　辉
出版发行	中国水利水电出版社 （北京市海淀区玉渊潭南路 1 号 D 座　100038） 网址：www.waterpub.com.cn E-mail：sales@waterpub.com.cn 电话：（010）68367658（营销中心）
经　　售	北京科水图书销售中心（零售） 电话：（010）88383994、63202643、68545874 全国各地新华书店和相关出版物销售网点
排　　版	中国水利水电出版社微机排版中心
印　　刷	清淞永业（天津）印刷有限公司
规　　格	184mm×260mm　16 开本　21.25 印张　571 千字
版　　次	2021 年 12 月第 1 版　2021 年 12 月第 1 次印刷
印　　数	0001—2000 册
定　　价	**55.00 元**

前言

随着计算机成图技术的发展，BIM（Building Information Modeling）技术在土建类工程设计、施工、管理中得到广泛应用，计算机绘图也从传统的二维绘图、三维建模向三维信息建模发展。本书以 AutoCAD 2020 为基础，由浅入深、循序渐进，并应用工程案例完整讲解了计算机绘图的全过程。同时还介绍了 Revit、Civil 3D、Fuzor 等软件在建筑、水利、道桥等工程中的应用，为土建类各专业的学生及工程技术人员提供计算机绘图、三维信息建模及工程应用的方法和技巧。

AutoCAD 是一款比较成熟的计算机绘图软件，它具有界面友好、功能强大、直观易学、交互性强等特点。AutoCAD 2020 继承了以往各版本的优点，在速度、色调、选项板功能、图形比较等方面有了较大的改善与提高。Revit 是专门为工程信息建模设计的一款软件，是我国建筑业 BIM 体系中使用最广泛的软件之一，用它创建的工程信息模型，能使土建类工程在设计、施工和运行管理中质量更好、能效更高。Civil 3D 是基于 AutoCAD 定制开发的用于道路、水利等专业的相关软件，有助于快速完成道路选线、水利渠系、水坝及场地规划等土石方工程的三维动态设计。Fuzor 是一款将 BIMVR（Building Information Modeling in Virtual Reality）技术与 4D 施工模拟技术深度结合的综合性平台级软件，其简单高效的 4D 模拟流程可以快速创建丰富的施工进度管理场景。

全书共分 13 章，其中第 1～7 章主要介绍 AutoCAD 2020 基本功能、二维绘图与编辑、文字与尺寸标注等；第 8～11 章引入工程案例，详细介绍 AutoCAD 2020 三维建模的方法与技巧、布局与打印；第 12、13 章主要介绍建筑、水利、道桥等工程信息建模技术常用的软件 Revit、Civil 3D 和 Fuzor，并引入实际工程案例，展示信息建模的步骤与过程。

本书专业性强、涵盖面广，在纸质教材的基础上协同网络资源建设，设置视频、课件、习题讲解等数字资源，是一本新形态立体化教材；通过引入大量工程案例，将软件的应用和工程实践相结合，集理论知识、软件实操、案例解析为一体，是一本适合土建类专业的高等院校课程教材。

从 2003 年开始，课程团队在蒋允静老师的带领下，相继编写出版了《计算机绘图——AutoCAD 2000》《计算机绘图——AutoCAD 2004》《计算机绘图——AutoCAD 2009》，并在此基础上完成了本书的编写，感谢前辈们的辛苦付出。本书由裴金萍（编写第5、6章）、吴明玉（编写第11～13章）担任主编，负责全书的审核和校对工作。杨秀娟（编写第2、3章）、冉辉（编写第8～10章）担任副主编。参加编写的还有张鹏（编写第4、7章）、姜守芳（编写第1章初稿）。

　　由于作者水平有限，书中难免有不妥之处，敬请广大读者批评指正。

编者
2021 年 8 月

目录

第1章 AutoCAD 基 础

AutoCAD 由美国 Autodesk 公司开发，是一款计算机辅助设计（Computer Aided Design，CAD）软件，具有绘制与编辑二维图形、标注图形尺寸、创建与渲染三维模型、输出与打印等功能，该软件操作简便、易于掌握，广泛应用于土木、机械、电子等多个专业领域。多年来软件经过不断完善，已成为国际上广为流行的绘图工具。

1.1 AutoCAD 2020 新功能简介

AutoCAD 软件自问世以来，其强大的绘图能力一直深受广大设计人员的喜爱，经过多次升级，功能越来越强大。新版本 AutoCAD 2020 在保证与低版本之间的兼容性的同时，还带来了新的功能。

（1）主题。AutoCAD 2020 更新了用户界面背景颜色，以提高深色主题的清晰度。当上下文的选项卡处于活动状态时（如编辑图案填充或文字时），功能区选项卡的亮显得到了改善。同时，优化后的图标，也使用户视界更加清晰。

（2）DWG 比较增强功能。AutoCAD 2020 可以在比较状态下，直接将当前图形与指定图形放在一起比较和编辑。比较是在当前图形中进行的，在当前图形或比较图形中所做的任何更改，都会动态比较并亮显。

（3）新的"块"选项板。为满足不同行业人员的需求及偏好，AutoCAD 2020 选用新的块选项板以改变插入块的方式，同时选项板还提高了查找和插入多块的效率。用户通过"插入""工具选项板"和"设计中心"等方法都可以插入块，大大提升了软件的便捷性。

（4）增强的"清理"功能。AutoCAD 2020 对清理功能进行了修改，功能的控制选项和以往版本基本相同，但定向更高效，并且"预览"区域也可以调整大小，更易于清理和组织图形。

（5）增强的快速测量功能。在 AutoCAD 2020 中，使用 MEASUREGEOM 命令的新"快速"选项，测量速度相比以往版本更快。使用"移动光标"选项，能快速查询并在二维图形中动态显示尺寸、距离和角度。

（6）支持云服务。AutoCAD 2020 支持在使用"保存""另存为"和"打开"命令时，连接和存储到多个云服务平台，用户可以随时随地访问，有效提升协作效率。

（7）安全性增强。AutoCAD 2020 删除或升级了若干已知漏洞项。同时对一些服务器及组件中潜在的漏洞进行了替换或关闭，以进一步保证软件联网使用过程中的安全性。

此外，AutoCAD 2020 在固态驱动器（SSD）上的安装时间和操作过程中文件的保存时间也得到了大幅的缩短。同时，AutoCAD 2020 还在图形性能设置中自动重置了多个显示参数以优化显示，当用户采用高分辨率（4K）显示器和双显示器时，也能保证正确启动。

1.2 AutoCAD 2020 操作界面

1.2.1 操作界面

启动软件，显示 AutoCAD 2020 操作界面。

AutoCAD 2020 操作界面包括：应用程序按钮、快速访问工具栏、标题栏、菜单栏、功能区、绘图窗口、坐标系、命令窗口、状态栏等内容，如图 1.1 所示。

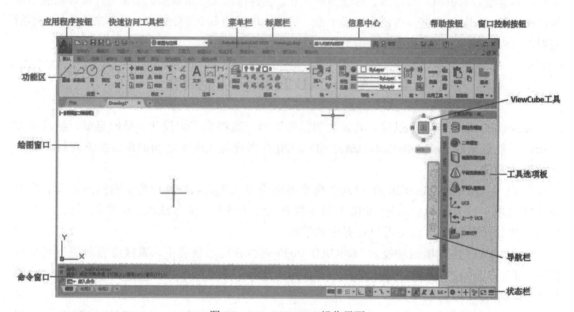

图 1.1 AutoCAD 2020 操作界面

图 1.2 应用程序菜单

1. 应用程序按钮

AutoCAD 2020 操作界面左上角的红色按钮，是应用程序按钮。单击后弹出如图 1.2 所示的应用程序菜单，提供了新建、打开、保存、输出、发布、打印等常用功能，用户可以根据需要选用。

2. 快速访问工具栏

快速访问工具栏位于 AutoCAD 2020 窗口的左上方，通常包含新建、打开、保存、撤销、重做、打印等按钮，如图 1.3 所示。

单击右侧的下拉按钮，弹出如图 1.4 所示的下拉菜单，可以从中自定义快速访问工具栏的内容，包括批处理打印、图层、特性匹配等其他命令。选中"显示菜单栏"将在快速访问工具栏下显示菜单栏。选择"在功能区下方显示"则将快速访问工具栏移动到功能区的下方。

3. 标题栏

标题栏位于工作界面的顶部，如图 1.5 所示。它依次显示当前软件名称、文件名称、信息中心、通信中心、帮助按钮、控制按钮等，有关功能介绍如下：

图 1.3　快速访问工具栏

（1）信息中心：在信息框输入关键词并单击 🔍 按钮或者按 Enter 键即可查询结果。

（2）通信中心：单击 🛒 和 ☁ 按钮，可从中了解产品信息及 Autodesk 官方网站的相关链接。

图 1.4　自定义快速访问的工具栏

图 1.5　标题栏

（3）帮助按钮：单击 ❓ 按钮，在弹出的如图 1.6 所示的菜单中选择需要的帮助服务。

4. 菜单栏

加载菜单栏有以下方式：

（1）命令行：输入 MENUBAR 按 Enter 键，通过改变变量来控制菜单栏显示。"1"为加载菜单栏，"0"为取消菜单栏。

（2）单击快速访问工具栏中的 ▼ 按钮，在下拉菜单中单击"显示菜单栏"。

在菜单栏上单击某一菜单，弹出相应的下拉菜单，下拉菜单命令右侧如有小三角，即可打开其子菜单，如有"..."符号，则打开对应的对话框，如图 1.7 所示。

图 1.6　帮助菜单

5. 功能区

功能区位于标题栏下方，在"草图与注释""三维基础"和"三维建模"等工作空间下，会显示不同内容的功能区。

功能区包含选项卡和相应的面板，每个面板又包含其相应的命令图标，如图 1.8 所示。

单击面板下方的 ▼ 按钮，可展开该面板所有命令图标，如图 1.9（a）所示。默认状态下，当执行某命令后，已经展开的面板将自动折叠。要使面板保持展开状态，需单击已展开面板左下角的 ⼞ 按钮使其变为 ⚲，即可将展开面板固定，如图 1.9（b）所示。

需要时，也可以用光标按住面板将其拖出功能区，单击面板右侧的 ⮌ 按钮，即可将面板返回默认位置。

图 1.7　菜单栏

图 1.8　功能区

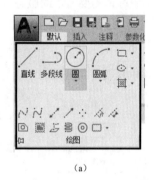
（a）

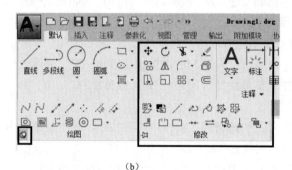
（b）

图 1.9　面板

6. 绘图窗口

绘图窗口是 AutoCAD 2020 工作界面中绘制和编辑图形的区域，如图 1.10 所示。可通过"工具"菜单→"选项"→"显示"选项卡，设置窗口元素。

图 1.10　绘图窗口

7. 坐标系

AutoCAD 提供了世界坐标系（WCS）和可移动用户坐标系（UCS）。

默认坐标系为世界坐标系（WCS），绘图区的右侧会自动显示坐标系图标 WCS ⏷，世界坐标的原点位于绘图区图形界限的左下角，如图 1.10 所示。除世界坐标系外，用户还可根据需要设置可移动的用户坐标系。

8. 命令窗口

命令窗口由命令输入行和命令提示窗口构成。不管以何种方式执行 AutoCAD 命令，均会在命令窗口显示。在输入命令时，命令窗口会显示相匹配的命令建议列表，如图 1.11 所示。命令提示窗口会显示 AutoCAD 进程中命令的输入和执行过程，用户要时刻注意绘图过程中命令窗口的提示信息。

图 1.11　命令行

9. 状态栏

状态栏位于命令行下方，在操作界面最底端。它用于显示当前用户使用辅助工具的工作状态，如图 1.12 所示。状态栏左侧显示了光标所在位置的坐标点，中间显示一系列绘图辅助工具和注释工具，最右侧则显示绘图状态调整工具。

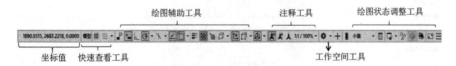

图 1.12　状态栏

用户可通过单击状态栏最右侧的自定义 ☰ 按钮，勾选要在状态栏上显示的辅助工具，如图 1.13 所示。

10. 导航栏

使用导航栏，可以方便地访问多种产品特定的导航工具，如控制盘、平移和缩放等。打开和关闭导航栏的方式有以下几种：

（1）命令行：输入 NAVBAR 按 Enter 键，通过选择"ON"或"OFF"控制导航栏的显示或隐藏。

（2）"视图"选项卡 →"视口工具"面板→"导航栏"。

（3）绘图窗口左上角的"视口控件"下拉列表→"导航栏"。

可根据工作方式自定义导航栏提供的工具，也可以移动导航栏的位置，如图 1.14 所示。

11. ViewCube 工具（视图导航器）

单击如图 1.15 所示的 ViewCube 工具，可以从不同方向显示形体的视图，单击下方三角按钮，选择"ViewCube 设置"可对其大小、位置等进行设置，如图 1.16 所示。

1.2.2　工作空间

为了满足不同用户的需要，AutoCAD 2020 提供了"草图与注释""三维基础""三维建模"三种工作空间，打开工作空间的方式有以下几种：

（1）单击"快速访问"工具栏→"工作空间"选择框，从下拉列表中选择所需的工作空间，如图 1.17 所示。

图 1.13　自定义状态栏快捷菜单

图 1.14　导航栏

图 1.15　ViewCube 工具

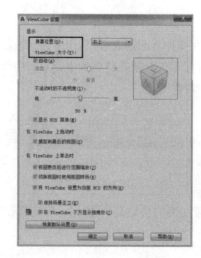

图 1.16　"ViewCube 设置"对话框

图 1.17　"工作空间"设置对话框

6

（2）单击"工具"菜单→"工作空间"，从子菜单选择所需的工作空间，如图1.18（a）所示。

（3）单击状态栏中的"切换工作空间"按钮，从下拉列表中选择所需的工作空间，如图 1.18（b）所示。

（a）　　　　　　　　　　　　　　　　　（b）

视频资源 1.1
CAD 界面简介

图 1.18　切换工作空间

1.3　AutoCAD 2020 基本操作

1.3.1　软件的启动与退出

AutoCAD 软件的启动和退出都需要按照规范的步骤进行，以免造成软件错误或者图纸丢失。

1. 启动

成功安装 AutoCAD 2020 绘图软件后，双击桌面上的图标，或执行计算机"开始"→"程序"→"AutoCAD 2020"命令，即可启动软件。在启动 AutoCAD 2020 后，系统会自动打开"AutoCAD 2020 开始"界面，从中可选择开始绘图、打开文件、最近使用的文档等操作，如图1.19所示。单击"开始绘图"，系统自动创建名为"Drawing1.dwg"的图形文件，默认进入"草图与注释"工作空间，如图1.20所示。初次使用时，用户可按照自己的需求来选择或自定义工作空间与工作界面，自定义的工作空间可以保存在系统中。

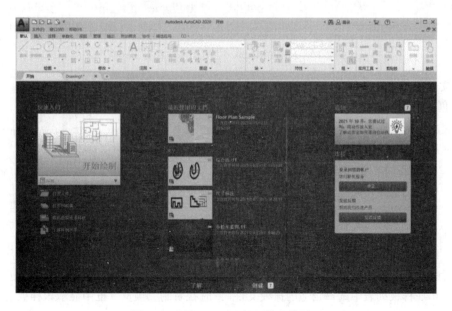

图 1.19　"AutoCAD 2020 开始"界面

2. 退出

当用户退出 AutoCAD 2020 时，首先需要保存当前的 CAD 文件，CAD 软件的退出命令是 QUIT 或 EXIT，快捷命令是 Q，用户可以使用以下几种方式退出软件：

（1）命令行：输入 Q 按 Enter 键。

（2）单击标题栏右上角的窗口控制"开关" ─ ⬚ ❌ 按钮。

（3）单击"应用程序" 🅰 按钮→ 退出 Autodesk AutoCAD 2020 按钮。

（4）单击"文件"菜单→"退出"命令。

如果用户在退出 AutoCAD 2020 之前没有保存当前文件，系统将会弹出如图 1.21 所示的保存文件提示对话框，提示用户保存文件。

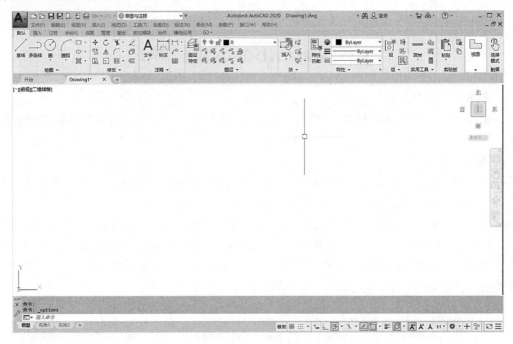

图 1.20　AutoCAD 2020"草图与注释"工作空间

1.3.2　文件的新建与保存

1. 创建新图形文件

创建新图形文件的命令是 NEW，用户可以采用以下几种方式新建文件：

（1）命令行：输入 NEW 按 Enter 键。

（2）单击"快速访问"工具栏中 ▫ 按钮。

（3）单击标题栏中的"应用程序" 🅰 按钮→ "新建"命令。

（4）单击"文件"菜单→"新建"命令。

执行新建命令后，打开"选择样板"对话框，如图 1.22 所示。

用户可在样板列表中选择合适的样板文件，此时在右侧"预览"框中显示该样板的预览图像。单击"打开"按钮，可将选中的样板文件创建为当前新图形文件。

图 1.21　保存文件提示对话框

注意：AutoCAD 中自带的样板文件与工程制图标准不符时，可选择 acadiso.dwt 空白文件，按标准自行绘制图框、标题栏。

2. 保存图形文件

保存图形文件的命令是 QSAVE，快捷命令为 QSA，用户可以使用以下方式保存文件：

（1）命令行：输入 QSA 按 Enter 键。

（2）单击"快速访问"工具栏 按钮。

（3）单击"应用程序" 按钮→"保存"命令。

（4）单击"文件"菜单→"保存"命令。

在第一次保存创建的图形文件时，系统将打开"图形另存为"对话框，如图 1.23 所示。

图 1.22 "选择样板"对话框

图 1.23 "图形另存为"对话框

默认情况下，文件以"AutoCAD 2018 图形（*.dwg）"格式保存，也可以在"文件类型"下拉列表框中选择其他格式，如 AutoCAD 2000/LT2000 图形（*.dwg）、AutoCAD 图形标准（*.dws）等格式。可以使用当前文件名保存图形文件，也可以将当前图形以新的名称保存。

1.3.3　文件的打开与关闭

1. 打开图形文件

打开图形文件的命令是 OPEN，用户可以使用以下方式打开文件：

（1）命令行：输入 OPEN 按 Enter 键。

（2）单击"快速访问"工具栏上的 按钮。

（3）单击"应用程序" 按钮→"打开"命令。

（4）单击"文件"菜单→"打开"命令。

执行打开文件命令，弹出"选择文件"对话框。根据"查找范围"的路径，查找并选择需要打开的图形文件，在右侧"预览"框中将显示出该图形的预览图像，如图 1.24 所示。默认情况下，打开的图形文件格式为.dwg。

选择文件时，可以以"打开""以只读方式打开""局部打开"和"以只读方式局部打开"四种方式打开图形文件。当以"打开""局部打开"方式打开图形时，可以对打开的图形进行编辑；如果以"以只读方式打开""以只读方式局部打开"方式打开图形时，则无法对打开的图形进行编辑。

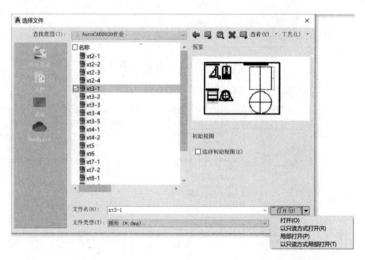

图 1.24　"选择文件"对话框

如果选择以"局部打开""以只读方式局部打开"打开图形，这时将打开"局部打开"对话框，可以在"要加载几何图形的视图"选项组中选择要加载的图形，在"要加载几何图形的图层"选项组中选择要打开的图层，如图 1.25 所示。单击"打开"，即可在图形中只打开选中图层上的对象。

2. 关闭图形文件

关闭图形文件的命令是 CLOSE，用户可以使用多种方式关闭图形文件：

（1）命令行：输入 CLOSE 按 Enter 键。

（2）单击菜单栏右侧的关闭文件 按钮。

（3）单击"应用程序" 按钮→"关闭"→"当前图形或（所有图形）"命令。

（4）单击"文件"菜单→"关闭"命令。

如果当前文件没有保存，系统将弹出如图 1.21 所示的"保存文件提示"对话框，选择是否保存文件。

如果当前所编辑的图形文件是未保存过的 AutoCAD 默认文件 Drawing**.dwg，单击"是"按钮后，AutoCAD 会打开如图 1.23 所示的"图形另存为"对话框，要求用户确定图形文件存放的位置和名称。

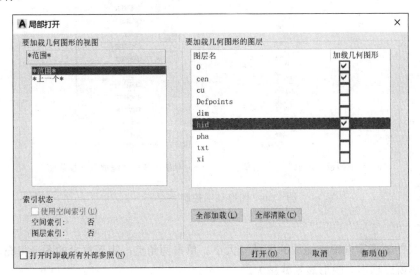

图 1.25 "局部打开"对话框

视频资源 1.2
CAD 文件基本
操作

1.4 图 形 显 示 控 制

1.4.1 显示缩放

AutoCAD 的绘图区域无限大小，而计算机的屏幕有限，依靠系统提供的显示控制功能，可通过改变显示区域和图形显示的大小，能更快速、准确、详细地绘制工程图形。

执行显示控制的命令是 ZOOM，快捷命令为 Z，可以使用以下几种方式启动显示控制命令：

（1）命令行：输入 ZOOM 按 Enter 键。

（2）单击"视图"菜单→"缩放"→选择子菜单中相关命令。

（3）单击"视图"选项卡→"导航"面板→选择缩放下拉菜单中相关命令，如图 1.26（a）所示。

（4）单击绘图窗口右侧"导航工具栏"→显示缩放控制按钮→选择下拉菜单中相关命令，如图 1.26（b）所示。

1. 实时缩放

利用鼠标进行交互缩放。执行"实时缩放"命令，光标变成" "时，按住左键向上移是放大图形，向下移是缩小图形，将图形缩放至合适大小后，按 Esc 键结束命令；或右击显示右键菜单，可以切换"平移"命令及其他命令选项；或按 Enter 键执行 ZOOM 命令，命令行提示：

指定窗口的角点, 输入比例因子(nX 或 nXP), 或者

ZOOM[全部(A)/中心(C)/动态(D)/范围(E)/上一个(P)/比例(S)/窗口(W)/对象(O)] <实时>:
选择选项, 也可执行其他的图形缩放命令。

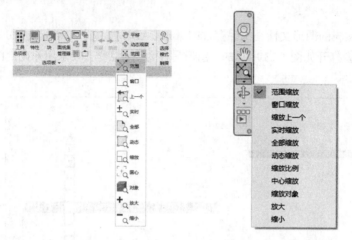

(a) 导航面板"缩放"下拉菜单   (b) 导航工具栏"缩放"下拉菜单

图 1.26   图形显示控制

2. 窗口缩放

由两角点定义的矩形窗框确定缩放的区域与大小。单击两角点, 矩形框内的图形将充满绘图窗口, 指定的矩形窗口越小, 图形显示就越大。

3. 动态缩放

执行"动态缩放"命令, 屏幕上出现三个不同颜色的显示框, 蓝色虚线框是图形界限或图形范围两者中较大的区域; 绿色虚线框是当前视图大小, 即显示当前屏幕区域; 黑色实线框是"视图选择框", 该框有两种状态: 一种是平移框 (带"×"), 另一种是缩放框 (右侧带箭头), 两者用鼠标左键切换。在显示的平移框中单击, 切换为缩放视图框, 移动鼠标调整其大小, 再单击返回平移框并将其拖到需显示的部位, 右击则视图框内的图形将充满绘图窗口。

4. 中心缩放

由中心点和放大比例 (或高度) 定义图形显示。执行"中心缩放"命令, 命令行提示:

指定中心点: 指定缩放显示的中心点。

输入比例或高度 <当前值>: 输入数值 n 并按 Enter 键, 屏幕绘图窗口的高度为输入的数值高; 输入数值 nX 则以 n 倍于当前显示大小进行缩放。

注意: 如果中心点不变, 只需修改比例或高度值, 可在"指定中心点:"的提示下按 Enter 键。

5. 缩放上一个

缩放显示返回上一步。执行"上一个"命令, 缩放显示返回上一视图, 最多可恢复此前的 10 个视图显示。

6. 缩放比例

以指定的比例缩放显示。执行"缩放比例"命令, 命令行提示:

输入比例因子 (nX 或 nXP): 输入"nX"按 n 倍比例缩放当前图形, 若输入 0.5X, 则屏

幕上图形显示为原大小的 1/2；输入"nXP"，按图纸空间单位的 n 倍比例缩放当前图形显示，如输入 0.5XP，以图纸空间单位的 1/2 显示模型空间当前图形；若直接输入 n，将按相对图形界限 n 倍比例缩放，如输入 2，将以图形界限的 2 倍显示当前图形。

7. 缩放对象

在绘图窗口尽可能大地显示所选定的对象，并使其位于绘图区域的中心。执行"缩放对象"命令，命令行提示选择对象，所选对象将充满绘图窗口且位于绘图中心。

8. 全部缩放

根据图形界限及当前图形的范围，在绘图窗口尽可能大地显示两者之中的较大范围。执行"全部缩放"命令，所有图形将被缩放到图形界限或当前范围两者中较大区域。

9. 范围缩放

按当前图形的范围，尽可能大地显示在绘图窗口。执行"范围缩放"命令，在绘图窗口显示所有图形对象。

10. 放大、缩小

执行"放大"或"缩小"命令，可迅速将图形按放大一倍或缩小一半显示。

注意：缩放显示只是改变了视觉效果，而不会引起图形实质性的变化。

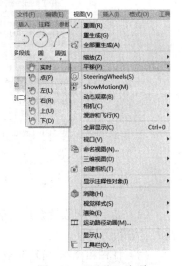

图 1.27 "平移"选项

1.4.2 平移

为了更好地看清图形窗口以外部分，又不改变图形对象的相对位置及显示比例，可使用平移视图命令。

平移视图的命令是 PAN，可以使用以下方式执行平移命令：

（1）命令行：输入 PAN 按 Enter 键。

（2）单击导航工具栏上的 🖐 按钮。

（3）单击"视图"菜单→"平移"→选择子菜单相关命令。

（4）单击"视图"选项卡→"导航"面板→🖐 平移按钮。

用"视图"菜单中的"平移"命令时，除了可以上、下、左、右平移视图外，还可以使用"实时"和"点"命令平移视图，如图 1.27 所示。

视频资源 1.3
显示缩放、平移

1.5 绘图环境的基本设置

在绘制图形时，用户可以根据自己的习惯创建个性化的设计环境，即设置绘图的系统参数、绘图时应用的图形界限、图形单位等。

1.5.1 设置系统参数

系统参数设置命令是 OPTIONS，快捷命令为 OP，启动系统设置命令有以下几种方式：

（1）命令行：输入 OP 按 Enter 键。

（2）单击"工具"菜单→"选项"命令。

执行命令，打开如图 1.28 所示的"选项"对话框。"选项"对话框中的各选项卡几乎涵盖了 AutoCAD 系统的所有设置。该对话框中包含 10 个选项卡，各项含义如下：

（1）文件：列出文件的搜索路径，驱动程序、菜单、自动保存等文件的位置。另外，还给出了用户、企业等自定义文件的位置。

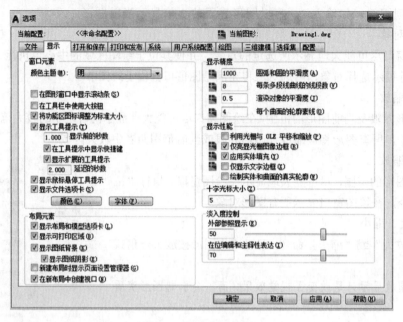

图 1.28　"选项"对话框

（2）显示：可设置窗口元素、布局元素、显示精度、显示性能、十字光标大小和参照编辑的淡入度等相关属性。

（3）打开和保存：设置保存文件的格式、是否自动保存、文件的安全措施、文件打开、是否按需加载外部参照等属性。

（4）打印和发布：设置与打印和发布相关的属性。

（5）系统：图形显示系统配置的相关设置，当前定点设备、布局重生成选项、数据库连接选项等属性设置。

（6）用户系统配置：用于 Windows 标准操作、插入图形的默认单位、坐标数据输入的优先级、关联标注等设置。

（7）绘图：用于自动捕捉、界面元素颜色、对象捕捉、自动追踪选项、对齐点获取及光标大小等设置。

（8）三维建模：用于三维十字光标、视口显示工具、三维对象的视觉样式、三维实体和曲面的显示等设置。

（9）选择集：用于设置选择集模式、拾取框大小、夹点等属性。

（10）配置：除对可用配置文件列表中的文件进行的新建、重命名、输入、输出及删除外，还可以将选定配置中的值重置为系统默认设置。

1.5.2　设置图形界限

在无限大小的模型空间中，AutoCAD 设置了一个矩形绘图区域，也称为图形界限，世界坐标的原点就在图形界限的左下角，系统用栅格指示出图形界限的区域，设置模型空间图形界限的方法如下：

（1）命令行：输入 LIMITS 按 Enter 键。

（2）单击"格式"菜单→"图形界限"。

启动命令后并提示：

命令：LIMITS✓

重新设置模型空间界限：

指定左下角点或[开（ON）/关（OFF）] <0.0000, 0.0000>：✓

指定右上角点 <420.000, 297.000>：✓

设置图形界限的大小：默认为 3 号工程图纸大小，输入新的图纸大小可更改默认设置。

单击界面下方状态栏中的▦按钮，可控制图形界限范围内栅格的显示与否。

1.5.3   设置图形单位

设置图形单位的命令是 UNITS，快捷命令为 UN，设置图形单位的方法如下：

（1）命令行：输入 UN 按 Enter 键。

（2）单击"格式"菜单→"单位"命令。

执行图形单位命令，弹出如图 1.29 所示的"图形单位"对话框，各选项含义如下：

（1）长度：制定当前线性长度的测量单位及其精度。可从"类型"列表中选择测量单位的格式，再从"精度"列表中指定其显示的小数位数，在"输出样例"框中显示当前设置的样例。

（2）角度：指定当前角度格式及显示精度，可从"类型"列表中选择角度的格式，在"精度"列表中指定精度，在"输出样例"框中显示设置的样例。AutoCAD 默认角度正方向为"逆时针"，如果勾选"顺时针"，将以顺时针为角度正方向。

（3）插入时的缩放单位：控制插入到当前图形中的块和图形的测量单位。如果块或图形创建时所用的单位与当前图形单位不同，插入时通常应按源对象单位与目标图形单位的比值缩放；如果插入时不对块或对象进行缩放，则选择"无单位"。

（4）光源：控制当前图形中光源强度的测量单位。

（5）方向：单击"方向（D）…"按钮，弹出如图 1.30 所示的"方向控制"对话框，从中可定义 0°角的方向，默认起始方向为东，可在"基准角度"区指定正方向，也可选择"其他"在"角度"框中输入值，或单击"拾取角度"，以指定两点的连线确定 0°角的方向。

图 1.29   "图形单位"对话框

图 1.30   "方向控制"对话框

视频资源 1.4
绘图环境设置

1.6　辅助绘图功能

工程图上每一点都具有精准的坐标，但如果边计算边绘图，既耗时又烦琐，而用鼠标配合视觉目标定位，精度却不高。为此，AutoCAD 提供了许多以限制光标移动、快速捕捉、对象追踪等一系列辅助工具，可快速准确地帮助用户完成工程图形绘制。

AutoCAD 在工作界面下方，设置了状态工具栏，通过单击辅助工具按钮，可启用辅助工具，如图 1.31 所示。

图 1.31　状态工具栏

设置辅助工具的命令是 DSETTINGS，快捷命令为 DS，可使用以下方式执行命令：

（1）命令行：输入 DS 按 Enter 键。

（2）单击"工具"菜单→"绘图设置…"。

（3）右击"状态工具栏"　按钮→"捕捉设置…"。

执行命令，弹出的如图 1.32 所示"草图设置"对话框中，设置捕捉和栅格、极轴追踪、对象捕捉、动态输入等有关参数。为了方便用户，这些工具的默认参数已列入状态栏，可直接点击启用，否则需要在"草图设置"对话框中另行设置。

1.6.1　"草图设置"对话框

1. 捕捉和栅格

在绘制图形时，通过移动光标很难精准确定点的某一位置，使用"捕捉"和"栅格"功能，可以快速、精准捕捉到定位点，提高绘图效率。

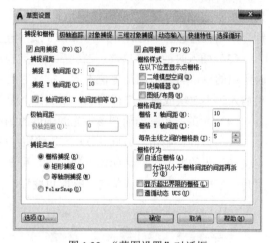

图 1.32　"草图设置"对话框

（1）启用捕捉：勾选"启用捕捉"复选框或单击状态栏中的"捕捉"按钮　，启动自动捕捉网格点。"捕捉间距"用于设定鼠标光标捕捉停留点的间距，以限制光标仅在指定的 X 和 Y 间隔内移动，可在数值框中设置 X 和 Y 的间距的值。

（2）启用栅格：设置栅格样式和间距。勾选"启用栅格"或在状态栏中，单击　按钮，绘图窗口显示栅格。

（3）捕捉类型：用于设置捕捉样式和捕捉类型。

1）栅格捕捉：若捕捉样式设置为标准"矩形"捕捉模式，光标将沿矩形捕捉栅格。若捕捉样式设置为"等轴测"捕捉模式，则光标将沿等轴测方向捕捉栅格。

2）若将捕捉格式设置为 PolarSnap，光标将沿极轴追踪角度按增量距离进行移动。

（4）栅格行为：控制栅格显示的外观。"自适应栅格"：放大、缩小时允许栅格间距再拆分；"显示超出界限的栅格"：控制栅格显示是否超出图形界限区域，如图 1.32 所示。

2. 极轴追踪

大部分图纸中的角度都是一些比较固定或有规律的角度,例如30°、45°、60°等,为了免去手动输入角度时的烦琐,可对极轴追踪进行设置。

单击"草图设置"对话框→"极轴追踪"选项卡;右击"状态工具栏" ⟲ 按钮→"正在追踪设置";都可以打开如图1.33所示的"极轴追踪"选项卡,各项含义如下:

(1)启用极轴追踪:勾选"启用极轴追踪"或单击"状态工具栏" ⟲ 按钮,可启用极轴追踪辅助功能。

(2)极轴角设置:设置极轴追踪角度,可从"增量角"列表中选择系统预设的增量角,若不能满足需要时,可选择"附加角"。单击"新建"按钮,输入一个角度值,如40;若要删除某附加角,先选择该角度,再单击"删除"。

(3)对象捕捉追踪设置:设置对象捕捉追踪方式,当对象捕捉追踪打开时,若选择"仅正交追踪",则仅显示已获得的对象捕捉点的正交(水平/垂直)捕捉追踪路径;若选择"用所有极轴角设置追踪",光标将从获取的对象捕捉点沿所有极轴角设置进行追踪。

注意:"极轴捕捉"必须与"极轴追踪""对象捕捉追踪"配合使用,否则设置无效。

(4)极轴角测量:设置测量极轴追踪对齐角的基准。选择"绝对",以当前用户坐标系确定极轴追踪角度;选择"相对上一段",则以上一个绘制线段为基准确定极轴追踪角度。

3. 对象捕捉

对象捕捉功能是迫使光标定位到对象的几何特征点(如中点、端点、圆心等),若仅靠视觉很难准确找到这些点,而利用"对象捕捉"功能,不必知道其坐标值就可准确定位。对象捕捉模式可分为自动捕捉模式和一次捕捉模式。

单击"草图设置"对话框→"对象捕捉"选项卡;右击"状态工具栏" □▾ 按钮→"对象捕捉设置…";都会打开如图1.34所示的对话框,各项含义如下:

(1)启用对象捕捉:勾选"启用对象捕捉"或单击"状态工具栏" □▾ 按钮,都可启用"对象捕捉"功能。

(2)对象捕捉模式:该选项区提供了14种捕捉模式,勾选即可添加所需要的捕捉模式,也可以右击状态栏 □▾ 按钮,在列表中勾选添加,绘图时可快速捕捉到所勾选的捕捉点。各含义介绍如下:

图1.33 "草图设置-极轴追踪"选项卡

图1.34 "草图设置-对象捕捉"对话框

1）端点（E）：捕捉到直线、圆（椭圆）弧、多线、多线段、样条曲线或面域上距拾取点最近的端点。将光标移至线上靠近端点，捕捉点亮显并单击，即可捕捉到对象的端点。

2）中点（M）：捕捉直线、圆（椭圆）弧、多线、多线段、样条曲线或面域的中点。将光标移至对象并靠近其中点，捕捉点亮显并单击，即可捕捉对象中点。

3）圆心（C）：捕捉圆（弧）、椭圆（弧）的圆心或中心。将光标移至圆或弧上，捕捉点在圆心或中心处亮显时单击即可。

4）几何中心（G）：捕捉到封闭的多段线或面域的几何中点。

5）节点（D）：捕捉到点对象、标注定义点或文字起点。将光标置于点附近亮显时即可捕捉。

6）象限点（Q）：捕捉圆、圆弧、椭圆、椭圆弧的象限点，只需将光标移至对象上，象限点亮显时单击，即可捕捉到距拾取点最近的象限点。

7）交点（I）：捕捉直线、圆、圆弧、椭圆、椭圆弧、多线、多线段、射线、构造线、样条曲线或面域的交点。

注意： 如果同时打开"交点"和"外观交点"执行对象捕捉，可能会得到不同的结果。

8）延长线（X）：当光标经过对象的端点时，显示临时延长线（虚线），以便在延长线上指定点。操作时，将光标移至端点并稍停留，待线上出现"+"号后，再移动鼠标。

9）插入点（S）：捕捉属性、块或文字的插入点。只需在这些对象上单击即可。

10）垂足（P）：捕捉直线、圆、圆弧、多段线、射线、样条曲线等对象的垂足。当绘制对象需捕捉不能确定位置的垂足时，将自动打开"递延垂足"捕捉模式，这时就可用递延垂足捕捉对象作为绘制垂直线的基础对象，再在其他对象之间绘制垂直线。

例如：画一条直线，与已知直线垂直，并与已知圆相切，如图 1.35 所示。直线命令下，当光标经过直线并显示"递延垂足"捕捉点，如图 1.36（a）所示，此时单击所画直线与已知直线垂直，但不能确定垂足位置点；移动光标到圆上，显示"递延切点"捕捉点，如图 1.36（b）所示，单击后自动连接到准确的垂足与切点并结束直线命令，得到如图 1.35 所示的结果。

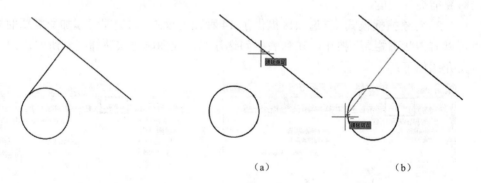

（a）　　　　　　　　　　　（b）

图 1.35　应用"递延垂足、切点"　　　　　图 1.36　"递延切点"

11）切点（N）：捕捉圆、圆弧、椭圆、椭圆弧或样条曲线的切点，当绘制对象需捕捉不能确定位置的切点时，将自动打开"递延切点"捕捉模式，当光标经过捕捉对象时，显示"递延切点"捕捉标记，单击后自动与对象相切，如图 1.36（b）所示。

12）最近点（R）：捕捉到光标靠近直线、圆、圆弧、椭圆、椭圆弧、多线、点、多段线、射线、样条曲线或构造线的最近点。

13）外观交点（A）：捕捉不在同一平面，但看起来在当前图形中相交（重影点）的外观交点。

14）平行线（L）：将直线、多段线、射线和构造线限制为与其他线性对象平行。指定所画线段第一点后，将光标移到要与之平行的线上并稍作停留，待线上出现"∥"符号后，再移回正创建的线段上，当画线方向与已知线平行，将会显示对齐路径线（虚线）。

（3）"全部选择"或"全部清除"按钮：可打开或关闭所有对象捕捉模式。

4. 三维对象捕捉

单击"草图设置"对话框→"三维对象捕捉"选项卡；右击"状态工具栏" 按钮→"对象捕捉设置..."；都会打开如图 1.37 所示的对话框，各项含义如下：

（1）启用三维对象捕捉：勾选启用栅格或右击状态栏 按钮，都可启用"三维对象捕捉"功能。

（2）对象捕捉模式：该选项区提供了 6 种捕捉模式。

1）顶点（V）：捕捉到三维对象的最近顶点。

2）边中点（M）：捕捉到三维对象面上边的中点。

3）面中心（C）：捕捉到面的中心。

4）节点（K）：捕捉到用点命令绘制的节点、样条曲线上的节点。

5）垂足（P）：捕捉到垂直于面的点。

6）最靠近面（N）：捕捉到最靠近三维对象面的点。

（3）点云：是某个坐标系下的点的数据集，该选项区提供了 8 种捕捉模式。

1）节点（D）：捕捉到点云中最近的点。

2）交点（I）：捕捉到截面线矢量的交点。

3）边（G）：捕捉到两个平面相交线上的最近点。

4）角点（C）：捕捉到三个不同平面线段构成的角点。

5）最靠近平面（E）：捕捉到点云的平面线段上最近的点。

6）垂直于平面（R）：捕捉到垂直于点云的平面线段的点。

7）垂直于边（U）：捕捉到垂直于两个平面相交线的点。

8）中心线（T）：捕捉到圆柱体中心线最近点。

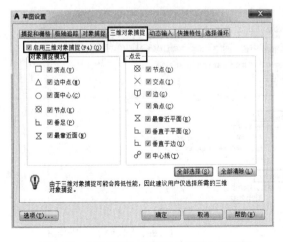

图 1.37 "草图设置-三维对象捕捉"对话框

图 1.38 "草图设置-动态输入"对话框

5. 动态输入

启用动态输入功能，在十字光标旁边显示提示信息和命令输入框，可以直接在命令输入框输入数值，提示信息会随着鼠标的移动而变化。

单击"草图设置"对话框→"动态输入"选项卡；右击"状态工具栏" 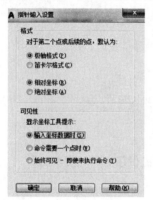 按钮→"动态输入设置…"；都会打开如图 1.38 所示的对话框。

（1）"启用指针输入"：单击"设置"按钮，打开"指针输入设置"对话框，如图 1.39 所示对话框。从中可设置其格式和可见性。

（2）"可能时启用标注输入"：当命令提示用户输入下一个点或距离时，提示信息显示可能的距离与角度。

单击"设置"按钮，打开如图 1.40 所示的"标注输入的设置"对话框，从中可设置其属性。

图 1.39　"指针输入设置"对话框

图 1.40　"标注输入的设置"对话框

（3）单击"绘图工具提示外观"，单击按钮后打开如图 1.41 所示的对话框，可控制工具栏提示信息的颜色、大小、透明度等，用户可根据需要设置。

6. 快捷特性

单击"草图设置"对话框→"快捷特性"选项卡；右击"状态工具栏"  按钮→"快捷特性设置"；都会打开如图 1.42 所示的对话框，从中可设置"快捷特性"选项板的显示、位置、行为等内容。

图 1.41　"工具提示外观"对话框

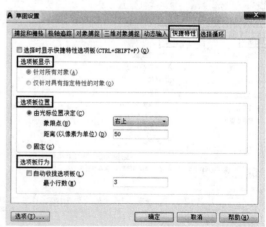

图 1.42　"草图设置-快捷特性"对话框

7. 选择循环

单击"草图设置"对话框→"选择循环"选项卡；右击"状态工具栏"  按钮→"选择循环设置…"；打开如图 1.43 所示对话框，从中可设置"选择循环"的相关内容。

1.6.2 临时捕捉

临时捕捉也称一次性捕捉模式，只对当前指定的捕捉点有效，捕捉后即自动关闭。

当命令行要求指定点时，按住 Shift 键或 Ctrl 键时右击，在如图 1.44 所示的"对象捕捉"菜单，从中选择临时捕捉所需的模式。

图 1.43 "草图设置-选择循环"对话框　　　图 1.44 临时捕捉菜单

右键菜单除具有"对象捕捉"中的捕捉点外，还有"临时追踪点（K）"、捕捉"自（F）"、"两点之间的中点（T）"和"无捕捉（N）"等几种模式，其中捕捉"自（F）"在绘图中较为常用，将在下一章具体说明其使用方法。

注意：捕捉"自"是指定已知点作为捕捉的基点，再输入距基点的偏移量而得到的点，但该方法须先以其他模式捕捉基点，再以相对坐标输入偏移量。

本 章 习 题

一、单项选择题

1. 下列有关 AutoCAD 2020 中用户坐标系与世界坐标系的描述正确的是（　　）。

A. 用户坐标系与世界坐标系两者都是固定的

B. 用户坐标系固定，世界坐标系不固定

C. 用户坐标系不固定，世界坐标系固定

D. 用户坐标系与世界坐标系两者都不固定

2. 首次启动 AutoCAD 2020 时，绘图区是黑色背景。若要更改，应选用（　　）命令。

A. OP　　　　　　　　B. MO　　　　　　　　C. CH　　　　　　　　D. DDPTYPE

3. AutoCAD 2020 中 CAD 图形样板文件后缀名为（　　）。

A. .dwg　　　　　　　B. .dxf　　　　　　　C. .dwt　　　　　　　D. .dws

二、多项选择题

1. 启动帮助命令应（　）。

A. 按 F1 键

B. 在命令行中输入"？"，然后按 Enter 键

C. 在命令行中输入"Help"，然后按 Enter 键

D. 在标题栏中单击"帮助"按钮

2. 对极轴追踪进行设置，把增量角设为 30°，附加角设为 15°，采用极轴追踪时，下列角度会显示极轴对齐的是（　）。

A. 60°　　　　　　　　B. 15°　　　　　　　　C. 40°　　　　　　　　D. 30°

第2章 二 维 绘 图

本章主要介绍基本平面图形的绘制方法，CAD 绘图坐标系、点、直线、曲线、基本平面图形等命令的设置及应用。

2.1 坐 标 系 的 设 置

在绘图过程中，点的位置是按当前坐标定位的，下面介绍其分类和输入方法。

2.1.1 坐标系的分类

在绘图过程中要精确定位某个点时，必须以某个坐标系作为参照，以便精确确定点的位置。AutoCAD 的坐标系可以提供精确绘制图形的方法，按照精度标准，准确地设计并绘制图形。AutoCAD 提供了固定的世界坐标系和可移动用户坐标系。

1. 世界坐标系

AutoCAD 的默认坐标系是世界坐标系（WCS），其坐标原点和轴的方向都不会改变，如图 2.1 所示。原点位于图形界限的左下角，原点显示"□"形标记，X 轴为水平方向向右为正；Y 轴为竖直方向向上为正；Z 轴垂直于 XY 平面，指向用户为正。

2. 用户坐标系

为了方便绘图，用户根据需要可自行定义可移动坐标系，称为用户坐标系（UCS），如图 2.2 所示。建立用户坐标系有以下几种方式：

（1）命令行：输入 UCS 按 Enter 键。

启动命令后并提示：

命令：UCS↙

当前 UCS 名称：*没有名称*

UCS 指定 UCS 的原点或[面（F）/命名（NA）/

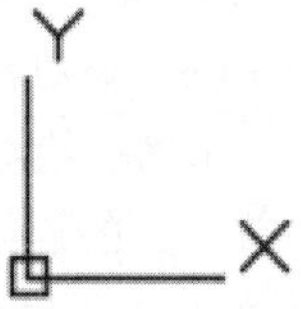

图 2.1 世界坐标系　　图 2.2 用户坐标系

对象（OB）/上一个（P）/视图（V）/世界（W）X/Y/Z/Z 轴（ZA）]<世界>：拖动鼠标在屏幕上指定原点、X 轴的起点及 XY 平面上的点，或输入其他选项，按命令行提示完成用户坐标系的创建。

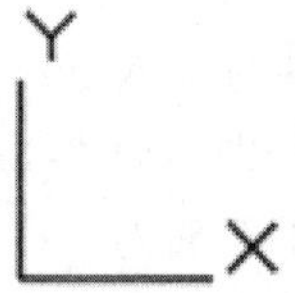

（2）单击"视图"选项卡→"坐标"面板→"UCS 图标"，依照各种方式建立用户坐标，如图 2.3 所示。

（3）单击"工具"菜单→"新建 UCS"，依照级联菜单中各方式建立用户坐标，如图 2.4 所示。

图 2.3 "视图"选项卡

坐标系的"XY 平面"是 AutoCAD 中默认的工作平面,一般二维图形或三维图形的底面都是在该平面中绘制,三维实体只要在此基础上增加高度(Z 坐标)即可。

2.1.2 点坐标的输入方法

正确输入点坐标是准确绘图的关键,AutoCAD 分别提供了绝对直角坐标、绝对极坐标、相对直角坐标和相对极坐标四种模式。

1. 坐标模式

(1)绝对直角坐标。点的绝对直角坐标是从点(0,0)或(0,0,0)出发的位移,用点的 X、Y、Z 坐标值来表示,可以使用分数、小数或科学计数法等形式表示点的 X、Y、Z 轴坐标值,坐标间用逗号隔开,例如点"8.3,5.8"和"3.0,5.2,8.8"等。启动动态输入时,绝对坐标值应先输入"#"符号,再输入坐标值,如"#5.2,7.3"。

(2)绝对极坐标。点的绝对极坐标是从点(0,0)或(0,0,0)出发的位移,给定的是长度和角度,可表示为"长度<角度",其中长度表示该点到坐标原点的距离,角度表示该点和原点之间的连线与 X 轴正向之间的夹角。长度和角度用"<"符号分开,默认规定 X 轴正向为 0°,Y 轴正向为 90°,如点"15.8<60"。动态输入时,应在光标工具中先输入"#"符号,再输入坐标值,如"#30<80"。

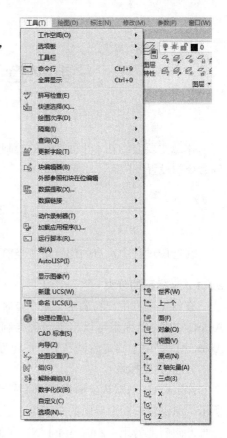

图 2.4 "新建 UCS"子菜单

(3)相对直角坐标和相对极坐标。点的相对坐标是指相对于某一点的 X 轴和 Y 轴位移,或相对于某一点的距离和角度。它的表示方法是在绝对坐标表达方式前加上"@"符号,如在绝对直角坐标输入方式下输入"@-13,8",则表示该点的坐标是相对于前一点的 X 轴坐标值和 Y 轴坐标值分别移动"-13"和"8"。如果在绝对极坐标输入方式下输入"@11<24",则表示该点到前一点的距离为"11",该点与前一点的连线与 X 轴正向的夹角为"24°"。

注意:动态输入下的所有点都是相对坐标。

2. 用户坐标与世界坐标的切换

在用户坐标状态下绘制图形时,如需切换到世界坐标状态,须在输入坐标前加"*"号,如"*100,80"。

2.1.3 坐标值的显示与输入

1. 坐标值的显示

在绘图窗口中移动十字光标,屏幕下方状态栏上将动态显示当前十字光标的坐标。点击状态栏的坐标显示区,可在开、关、直角坐标与极坐标之间切换点的坐标显示。

2. 数据输入

AutoCAD 中所有命令和数据,可以在命令行输入,也可以使用动态输入。单击状态栏中的"动态输入"按钮,系统自动打开动态输入功能,可以在绘图区光标工具中输入参数数据。如绘制一条直线,在光标附近会自动出现图 2.5(a)所示光标点所在点位的坐标值,并提示"指定第一个点"，可在光标工具框中输入目标点所在的坐标值，确定第一个点的位置；指定第一个点后，系统动态显示直线的角度[图2.5（b）]，同时提示指定下一点的坐标或输入线段的长度。

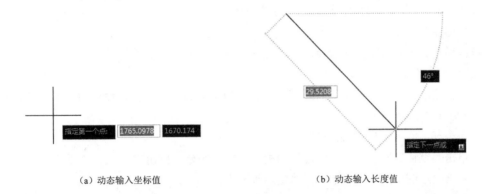

（a）动态输入坐标值　　　　　　　　　　（b）动态输入长度值

图2.5　数据动态输入

2.2　二维图形的绘制

基本二维图形是指使用绘图命令在 XOY 平面上绘出的图形，这些对象都是绘制复杂图形的基础，必须熟练掌握其特点及绘制方法。

2.2.1　点

在 AutoCAD 中，点通常作为工程图形的参照点，当图形完成后，可删除或冻结它们所在的层。点的位置可用键盘输入坐标值，也可用鼠标在屏幕上捕捉。

1. 创建点

创建点对象的命令为 POINT，快捷命令为 PO，启动点的绘制方法如下：

（1）命令行：输入 PO 按 Enter 键。

（2）单击"默认"选项卡→"绘图"面板→"多点"按钮 。

（3）单击"绘图"菜单→"点"→"单点"。

（4）单击"绘图"菜单→"点"→"多点"。

在 AutoCAD 中，点的样式和大小分别用系统变量 Pdmode 和 Pdsize 保存，单击"格式"菜单→"点样式"，可在如图 2.6 所示的"点样式"对话框中选择样式；点的显示大小取决于是采用"相对于屏幕设置大小"的百分比，还是采用"按绝对单位设置大小"，这将影响缩放时点的显示大小是否变化，也决定数值框内是输入百分数还是输入绝对单位值。

注意： 若要更改点的样式和大小，屏幕上所有的点立即按新设置的样式和大小刷新。

2. 定数放置点对象

将点对象或块沿所选对象的长度或周长等间隔排列的命令为 DIVIDE，快捷命令为 DIV，启动定数等分命令的方法如下：

（1）命令行：输入 DIV 按 Enter 键。

（2）单击"默认"选项卡→"绘图"面板→"定数等分"按钮 。

（3）单击"绘图"菜单→"点"→"定数等分"。

启动命令后并提示：

命令：DIV↙

选择要定数等分的对象：单击要等分的对象。

输入线段数目或[块（B）]：输入要等分的段数。

其效果如图2.7（a）所示。

注意：要等分的对象可以是线段、圆、椭圆、圆弧、多段线或样条曲线。

3. 定距放置点对象

将点对象或块在对象上按指定间隔放置的命令为 MEASURE，快捷命令为 ME，启动定距等分命令的方法如下：

（1）命令行：输入 ME 按 Enter 键。

（2）单击"默认"选项卡→"绘图"面板→"定距等分"按钮 。

（3）单击"绘图"菜单→"点"→"定距等分"。

启动命令后并提示：

命令：ME↙

选择要定距等分的对象：单击要等分的对象。

指定线段长度或[块（B）]：指定线段长度。

其效果如图2.7（b）所示。

注意：点的放置总是由靠近拾取点一端点开始；对于闭合多段线，从它们的初始顶点处开始放置；对于圆，则从当前设置角度测量的起始方向开始放置。

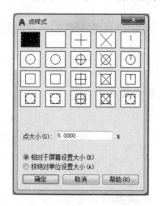

图2.6 "点样式"对话框

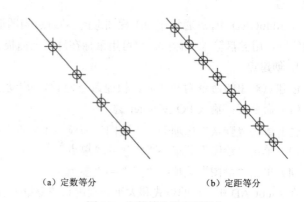

（a）定数等分　　　　　　　　（b）定距等分

图2.7 定数等分和定距等分

2.2.2 绘制直线

直线是组成图形的基本图元，在 AutoCAD 中，涵盖了直线、射线和构造线。

1. 直线

创建直线的命令为 LINE，快捷命令为 L，可绘制单个直线，也可绘制连续折线或封闭线段，但每个线段都是可单独编辑的线段。启动直线命令的方法如下：

（1）命令行：输入 L 按 Enter 键。

（2）单击"默认"选项卡→"绘图"面板→"直线"按钮 。

（3）单击菜单栏中的"绘图"→"直线"。

启动命令后并提示：

命令：L↙

指定第一个点：指定点，也可按 Enter 键从最近绘制的直线或圆弧端点继续绘制（直线则从端点接着画，圆弧则自端点画切线）。指定图 2.8 中的 1 点。

指定下一点或[放弃（U）]：可指定第二点，也可输入 U 并按 Enter 键取消上一操作。输入"@600<-120"按 Enter 键，指定图 2.8 中的第 2 点。

指定下一点或[退出（E）/放弃（U）]：可指定点，也可输入 U 并按 Enter 键取消上一操作，或者输入 E 并按 Enter 键，退出直线命令。继续输入"@600<0"按 Enter 键，指定图 2.8 中的第 3 点。

指定下一点或[关闭（C）/退出（X）/放弃（U）]：可继续指定下一点，也可以输入 C 并按 Enter 键闭合刚才所绘的直线，也可输入 X 并按 Enter 键，退出直线命令。输入 C 并按 Enter 键，绘图效果如图 2.8 所示。

2. 射线

创建始于一点并单向无限延伸射线的命令为 RAY，启动射线命令的方法如下：

（1）命令行：输入 RAY 按 Enter 键。

（2）单击"默认"选项卡→"绘图"面板→"射线"按钮 ╱。

（3）单击"绘图"菜单→ ╱ "射线"。

启动命令后并提示：

命令：RAY↙

指定起点：指定图 2.9 中的 1 点。

指定通过点：指定图 2.9 中的 2 点。起点 1 和通过点 2 定义了射线延伸的方向，射线将在此方向延伸到显示区域的边界。

指定通过点：继续指定通过点直至按 Enter 键，可连续绘制多条射线，如图 2.9 所示。

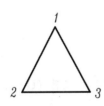

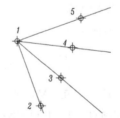

图 2.8　用 LINE 命令绘制三角形　　　　　图 2.9　用 RAY 命令绘制射线

3. 构造线

创建两端无限延伸直线的命令为 XLINE，快捷命令为 XL，其启动命令的方法如下：

（1）命令行：输入 XL 按 Enter 键。

（2）单击"默认"选项卡→"绘图"面板→"构造线"按钮 ╱。

（3）单击"绘图"菜单→ ╱ "构造线"。

启动命令后并提示：

命令：XL↙

指定点或[水平（H）/垂直（V）/角度（A）/二等分（B）/偏移（O）]：各选项含义如下：

（1）指定点：以指定点和通过点定义两端无限延伸的构造线。

（2）水平（H）/垂直（V）：通过指定点创建与当前 UCS 的 X/Y 轴平行的构造线。

（3）角度（A）：输入 A 并按 Enter 键，以指定的角度创建一条构造线。

（4）二等分（B）：通过指定角的顶点、角的起点和终点创建平分该角的构造线。

（5）偏移（O）：通过指定点或指定偏移距离创建与选定线段平行的构造线。

指定通过点：给定通过点，绘制一条双向无限长的直线。

指定通过点：继续给定通过点，继续绘制直线，按 Enter 键结束。

注意：这样绘制的构造线的方向总是以当前 X 轴正向或参照线开始按逆时针方向测量。

【例 2.1】 绘制角度、二等分和偏移方式的构造线（图 2.10）。

命令：XL✓

指定点或[水平（H）/垂直（V）/角度（A）/二等分（B）/偏移（O）]：A✓

输入构造线的角度（θ）或[参照（R）]：60✓

指定通过点：捕捉 1 点✓

其效果如图 2.10（a）所示。

命令：XL✓

指定点或[水平（H）/垂直（V）/角度（A）/二等分（B）/偏移（O）]：A✓

输入构造线的角度（O）或[参照（R）]：R✓

选择直线对象：拾取构造线 1✓

输入构造线的角度（O）：50✓

指定通过点：捕捉 1 点

其效果如图 2.10（b）所示。

命令：XL✓

指定点或[水平（H）/垂直（V）/角度（A）/二等分（B）/偏移（O）]：B✓

指定角的顶点：捕捉 1 点

指定角的起点：捕捉 2 点

指定角的端点：捕捉 3 点

其效果如图 2.10（c）所示。

命令：XL✓

指定点或[水平（H）/垂直（V）/角度（A）/二等分（B）/偏移（O）]：O✓

指定偏移距离或[通过（T）]<通过>：190✓

选择直线对象：拾取线段 1

指定向哪侧偏移：在上方指定点 3✓

其效果如图 2.10（d）所示。

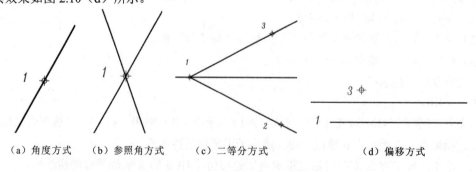

　（a）角度方式　　（b）参照角方式　　（c）二等分方式　　　　　（d）偏移方式

图 2.10　绘制角度、二等分和偏移方式的构造线

2.2.3 平面基本图形

1. 矩形

矩形是最简单的封闭直线图形。创建矩形多段线的命令为 RECTANG，快捷命令为 REC。启动矩形命令的方法如下：

（1）命令行：输入 REC 按 Enter 键。

（2）单击"默认"选项卡→"绘图"面板→"矩形"按钮 □。

（3）单击菜单栏"绘图"→"矩形"。

启动命令后并提示：

命令：REC✓

指定第一个角点或[倒角（C）/标高（E）/圆角（F）/厚度（T）/宽度（W）]：指定矩形的第一个角点，或选择其他选项，其他选项含义如下。

（1）指定点：指定矩形的一个角点。

（2）倒角（C）：按设定倒角距离创建带倒角的矩形。此值为重启命令后的当前倒角值。

（3）标高（E）：按指定标高值创建带标高的矩形，此值为重启命令后的当前标高。

（4）圆角（F）：按指定半径创建带圆角的矩形，此值为重启命令后的当前圆角半径。

（5）厚度（T）：按指定厚度创建带厚度的矩形，此值为重启命令后的当前厚度。

（6）宽度（W）：按指定线宽创建带线宽的矩形，此值为重启命令后的当前线的宽度。

指定另一个角点或[面积（A）/尺寸（D）/旋转（R）]：指定矩形的第二个角点，以该点和第一个点为对角点创建矩形；输入 A 并按 Enter 键，以指定面积和矩形的长或宽创建矩形；输入 D 并按 Enter 键，以指定的长、宽创建矩形；输入 R 并按 Enter 键，以指定的角度或输入 P 以指定两点指示方向创建矩形。

【例 2.2】 分别绘制带角度、带圆角和带倒角的矩形。

命令：REC✓

指定第一个角点或[倒角（C）/标高（E）/圆角（F）/厚度（T）/宽度（W）]：W✓

指定矩形的线宽<0.0000>：0.5✓

指定第一个角点或[倒角（C）/标高（E）/圆角（F）/厚度（T）/宽度（W）]：任意指定一点

指定另一个角点或[面积（A）/尺寸（D）/旋转（R）]：R✓

指定旋转角度或[拾取点（P）]<0>：15✓

指定另一个角点或[面积（A）/尺寸（D）/旋转（R）]：捕捉 2 点

其效果如图 2.11（a）所示。

命令：REC✓

当前矩形模式：宽度=0.5000   旋转=15

指定第一个角点或[倒角（C）/标高（E）/圆角（F）/厚度（T）/宽度（W）]：W✓

指定矩形的线宽<0.5000>：0✓

指定第一个角点或[倒角（C）/标高（E）/圆角（F）/厚度（T）/宽度（W）]：F✓

指定矩形的圆角半径<0.0000>：100✓

指定第一个角点或[倒角（C）/标高（E）/圆角（F）/厚度（T）/宽度（W）]：捕捉 1 点指定矩形起点

指定另一个角点[面积（A）/尺寸（D）/旋转（R）]：R✓

指定旋转角度或[拾取点（P）]<15>：15✓

指定另一个角点或[面积（A）/尺寸（D）/旋转（R）]：捕捉 2 点✓

其效果如图 2.11（b）所示。

命令：REC✓

当前矩形模式：圆角=100.0000　宽度=0.0000　旋转=15

指定第一个角点或[倒角（C）/标高（E）/圆角（F）/厚度（T）/宽度（W）]：C✓

指定矩形的第一个倒角距离<100.0000>：60✓

指定矩形的第二个倒角距离<100.0000>：30✓

指定第一个角点或[倒角（C）/标高（E）/圆角（F）/厚度（T）/宽度（W）]：捕捉 1 点

指定另一个角点或[面积（A）/尺寸（D）/旋转（R）]：捕捉 2 点✓

效果如图 2.11（c）所示。

注意：若线宽为 0，根据当前层默认线宽绘制矩形；若线宽设置大于 0，则根据设置的线宽绘制矩形。

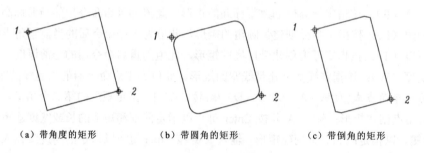

（a）带角度的矩形　　　　（b）带圆角的矩形　　　　（c）带倒角的矩形

图 2.11　常用的绘制矩形方式

2. 正多边形

正多边形是相对复杂的平面图形，创建闭合正多边形的命令为 POLYGON，快捷命令为 POL，启动正多边形命令的方法如下：

（1）命令行：输入 POL 按 Enter 键。

（2）单击"默认"选项卡→"绘图"面板→"多边形"按钮 ⬠。

（3）单击"绘图"菜单→"多边形"。

启动命令后并提示：

命令：POL✓

输入侧面数<4>：输入正多边形的边数，取值范围为 3~1024。

指定正多边形的中心点或[边（E）]：各选项含义如下：

（1）正多边形的中心点：以指定点为辅助圆的圆心绘制正多边形，如图 2.12（a）所示，系统接着提示：

输入选项[内接于圆（I）/外切于圆（C）]<I>：各项的含义如下：

内接于圆（I）：按 Enter 键创建多边形的顶点都在圆上，系统接着提示：

指定圆的半径：输入值，以输入值为半径创建内接于圆的正多边形，可移动光标确定正多边形的旋转角度和半径，如图 2.12（b）所示。

外切于圆（C）：输入 C 并按 Enter 键，创建的多边形边都与辅助圆相切，系统接着提示：

指定圆的半径：输入值，将以输入值为半径创建外切于圆的正多边形，如图 2.12（c）所示。

（2）边：通过指定第一边的端点定义正多边形。输入 E 并按 Enter 键，系统接着提示：

指定边的第一个端点：指定点 1。

指定边的第二个端点：指定点 2。两点连线确定多边形旋转角和边长，如图 2.12（d）所示。

注意：用十字光标指定半径，可动态设置正多边形的大小和旋转角，但用键盘输入半径，则不能。

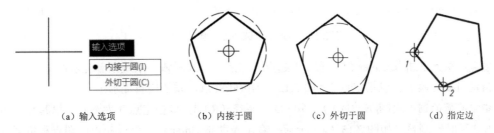

| （a）输入选项 | （b）内接于圆 | （c）外切于圆 | （d）指定边 |

图 2.12 绘制正多边形的方法

2.2.4 常用曲线

AutoCAD 常用曲线对象有圆弧、圆、椭圆、椭圆弧等，这些曲线命令是 AutoCAD 中最为简单也是最为常用的曲线命令。

1. 圆弧

AutoCAD 中绘制圆弧的方式有 11 种，基本涉及圆的圆心、半径等基本参数，创建圆弧的命令为 ARE，快捷命令为 A，启动圆弧命令的方法如下：

（1）命令行：输入 A 按 Enter 键。

（2）单击"默认"选项卡→"绘图"面板→"圆弧"下拉按钮

，在弹出的下拉列表中选择一种绘制圆弧的方式，如图 2.13 所示。

（3）单击"绘图"菜单→"圆弧"→级联菜单各圆弧命令。

启动命令后并提示：

命令：A↙

指定圆弧的起点或[圆心（C）]：各项的含义如下：

（1）起点：指定点 1（图 2.14），选择以起点方式画弧，系统接着提示：

指定圆弧的第二个点或[圆心（C）/端点（E）]：各项的含义如下：

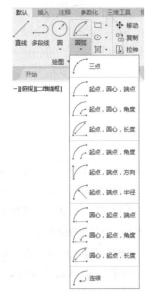

图 2.13 "圆弧"下拉列表

第二个点：以起点、第二点和端点画弧，其走向将取决于这三点的排列方向。

圆心：输入 C 并按 Enter 键，以"起点、圆心"方式画弧，系统接着提示：

指定圆弧的圆心：以指定点 2 为圆心，系统又提示：

指定圆弧的端点（按住 Ctrl 键以切换方向）或[角度（A）/弦长（L）]：指定点 3，从起点向该点逆时针方向动态画弧，其端点将落在 3 点到圆心的连线上，如图 2.14（a）所示；输入 A 并按 Enter 键，按起点、圆心和角度画弧，默认输入正值为逆时针方向画弧，如图 2.14（b）所示；输入 L 并按 Enter 键，将按起点、圆心和长度画弧，输入正值，从起点逆时针方向画劣弧（<180°），输入负值，以逆时针方向画优弧（>180°），如图 2.14（c）所示。

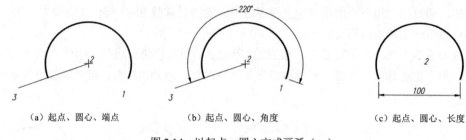

(a) 起点、圆心、端点　　　　　(b) 起点、圆心、角度　　　　　(c) 起点、圆心、长度

图 2.14　以起点、圆心方式画弧（一）

端点：输入 E 并按 Enter 键，选择"起点、端点"方式画弧，系统接着提示：

指定圆弧的端点：以指定点 2（图 2.15）为圆弧终点，系统接着提示：

指定圆弧的圆心或[角度（A）/方向（D）/半径（R）]：以指定点 3 为圆心，以起点、端点和圆心方式逆时针画弧，如图 2.15（a）所示；输入 A 并按 Enter 键，将以起点、端点和角度方式画弧，输入正值，从起点逆时针画弧，如图 2.15（b）所示；输入 D 并按 Enter 键，以起点、端点和方向方式画弧，且 1、3 点连线为其切线方向，如图 2.15（c）所示；输入 R 并按 Enter 键，以起点、端点和半径画弧，且半径为正值画劣弧，如图 2.15（d）所示，半径为负值画优弧。

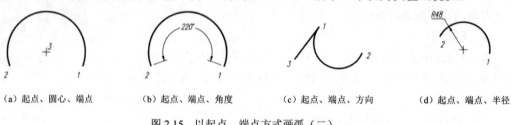

(a) 起点、圆心、端点　　(b) 起点、端点、角度　　(c) 起点、端点、方向　　(d) 起点、端点、半径

图 2.15　以起点、端点方式画弧（二）

（2）圆心：在"指定圆弧的起点或[圆心（C）]："提示下输入 C 并按 Enter 键，根据提示指定圆心、起点后，系统提示：

指定圆弧的端点或[角度（A）/弦长（L）]：再以指定端点、角度或弦长方式画弧。

（3）在"指定圆弧的起点或[圆心（C）]："提示下按 Enter 键，将绘制与上一段直线、圆弧或多段线相切的圆弧。

【例 2.3】　从点（75，61）到点（-121，45）画一半径为 120 的圆弧。

分析：由已知条件可知，只能以起点、端点和半径画圆弧。

命令：A✓

指定圆弧的起点或[圆心（C）]：75,61✓

指定圆弧的第二个点或[圆心（C）/端点（E）]：E✓

指定圆弧的端点：-121,45✓

指定圆弧的圆心或[角度（A）/方向（D）/半径（R）]：R✓

指定圆弧的半径（按住 Ctrl 键以切换方向）：120✓

其效果如图 2.16 所示。

【例 2.4】　以 O（0，0）为圆心，60 为半径，画一起始角 30°、终角 150°的圆弧。

分析：由已知条件可知，应用圆心和以极坐标输入起点和端点方式画弧更方便。

命令：A✓

指定圆弧的起点或[圆心（C）]：C↙

指定圆弧的圆心：0,0↙

指定圆弧的起点：@60<30↙

指定圆弧的端点或[角度（A）/弦长（L）]：@60<150↙

其效果如图 2.17 所示。

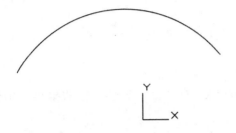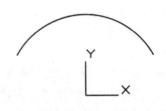

图 2.16 "起点、端点、半径" 画弧　　　　图 2.17 "圆心、起点、角度" 画弧

【例 2.5】 画圆弧与直线 12 相切，再画直线 45 与圆弧相切。

命令：L↙

指定第一个点：指定 1 点

指定下一点或[放弃(U)]：指定 2 点 ↙，如图 2.18（a）所示。

命令：A↙

指定圆弧的起点或[圆心（C）]：指定 2 点

指定圆弧的第二个点或[圆心（C）/端点（E）]：E↙

指定圆弧的端点：@20<0↙

指定圆弧的中心点（按住 Ctrl 键以切换方向）或[角度（A）/方向（D）/半径（R）]：D↙

指定圆弧起点的相切方向（按住 Ctrl 键以切换方向）：启用对象捕捉中的 "延长线" 捕捉模式，捕捉 12 的延长线为圆弧的切线方向，如图 2.18（b）所示。

命令：L↙

指定第一个点：启用对象捕捉中的 "切点" 捕捉模式（清除其他捕捉模式点），光标靠近圆弧，当显示 "递延切点" 时单击，捕捉到圆弧的递延切点。

指定下一点或[放弃（U）]：@30<90↙

结果如图 2.18（c）所示。

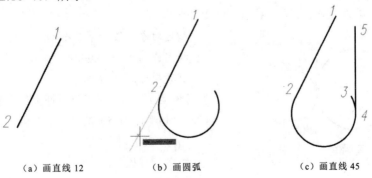

（a）画直线 12　　　　（b）画圆弧　　　　（c）画直线 45

图 2.18 画弧与线相切再画线与弧相切

2. 圆

圆是最简单的封闭曲线，绘制圆的命令为 CIRCLE，快捷命令为 C，在 AutoCAD 中给出了 6 种不同圆的作图方式。启动圆命令的方式如下：

（1）命令行：输入 C 按 Enter 键。

（2）单击"默认"选项卡→"绘图"面板→"圆"下拉按钮◯，在弹出的下拉列表中选择绘制方式，如图 2.19 所示。

（3）单击"绘图"菜单→"圆"→级联菜单中各圆命令。

启动命令后并提示：

命令：C✓

指定圆的圆心或[三点（3P）/两点（2P）/切点、切点、半径（T）]：根据不同的已知条件，AutoCAD 提供了多种画圆的方式，具体如下：

（1）指定圆心，再输入圆的大小（即半径或直径）画圆。

（2）指定圆上点，[三点（3P）/两点（2P）]画圆，三点（3P）是以三指定点确定圆，其效果如图 2.20 所示；两点（2P）则将两指定点视为直径的端点画圆，其效果如图 2.21 所示。它们都可配合"对象捕捉"模式绘制与其他对象相切的圆。

（3）与对象相切（即相切、相切、半径和相切、相切、相切）方式画圆。

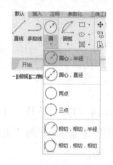 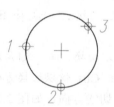 

图 2.19 "圆"下拉列表　　　图 2.20 三点（3P）方式画圆　　　图 2.21 两点（2P）方式画圆

【**例 2.6**】 试画半径为 80 且与已知直线和圆弧都相切的圆。

命令：C✓

指定圆的圆心或[三点（3P）/两点（2P）/切点、切点、半径（T）]：T✓

指定对象与圆的第一个切点：拾取直线上任一点

指定对象与圆的第二个切点：拾取圆上任一点

指定圆的半径<0.0000>：80✓

其效果如图 2.22 所示。

【**例 2.7**】 使用"临时捕捉"中的 自(F) "捕捉自"，绘制半径为 50 的圆，使其圆心偏离已知线段中点（100，-20）（图 2.23）。

绘图步骤如下：

右击状态栏"对象捕捉"→"设置"，从"对象捕捉"选项卡选择"中点"。

图 2.22 "相切、相切、半径"画圆

命令：C↙

指定圆的圆心或[三点（3P）/两点（2P）/切点、切点、半径（T）]：按 Ctrl 键并右击，选择"自（F）"或在命令行输入"from"

指定圆的圆心或[三点（3P）/两点（2P）/切点、切点、半径（T）]：_from 基点：选择基准点为直线中点，点选中点，如图 2.23（a）所示。

指定圆的圆心或[三点（3P）/两点（2P）/切点、切点、半径（T）]：_from 基点：<偏移>：捕捉已知线段的中点作为基点，输入圆心的相对坐标偏移量 @100,-20

指定圆的半径或[直径（D）]：50↙

其效果如图 2.23（b）所示。

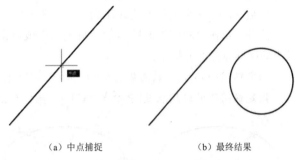

(a) 中点捕捉　　　　　　(b) 最终结果

图 2.23　"捕捉自"命令应用

3. 椭圆和椭圆弧

椭圆也是一种典型的封闭曲线，圆可以看作椭圆的特例。只要给出椭圆的中心、长轴和短轴三个参数即可绘制椭圆，绘制椭圆和椭圆弧的命令为 ELLIPSE，快捷命令为 EL，启动椭圆命令的方式如下：

（1）命令行：输入 EL 按 Enter 键。

（2）单击"默认"选项卡→"绘图"面板→椭圆下拉按钮 ⊙，从下拉列表中选择绘制椭圆的方式，如图 2.24 所示。

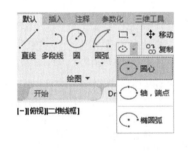

图 2.24　"椭圆"下拉列表

（3）单击"绘图"菜单→"椭圆"。

启动命令并提示：

命令：EL↙

指定椭圆的轴端点或[圆弧（A）/中心点（C）]：各项的含义如下：

轴端点：将以该点为椭圆第一轴的起点 1，系统接着提示：

指定轴的另一个端点：输入第一轴的长度，也可指定点 2，系统将以这两点确定第一轴的长度和倾斜角度，亦确定了整个椭圆的倾斜角度。

指定另一条半轴长度或[旋转（R）]：输入另一半轴的长度，也可指定点 3，该点到第一轴中点的距离确定了短半轴的长度，如图 2.25（a）所示；输入 R 并按 Enter 键，通过绕第一轴旋转圆，由圆平面与投影面的夹角来创建其投影椭圆。可输入一个小于 90°的正角度值，也可用指定点（如点 3）来确定旋转角度，如图 2.25（b）所示。

中心点（C）：输入 C 并按 Enter 键，以指定椭圆的中心点方式绘制椭圆，系统接着提示：

指定椭圆的中心点：指定点 1 作为椭圆的中心点，如图 2.25（c）所示。

指定轴的端点：指定点 2，将以这两点间的距离作为第一条半轴的长度。

指定另一条半轴长度或[旋转（R）]：输入另一条半轴长度，也可指定点 3，将以该点到椭圆中心的距离确定另一条半轴的长度，如图 2.25（c）所示。旋转（R）同上，不再赘述。

椭圆弧（A）：输入 A 并按 Enter 键，选择绘制椭圆弧方式，系统接着提示：

指定椭圆弧的轴端点或[中心点（C）]：用上述任一方式绘制椭圆后，系统接着提示：

指定起始角度或[参数（P）]：各项的含义如下：

起始角度：从"参数"模式切换到"角度"模式确定椭圆弧的起始点。可直接输入起始角、终止角或包含角，系统总是以首选轴端点（0°）起截取椭圆弧；也可指定点，并以该点和椭圆中心的连线为起始方向，动态绘制椭圆弧。

参数（P）：需要同样的输入作为"起始角度"，但以矢量参数方程式创建椭圆弧。

此外，单击"绘图"面板→⊙"椭圆弧"或单击"绘图"菜单→"椭圆"→"圆弧"，也可以启动椭圆弧命令并提示：

指定椭圆的轴端点或[圆弧（A）/中心点（C）]：A↙

指定椭圆弧的轴端点或[中心点（C）]：操作与上述椭圆弧画法完全一致。

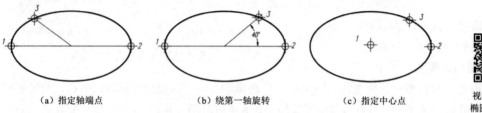

（a）指定轴端点   （b）绕第一轴旋转   （c）指定中心点

图 2.25 画椭圆的方式

视频资源 2.1
椭圆与椭圆弧

【**例 2.8**】 已知长轴为 85，短轴为 64，起始角为 60°，终止角为 310°，画倾斜角为 30°的椭圆弧。

命令：EL↙

指定椭圆的轴端点或[圆弧（A）/中心点（C）]：A↙

指定椭圆弧的轴端点或[中心点（C）]：指定 1 点

指定轴的另一个端点：@85<30↙

指定另一条半轴长度或[旋转（R）]：32↙

指定起点角度或[参数（P）]：60↙

指定端点角度或[参数（P）/夹角（I）]：310↙

其效果如图 2.26 所示。

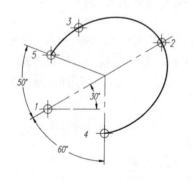

图 2.26 指定角度的椭圆弧

4. 圆环

创建圆环的命令为 DONUT，快捷命令为 DO，启动圆环命令的方式如下：

（1）命令行：输入 DO 按 Enter 键。

（2）单击"默认"选项卡→"绘图"面板→"圆环"按钮 ◎。

（3）单击"绘图"菜单→"圆环"。

启动命令并提示：

命令：DO↙

指定圆环的内径<当前>：指定内径或按 Enter 键接受当前值

指定圆环的外径<当前>：指定外径或按 Enter 键接受当

前值

指定圆环的中心点或<退出>：指定点作为圆心或按 Enter 键结束命令

注意：圆环是带宽度的闭合多段线，其宽度由指定的内、外直径决定。若将内径设为 0，绘制实心圆；若将内径设置为不等于 0，则创建实心圆环，圆环内填充的显示方式取决于 FILL 系统中变量的设置。

【例 2.9】 分别以内径为 24、0，外径为 60 画实心圆环和实心圆。

命令：DO✓

指定圆环的内径<0.5000>：24✓

指定圆环的外径<1.0000>：60✓

指定圆环的中心点或<退出>：确定中心点

其效果如图 2.27（a）所示。

命令：DO✓

指定圆环的内径<24.0000>：0✓

指定圆环的外径<60.0000>：✓

指定圆环的中心点或<退出>：确定中心点

其效果如图 2.27（b）所示。

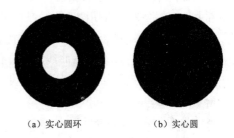

（a）实心圆环　　　（b）实心圆

图 2.27　绘制实心圆环和实心圆

2.2.5　复杂二维图形

绘制以多个基本线段或变曲率线条为基础的二维图形，是专业工程绘图的重要基础。AutoCAD常用的绘制复杂二维图形的命令包括样条曲线、多段线以及多线。

1. 样条曲线

样条曲线可用于创建形状不规则的曲线，创建命令为 SPLINE，快捷命令为 SPL，启动命令的方式有：

（1）命令行：输入 SPL 按 Enter 键。

（2）单击"默认"选项卡→"绘图"面板→"样条曲线拟合"按钮$\sim$或者"样条曲线控制点"按钮$\sim$。

（3）单击"绘图"菜单→"样条曲线"。

启动命令并提示：

命令：SPL✓

当前设置：方式=拟合　节点=弦

指定第一个点或[方式（M）/节点（K）/对象（O）]：指定第一个点，系统接着提示：

输入下一个点或[起点切向（T）/公差（L）]：指定第二个点，系统接着提示：

输入下一个点或[端点相切（T）/公差（L）/放弃（U）]：指定第三个点，系统接着提示：

输入下一个点或[端点相切（T）/公差（L）/放弃（U）/闭合（C）]：依次指定其他点，各项含义如下：

（1）第一个点：按 NURBS（非一致有理 B 样条曲线）数学创建样条曲线的起始点。

（2）下一个点：继续输入点以增加样条曲线的长度。

（3）方式（M）：控制使用拟合点或使用控制点的方式创建样条曲线。

1）拟合点：通过指定样条曲线必须经过的拟合点创建 3 阶 B 样条曲线。

2）控制点：通过指定控制点创建样条曲线，使用此方法可创建 1 阶、2 阶直至最高为 10 阶的样条曲线。

（4）节点（K）：用来确定样条曲线中连续拟合点之间的曲线如何过渡。

（5）对象（O）：将二维或三维的二次或三次样条曲线的拟合多段线转换为等价的样条曲线，然后删除该拟合多段线。

（6）起点切向（T）：指定样条曲线起点处的切线方向。

（7）端点相切（T）：指定样条曲线终点处的切线方向。

（8）公差（L）：修改拟合当前样条曲线的公差。如果公差设置为 0，则样条曲线通过拟合点，而输入大于 0 的公差，将使样条曲线在指定的公差范围内通过拟合点。

（9）放弃（U）：在拾取点后输入 U 按 Enter 键，放弃上一步操作。

（10）闭合（C）：闭合样条曲线，将最后一点定义为与第一点一致，并使它们在连接处相切。

【例 2.10】　根据已知点绘制样条曲线。

命令：SPL↙

当前设置：方式=拟合　节点=弦

指定第一个点或[方式（M）/节点（K）/对象（O）]：捕捉点 1

输入下一个点或[起点切向（T）/公差（L）]：捕捉点 2

输入下一个点或[端点相切（T）/公差（L）/放弃（U）]：捕捉点 3

输入下一个点或[端点相切（T）/公差（L）/放弃（U）/闭合（C）]：捕捉点 4

输入下一个点或[端点相切（T）/公差（L）/放弃（U）/闭合（C）]：捕捉点 5

输入下一个点或[端点相切（T）/公差（L）/放弃（U）/闭合（C）]：C↙

其效果如图 2.28 所示。

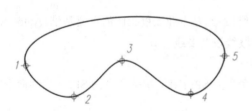

图 2.28　用 SPL 命令绘制样条曲线

2. 多段线

多段线是作为单个对象创建的相互连接的线段组合图形，创建多段线的命令为 PLINE，快捷命令为 PL，启动命令的方式如下：

（1）命令行：输入 PL 按 Enter 键。

（2）单击"默认"选项卡→"绘图"面板→"多段线"按钮 。

（3）单击"绘图"菜单→"多段线"。

启动命令并提示：

命令：PL↙

指定起点：

当前线宽为 0.0000

指定下一个点或[圆弧（A）/半宽（H）/长度（L）/放弃（U）/宽度（W）]：指定点，系统接着提示：

指定下一点或[圆弧（A）/闭合（C）/半宽（H）/长度（L）/放弃（U）/宽度（W）]：重复提示指定点，直至按 Enter 键结束，或选择选项，各选项含义如下：

（1）下一点：将从上一点到该点绘制一直线段。

（2）闭合（C）：从指定最后点到起点绘制直线创建闭合多段线。

（3）半宽（H）：指定从宽多段线的中心到其一边的宽度。

（4）长度（L）：指定所绘多段线的长度，若上段为直线，则在与其相同方向绘制指定长度的直线段；若上段为圆弧，则绘制与该圆弧相切的新直线段。

（5）放弃（U）：删除最近一次添加到多段线上的线段。

（6）宽度（W）：指定下一多段线的起点宽度和终点宽度。

（7）圆弧（A）：从画直线方式切换到画圆弧方式，系统接着提示：

指定圆弧的端点（按住 Ctrl 键以切换方向）或[角度（A）/圆心（CE）/闭合（CL）/方向（D）/半宽（H）/直线（L）/半径（R）/第二个点（S）/放弃（U）/宽度（W）]：各项含义如下：

1）圆弧的端点：将以指定点为端点，绘制与多段线的上一段相切的弧线段。

2）角度（A）：以指定包含角的方式画弧，系统接着提示：

指定夹角：输入正值，逆时针方向画弧；输入负值，顺时针方向画弧。

指定圆弧的端点（按住 Ctrl 键以切换方向）或[圆心（CE）/半径（R）]：再指定圆弧的端点、圆心或半径画弧。

3）圆心（CE）：以指定圆心方式画弧，系统接着提示：

指定圆弧的圆心：指定一点作为圆心。

指定圆弧的端点（按住 Ctrl 键以切换方向）或[角度（A）/长度（L）]：再以指定弧端点、夹角或弦长方式画弧。

4）闭合（CL）：从指定的最后一点到起点画弧创建闭合的多段线。

5）方向（D）：以指定弧段的起始方向画弧，系统接着提示：

指定圆弧的起点切向：指定一点，将以该点与起点的连线作为弧段的起始方向。

指定圆弧的端点（按住 Ctrl 键以切换方向）：指定点并以该点为端点画圆弧。

6）直线（L）：退出圆弧（A）返回多段线命令的提示。

7）半径（R）：选择以指定圆弧半径方式画弧，系统继续提示：

指定圆弧的半径：输入半径并按 Enter 键，系统继续提示：

指定圆弧的端点（按住 Ctrl 键以切换方向）或[角度（A）]：指定圆弧的端点或夹角画弧。

8）第二个点（S）：选择第二个点方式，只要根据提示指定圆弧上的第二点和端点，系统将以上一多段线的终点为起点、指定圆弧上的第二点和端点画弧。

3. 多线

多线由 1～16 条平行线组成，这些平行线称为元素，创建多线的命令为 MLINE，快捷命令为 ML，启动命令的方式有：

（1）命令行：输入 ML 按 Enter 键。

（2）单击"绘图"菜单→"多线"命令。

启动命令并提示：

命令：ML↙

当前设置：对正=上，比例=20.00，样式=STANDARD

指定起点或[对正（J）/比例（S）/样式（ST）]：指定起点，系统接着提示：

指定下一点：指定下一点，系统接着提示：

图 2.29 "多线样式"选项卡

指定下一点或[放弃（U）]：指定下一点，系统接着提示：

指定下一点或[闭合（C）/放弃（U）]：重复命令，直至按 Enter 键或选择闭合结束。各项含义如下：

（1）对正（J）：该选项用于给定绘制多线的基准，共有"上""无"和"下"三种对正类型。

（2）比例（S）：控制多线的间距，相邻两多线间距是多线样式中设置的偏移量与比例因子的乘积。

（3）样式（ST）：设置当前使用的多线样式。可通过"格式"菜单→"多线样式..."→"多线样式"对话框→"新建或修改"，进行多线样式设置，如图 2.29 所示。

视频资源 2.2
多线

2.2.6 其他对象绘制

为了方便绘图和编辑，系统还增加了查看局部图形的修订云线和用于添加注释与信息的临时区域覆盖。

1. 修订云线

用多段线创建云线的命令为 REVCLOUD，启动命令如下：

（1）命令行：输入 REVCLOUD 按 Enter 键。

（2）单击"默认"选项卡→"绘图"菜单→▭ · 命令，单击后面的小按钮可选择▭矢形、⬠多边形和◯徒手画三种形式。

（3）单击"绘图"菜单栏→修订云线（V）。

启动命令并提示：

命令：REVCLOUD↙

指定第一个点或[弧长（A）/对象（O）/矩形（R）/多边形（P）/徒手画（F）/样式（S）/修改（M）]<对象>：各项的含义如下：

（1）指定第一个点：指定点后，将沿云线路径引导十字光标，动态绘制云线。

（2）弧长（A）：指定云线中弧线的长度，最大弧长不能大于最小弧长的 3 倍。

（3）对象（O）：指定要转换为修订云线的对象。系统可将矩形、圆、多段线等对象转化为云线。系统接着提示：

反转方向[是（Y）/否（N）]：输入 Y 反转云线中弧方向；若按 Enter 键，将保留原弧方向。

（4）矩形（R）：指定角点绘制矩形云线。

（5）多边形（P）：依次指定多边形的角点绘制云线。

（6）徒手画（F）：沿云线路径指导十字光标自由绘制云线。

（7）样式（S）：指定修订云线的样式。输入 S 并按 Enter 键，系统又提示：

(a) 普通   (b) 手绘

图 2.30 修订云线的圆弧样式

选择圆弧样式[普通（N）/手绘（C）]<普通>：若按 Enter 键，则使用"普通"样式，其效果如图 2.30（a）所示；输入 C 并按 Enter 键，将选择"手绘"样式，其效果如图 2.30（b）所示。

（8）修改（M）：拾取要修改的对象，依次指定修改位置进行删除等操作。

【例 2.11】 将如图 2.31（a）所示的椭圆转换为云线。

命令：REVCLOUD↙

当前设置 最小弧长：5 最大弧长：15

指定第一个点或[弧长（A）/对象（O）/矩形（R）/多边形（P）/徒手画（F）/样式（S）/修改（M）]<对象>：A↙

指定最小弧长<5>：10↙

指定最大弧长<15>：20↙

指定第一个点或[弧长（A）/对象（O）/矩形（R）/多边形（P）/徒手画（F）/样式（S）/修改（M）]<对象>：O↙

选择对象：

反转方向[是（Y）/否（N）]<否>：↙

其效果如图 2.31（b）所示。

反转方向[是（Y）/否（N）]<否>：Y↙

反转的效果如图 2.31（c）所示。

（a）已知条件　　　　　（b）不反转的效果　　　　　（c）反转后的效果

图 2.31　将对象转换为修订云线

2. 区域覆盖

创建多边形区域以当前背景色屏蔽对象的命令为 WIPEOUT，启动命令的方式如下：

（1）命令行：输入 WIPEOUT 按 Enter 键。

（2）单击"默认"选项卡→"绘图"面板→"区域覆盖"按钮▨。

（3）单击"绘图"菜单→"区域覆盖"。

启动命令并提示：

命令：WIPEOUT↙

指定第一点或[边框（F）/多段线（P）]<多段线>：

各项含义如下：

（1）第一点：根据一系列指定点确定区域覆盖对象的多边形边界。

（2）边框（F）：确定是否显示区域覆盖多边形的边。输入 F 并按 Enter 键，系统接着提示：

输入模式[开（ON）/关（OFF）显示但不打印

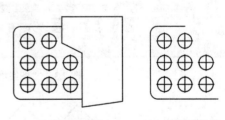

（a）显示覆盖边框　　（b）关闭覆盖边框

图 2.32　显示与关闭覆盖边框的效果

（D）]<OFF>：输入 ON，显示区域覆盖边框，其效果如图 2.32（a）所示；输入 OFF，将不显示所有区域覆盖边框，其效果如图 2.32（b）所示；输入 D，将在图中显示但是打印时不予打印。

（3）多段线（P）：由选定的多段线确定覆盖对象的边界，输入 P 并按 Enter 键，系统提示：

选择闭合多段线：以选定直线构成的多段线创建覆盖区域的边界，若选择包含圆弧的多段线，命令行将出现"多段线必须闭合，并且只能由直线段构成"的提示。

是否要删除多段线?[是（Y）/否（N）]<否>：若输入 Y 并按 Enter 键，将删除用于创建区域覆盖对象的多段线；若输入 N 并按 Enter 键，将保留多段线。

注意：使用区域覆盖可以在现有对象上生成一个空白区域，用于添加注释或相关信息。此区域与区域覆盖边框进行绑定，可以打开此区域进行编辑，也可以关闭此区域进行打印。

3. 图案填充

为了表示某一区域的建筑材质或用料，常在绘制的图形上填充图案，图案填充可增强图形的可读性。图案填充的命令为 HATCH，快捷命令为 H，启动命令的方式如下：

（1）命令行：输入 H 按 Enter 键。

（2）单击"默认"选项卡→"绘图"面板→ 按钮，从下拉列表中可选择 图案填充、 渐变色和 边界。

（3）单击"绘图"菜单→ "图案填充"。

启动命令，屏幕功能区增加"图案填充创建"选项卡，及相应的各功能面板，如图 2.33 和图 2.34 所示。命令行提示：

命令：H↙

拾取内部点或[选择对象（S）/放弃（U）/设置（T）]：各项含义如下：

（1）拾取内部点：通过选择由一个或多个对象形成的封闭区域内的点，确定图案填充边界。同时在"图案填充创建"选项卡各面板中设置各参数，其填充效果如图 2.35 所示。

（2）选择对象（S）：输入 S 按 Enter 键，系统接着提示：

选择对象或[拾取内部点（K）/放弃（U）/设置（T）]：指定要填充的对象，重复操作，直至按 Enter 键结束。

图 2.33 "图案填充创建"选项卡中的图案填充

图 2.34 "图案填充创建"选项卡中的渐变色填充

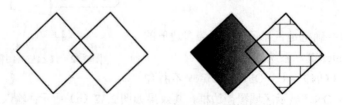

图 2.35 填充效果

（3）设置（T）：输入 T 按 Enter 键弹出"图案填充和渐变色"对话框，其功能与"图案填充创建"选项卡相同。

"图案填充创建"选项卡中，主要有图案填充和渐变色填充两种形式，如图 2.33 和图 2.34 所示，二者所对应的各功能面板相近，包含有"边界"、"图案"、"特性"、"原点"和"选项"面板，以及关闭按钮。各面板中选项的含义如下：

（1）"边界"面板。

1）拾取点 ：通过选择由一个或多个对象形成的封闭区域内的点，确定图案填充边界。指定内部点时，在点选区域会随十字光标出现填充图案，如图 2.36 所示。

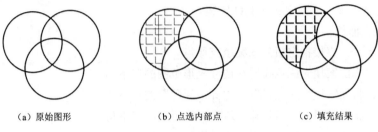

（a）原始图形　　　　　　（b）点选内部点　　　　　　（c）填充结果

图 2.36　拾取点填充

2）选择边界对象 ：指定基于选定对象的图案填充边界。使用此选项时不会自动检测内部对象，必须选择指定边界的对象，如图 2.37 所示。

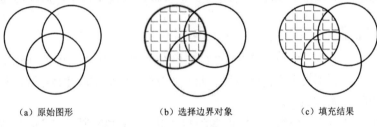

（a）原始图形　　　　　　（b）选择边界对象　　　　　　（c）填充结果

图 2.37　选择边界对象填充

3）删除边界对象 ：从边界定义中删除之前添加的对象。

4）重新创建边界 ：围绕选定的图案填充或填充对象创建多段线或面域，并使其与图案填充对象相关联。

5）显示边界对象 ：选择构成选定关联图案填充对象的边界对象，使用显示的夹点可修改图案填充边界。

6）保留边界对象 ：指定如何处理图案填充边界对象。包含以下三个对象：

a. 不保留边界：不创建独立的图案填充边界对象。

b. 保留边界-多段线：创建封闭图案填充对象的多段线。

c. 保留边界-面域：创建封闭图案填充对象的面域对象。

7）使用当前视口 ：以当前视口中的所有对象为边界集，或选择新边界集。

（2）"图案"面板。显示所有预定义和自定义的预览图像。

（3）"特性"面板。

1）图案填充类型 ：指定使用实体、渐变色、图案以及用户定义进行填充。

2）图案填充颜色 ：替代实体填充的当前颜色。

3）背景色 ：指定填充图案背景的颜色。

4）图案填充透明度 ：指定新图案填充的透明度，替代当前对象的透明度，下拉列表选项可设置当前透明度、图层特性、块的透明度等，如图 2.38 所示。

5）图案填充角度：指定图案填充的角度。

6）填充图案比例 ：按指定比例缩放填充图案的大小。

7）图案填充图层替代 ：指定图案填充使用的图层。

8）相对图纸空间 ：仅在布局中可用。

9）交叉线 ：默认为"双"，仅当"图案填充类型"设定为"用户定义"时可用。

10）ISO 笔宽：仅用于预定义的 ISO 图案。

（4）"原点"面板。

1）设定原点 ：直接指定新的图案填充原点。

2）左下 ：将图案填充原点设置在边界矩形范围的左下角。

3）右下 ：将图案填充原点设置在边界矩形范围的右下角。

4）左上 ：将图案填充原点设置在边界矩形范围的左上角。

5）右上 ：将图案填充原点设置在边界矩形范围的右上角。

6）中心 ：将图案填充原点设置在边界矩形范围的中心。

7）使用当前原点 ：将图案填充原点的值设置在系统默认位置。

8）存储为默认原点 ：将新图案填充原点值存储在系统变量中，后续图案填充的新默认原点。

（5）"选项"面板。

1）关联 ：关联边界，控制当用户修改图案填充边界时是否自动更新图案填充。

2）注释性 ：指定图案填充为注释性，此特性会自动完成缩放注释过程，从而使注释能够以正确的大小在图纸上打印或显示。

3）特性匹配 ：包含"使用当前原点 "和"用源图案填充原点 "，区别在于使用选定图案填充对象时是否包含图案填充原点设置。

4）允许的间隙：设定将对象用作图案填充边界时可忽略的最大间隙，默认值为 0，此值指定对象必须是封闭区域而没有间隙。

5）创建独立的图案填充 ：用于控制当指定了几个单独的闭合边界时，是创建单个独立的图案填充对象，还是创建多个图案填充对象。

6）孤岛检测 ：包含图 2.39 所示的四种孤岛检测方式，分别表示从外部边界向内部填充（普通）、从外部边界向内部填充（仅填充区域）、忽略所有内部对象以及关闭以使用传统孤岛检测方法。

视频资源 2.3
图案填充

图 2.38　"图案填充透明度"下拉列表　　图 2.39　"孤岛检测"下拉列表

7）置于边界之后 ▣：为图案填充指定排列秩序，包含不指定、后置、前置、置于边界之后和置于边界之前。

2.3 应 用 举 例

【例2.12】 已知坝面各点的坐标值（表2.1），做坝面曲线。

表2.1
坝 面 坐 标
单位：m

X	4.0	14.0	23.0	26.0	28.8	32.0	36.0
Y	0	-4.0	-12.0	-16.0	-20.0	-24.0	-28.0

绘图步骤如下：

命令：UCS↙

当前UCS名称：*没有名称*

指定UCS的原点或[面（F）/命名（NA）/对象（OB）/上一个（P）/视图（V）/世界（W）/X/Y/Z/Z轴（ZA）]<世界>：指定坐标原点，如图2.40所示的O点

指定X轴上的点或 <接受>：确定X方向

指定XY平面上的点或 <接受>：确定Y方向

命令：PO↙

当前点模式：PDMODE=34　PDSIZE=5.0000

指定点：4,0

命令：PO↙

指定点：14,4

依次指定各点

命令：SPL↙

当前设置：方式=拟合　节点=弦

指定第一个点或[方式（M）/节点（K）/对象（O）]：捕捉第1个点

输入下一个点或[起点切向（T）/公差（L）]：捕捉第2个点

输入下一个点或[端点相切（T）/公差（L）/放弃（U）]：依次捕捉7个点，绘制完成按Enter键

指定端点切向：通过端点与端点外一个点确定曲线端部的切线

其效果如图2.40所示。

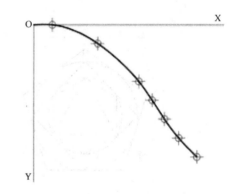

图2.40　坝面曲线

视频资源2.4
样条曲线

【例2.13】画一长度为30mm的线段，使其与已知圆[图2.41（a）]相切且与X轴的夹角为50°。

绘图步骤如下：

（1）输入L按Enter键，启动直线命令。

（2）按住Ctrl键不放，右击空白处，选择"切点"。

（3）移动光标，在圆周上捕捉"递延切点"单击。

（4）根据提示"指定下一个点或[放弃（U）]"，输入@30<50按Enter键。

（5）完成绘图，效果如图 2.41（b）所示。

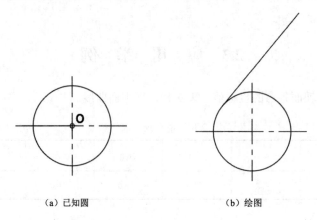

（a）已知圆　　　　　　　　　　　（b）绘图

图 2.41　作圆的切线

本 章 习 题

一、绘图题（按照尺寸抄绘下列图形）

1.

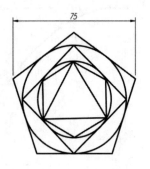

2.

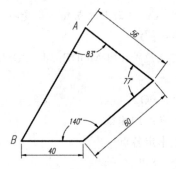

3.

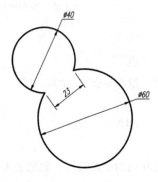

4.

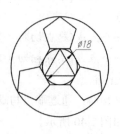

二、单项选择题

1. 画一个圆与三个对象相切，应使用 CIRCLE 中哪一个选项（　　）。

A. 相切、相切、半径　　　　　　　　B. 相切、相切、相切

C. 3 点　　　　　　　　　　　　　　D. 圆心、直径

2. 内接多边形是指（　　）。

A．多边形在圆内，多边形每边的中点在圆上　　　B．多边形在圆外，多边形的顶点在圆上

C．多边形在圆内，多边形的顶点在圆上　　　D．多边形在圆外，多边形每边的中点在圆上

3. 下列选项是相对极坐标的是（　　）。

A．13,45　　　　　　B．@20,30　　　　　　C．13<45　　　　　　D．@20<90

4. "C"是（　　）的快捷命令。

A．COPY　　　　　B．CHAMFER　　　　C．SCALE　　　　D．CIRCLE

5. 用矩形命令不能直接绘制（　　）图形。

A．圆角矩形　　　　　　　　　　　　　　B．直角矩形

C．带线宽矩形　　　　　　　　　　　　　D．一侧圆角另一侧直角的矩形

6. 使用椭圆命令绘制椭圆时，以下描述不正确的是（　　）。

A．可以绘制椭圆弧　　　　　　　　　　　B．可以根据长轴以及倾斜角度绘制出椭圆

C．根据圆心和长轴即可绘制出椭圆　　　　D．可以根据长轴和短轴绘制出椭圆

7. 要重复输入一个命令，可在命令行出现"命令："提示符后，按（　　）。

A．F1 键　　　　　　B．空格或 Enter 键　　　C．鼠标左键　　　　D．Ctrl+F1 键

8. 如果起点为（5,5），要画出与 X 轴正方向成 30°夹角，长度为 50 的直线段，应输入（　　）。

A．@30,50　　　　　B．30,50　　　　　　C．50,0　　　　　　D．@50<30

9. 既可以绘制直线，也可以绘制圆弧的命令是（　　）。

A．多线　　　　　　B．多段线　　　　　C．样条曲线　　　　D．构造线

10. 可以直接作角平分线的命令是（　　）。

A．直线　　　　　　B．多段线　　　　　C．构造线　　　　　D．多线

11. （　　）命令能把模型窗口中的图形最大化地放到现有屏幕上。

A．窗口缩放　　　　B．范围缩放　　　　C．实时缩放　　　　D．全部缩放

12. 在"动态输入"开启的情况下，输入第一个点后，下一个点输入时会自动采用（　　）。

A．球坐标　　　　　B．用户坐标　　　　C．绝对坐标　　　　D．相对坐标

第3章 二维图形编辑

复杂工程图形的绘制，需要用到移动、复制、旋转、缩放、拉伸、阵列、镜像、圆角、倒角等编辑命令。这些命令可帮助用户快速、准确地编辑和修改图形，保证绘图质量，减少重复劳动，提高设计效率。本章主要介绍 AutoCAD 软件二维编辑的操作方法和技巧。

3.1 对 象 选 择

选择编辑目标对象是编辑的基础，用户必须准确无误地告诉系统，将要对图形文件中哪些对象进行编辑。执行编辑命令，命令行都会提示"选择对象"，都要指定一个或多个对象，且选中的对象以蓝色线醒目显示。

3.1.1 选择的设置

选择的设置命令为 OP，启动该命令的方式如下：

（1）命令行：输入 OP 按 Enter 键。

（2）单击"工具"菜单→"选项…"。

（3）绘图区右击"选项…"。

从"选项"对话框中单击"选择集"标签，在如图 3.1 所示的"选择集"选项卡中设置对象选择的模式。各选项含义如下：

图 3.1 "选项"对话框的"选择集"选项卡

（1）拾取框大小：调节滑块可以改变拾取框的大小，左侧实时显示其大小。

（2）选择集模式：控制与对象选择方法相关的设置，各选项含义如下：

1）先选择后执行（N）：通常编辑模式为"先选择对象后执行命令"模式。

2）用 Shift 键添加到选择集（F）：只有按住 Shift 键并选择对象，才能向选择集中添加对象。

3）对象编组（O）：可创建并命名一组对象。选择其中任一对象，就选中组内所有对象，并可对它们执行同一操作。

4）关联图案填充（V）：若选择了填充图案，也就选定了其边界对象。

5）隐含选择窗口中的对象（I）：包含允许按住并拖动对象（D）及允许按住并拖动套索（L）。

6）窗口选择方法（L）：包含"两次单击""按住并拖动"以及"两者-自动检测"。"两次单击"，须用鼠标指定两对角点来绘制选择窗口；"按住并拖动"，可先按住一点并拖动鼠标至第二点，释放鼠标即生成选择窗口。通常设置为"两者-自动检测"。

（3）选择集预览：拾取框光标滑过某对象时，该对象亮显，称为"选择预览"。勾选"命令处于活动状态时"：只有执行编辑命令并出现"选择对象"提示时，才显示选择预览；而勾选"未激活任何命令时"：即使不执行任何编辑命令，也可显示选择预览。

单击"视觉效果设置"，可在"视觉效果设置"对话框中设置选择预览对象的外观。

3.1.2 对象选择的方式

为编辑而选择的一组对象称为"选择集"，选择集可以仅有一个对象，也可以是多个对象组成的对象组。执行编辑命令的方式有两种，一种是"先执行后选择"，先执行一个编辑命令，然后选择对象；第二种是"先选择后执行"，先选择对象，然后调用编辑命令。对象选择的命令为 SELECT，快捷命令为 SEL，启动命令的方式如下：

命令行：输入 SEL 按 Enter 键。

启动对象选择命令，AutoCAD 将提示选择对象，光标由十字光标转换为拾取框。

命令行提示：

选择对象：用户可点选所需的对象，也可以采用其他方式选择对象，还可以输入"？"查看相应的选择方式。输入？按 Enter 键，命令行提示：

需要点或窗口（W）/上一个（L）/窗交（C）/框（BOX）/全部（ALL）/栏选（F）/圈围（WP）/圈交（CP）/编组（G）/添加（A）/删除（R）/多个（M）/前一个（P）/放弃（U）/自动（AU）/单个（SI）/子对象（SU）/对象（O）：

各选项含义如下：

（1）点：可以直接点取所选的对象。

（2）窗口（W）：鼠标点取两个对角点确定一个矩形窗口，窗口边界为实线，窗口范围内的所有图形被选取，与边界相交的对象不会被选中。对角点的点选按照从左向右的顺序进行。

（3）上一个（L）：在"选择对象"提示下，输入 L 并按 Enter 键，系统会自动选取最后绘制的对象。

（4）窗交（C）：与"窗口"命令类似，两者之间的区别在于所选窗口边界为虚线，与边界相交的对象也会被选中。对角点的点选按照从右向左的顺序进行。

（5）框（BOX）：该命令下，系统会根据用户在屏幕上给出的两个对角点位自动调用"窗口"或者"窗交"命令。若对角点的选取顺序为自左到右，为"窗口"模式，反之则为"窗交"模式。

（6）全部（ALL）：选取图中所有对象。

（7）栏选（F）：根据提示选择栏选点或者拖动光标形成直线，凡是与这些直线相交的对象均被选中。

（8）圈围（WP）：根据提示，构建一个不规则的图形，被该图形覆盖的区域内的对象被选中，与边界相交的对象不会被选中。

（9）圈交（CP）：和"圈围"类似，区别在于该模式下，与边界相交的对象可被选中。

（10）编组（G）：事先将若干对象组成对象组，定义编组名，在本命令中调用。

（11）添加（A）：添加下一个对象到选择集。

（12）删除（R）：被选对象从选择集中删除。

（13）多个（M）：指定多个点选对象，但不亮显示对象。

（14）前一个（P）：将前一个编辑命令中的选择集作为当前选择集。

（15）放弃（U）：取消选择集中的对象。

（16）自动（AU）：根据用户操作自动选择命令执行。

（17）单个（SI）：单选一个对象且没有下一步操作提示。

（18）子对象（SU）：可以选择实体中的一部分作为子对象。

（19）对象（O）：结束子对象模式，采用对象模式选择。

3.1.3 快速选择

用户有时需要选择某些具有共同属性的对象来创建选择集，可以采用上述的选择方式，但是当选择对象较多时，可采用快速选择。快速选择是根据条件过滤选择对象，其命令为 QSELECT，启动方式如下：

（1）命令行：输入 QSELECT 按 Enter 键。

（2）单击"特性"选项卡中的 按钮，如图 3.2 所示。

（3）单击"工具"菜单→ 快速选择。

（4）右击，在弹出的快捷菜单中选择"快速选择…"命令，如图 3.3 所示。

启动命令后，弹出"快速选择"对话框，如图 3.4 所示，利用该对话框，用户可以设置需要选取多个对象的过滤条件并创建选择集。

图 3.2 "特性"选项卡

图 3.3 快捷菜单

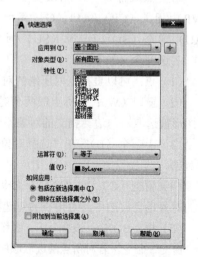

图 3.4 "快速选择"对话框

3.2 常见图形编辑

3.2.1 删除、放弃与重做

1. 删除

从图形中删除对象的命令是 ERASE，快捷命令为 E，启动命令有以下方式：

（1）命令行：输入 E 按 Enter 键。

（2）单击"默认"选项卡→"修改"面板→"删除"按钮 。

（3）单击"修改"菜单→ "删除"。

启动命令并提示：

选择对象：指定一个或多个对象，按 Enter 键，将从图形中删除这些对象。

若删除有误，可输入 OOPS 命令，恢复最近一次使用 ERASE 删除的对象。如果需连续向前恢复被删对象，应采用"放弃"命令。

2. 放弃

放弃绘图操作的命令是 UNDO，快捷命令为 U。启动命令的方式如下：

（1）命令行：输入 U 按 Enter 键。

（2）单击"快速访问工具栏"→"放弃"按钮 。

（3）单击"编辑"菜单→ "放弃"。

（4）按 Ctrl+Z 键。

执行上述命令，取消上一步操作。若需多步放弃，可输入命令 U 并多次按 Enter 键。

启动命令并提示：

命令：U↙

单次输入，则放弃上一步操作；连续输入，则持续放弃上步操作。

3. 重做

恢复上一个放弃的命令是 REDO，该命令可重现使用 UNDO 前的效果。启动命令的方式如下：

（1）单击"快速访问工具栏"→"重做"按钮 。

（2）单击"编辑"菜单→"重做"。

（3）右击"快捷菜单"→ 重做。

（4）按 Ctrl+Y 键。

执行上述命令，返回上一步操作。

注意：REDO 必须紧跟 UNDO 命令之后使用。

3.2.2 复制、镜像与偏移

1. 复制

在指定方向上按指定距离复制对象的命令是 COPY，快捷命令为 CO。启动命令的方式如下：

（1）命令行：输入 CO 按 Enter 键。

（2）单击"默认"选项卡→"修改"面板→"复制"按钮 。

（3）单击"修改"菜单→"复制"。

启动命令并提示：

命令：CO✓

选择对象：选择一个或多个对象并按 Enter 键。

当前设置：复制模式＝多个

指定基点或[位移（D）/模式（O）]<位移>：各项的含义如下：

（1）指定基点：指定点，将以此点作为复制的基点，系统接着提示：

指定第二个点或[阵列（A）]<使用第一个点作为位移>：若指定点，将以指定点与基点的距离和方向创建复制对象，如图 3.5 所示。

（2）位移（D）：输入 D 或直接按 Enter 键，系统继续提示：

指定位移<当前值>：输入坐标值，将以当前坐标为基点，按指定的坐标值确定复制对象的距离和方向；若直接按 Enter 键，系统将以当前值为位移量复制对象。

（3）模式（O）：输入 O 并按 Enter 键，系统提示：

输入复制模式选项[单个（S）/多个（M）]<多个>：选择使用单个还是多个复制模式。

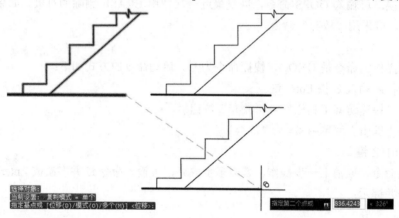

图 3.5 复制对象

2. 镜像

创建选定对象镜像的命令是 MIRROR，快捷命令为 MI。启动命令的方式如下：

（1）命令行：输入 MI 按 Enter 键。

（2）单击"默认"选项卡→"修改"面板→"镜像"按钮 ⚠ 。

（3）单击"修改"菜单→"镜像"。

启动命令并提示：

选择对象：选择要镜像的对象并按 Enter 键。

指定镜像线的第一点：指定对称轴线的起点。

指定镜像线的第二点：指定对称轴线的终点。

要删除源对象吗?[是（Y）/否（N）]<否>：直接按 Enter 键，既生成镜像图像又保留源对象，如图 3.6（a）所示；若输入 Y 按 Enter 键，则生成镜像图像并删除源对象，如图 3.6（b）所示。

默认情况下，镜像文字对象时，不更改文字的方向；如果确实要反转文字，需要将 MIRRTEXT 系统变量设置为 1 后，再镜像，其效果如图 3.6（c）所示。

注意： 对称线可以是任意指定两点确定的直线，为了便于理解，特用点画线示出。

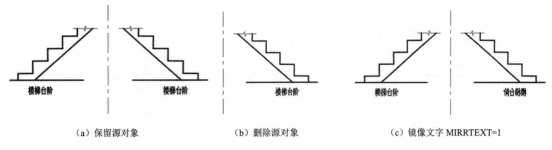

(a) 保留源对象　　　　　　(b) 删除源对象　　　　　　(c) 镜像文字 MIRRTEXT=1

图 3.6　镜像图形和镜像文字

3. 偏移

偏移对象是指保持原对象的形状,按指定偏移量创建一个"平行"对象。偏移命令是 OFFSET, 快捷命令为 O, 启动命令的方式如下:

(1) 命令行:输入 O 按 Enter 键。

(2) 单击"默认"选项卡→"修改"面板→"偏移"按钮 ⊆ 。

(3) 单击"修改"菜单→"偏移"。

启动命令并提示:

当前设置:删除源=否　图层=源 OFFSETGAPTYPE=0

指定偏移距离或[通过 (T)/删除 (E)/图层 (L)]<通过>:各项含义如下:

(1) 偏移距离:输入所需偏移距离,系统接着提示:

选择要偏移的对象,或[退出 (E)/放弃 (U)]<退出>:指定要偏移的单个对象;或输入 E 按 Enter 键,即退出 OFFSET 命令;也可输入 U 并按 Enter 键,放弃上一步操作。

指定要偏移的那一侧上的点,或[退出 (E)/多个 (M)/放弃 (U)]<退出>:点击偏移侧,将 按输入距离偏移对象;系统将重复上述提示,可继续执行偏移操作,直至按 Enter 键结束命令。若 输入 M 并按 Enter 键,将重复创建偏移对象,生成等距离的平行线组。

注意:偏移是对单一对象的编辑命令,只能以拾取框选择对象。

(2) 通过 (T):输入 T 按 Enter 键,将在指定点处创建偏移对象。选择要偏移的对象后,系 统提示:

指定通过点或[退出 (E)/多个 (M)/放弃 (U)]<退出>:指定偏移的通过点;输入 M 并按 Enter 键,按各指定点的位置重复偏移源对象;退出 (E) 和放弃 (U) 选项含义同前。

(3) 删除 (E):输入 E 并按 Enter 键,确定偏移后是否将源对象删除。系统接着提示:

要在偏移后删除源对象吗?[是 (Y)/否 (N)]<否>:直接按 Enter 键,偏移后不删除源对象; 若输入 Y 并按 Enter 键,偏移对象且删除源对象。

(4) 图层 (L):输入 L 并按 Enter 键,控制偏移对象是在当前层还是在源对象所在层创 建。系统接着提示:

输入偏移对象的图层选项[当前 (C)/源 (S)]<源>:若按 Enter 键,偏移对象将在源对象所 在的层上;若输入 C 并按 Enter 键,偏移对象在当前层上。

注意:直线将平行偏移且长度保持不变,如图 3.7 (a) 所示;圆 (弧)、椭圆 (弧) 和多边形 将同心偏移,如图 3.7 (b) 所示;而样条曲线将逐段偏移,如图 3.7 (c) 所示。

（a）平行偏移　　　　　　　　（b）同心偏移　　　　　　　　（c）逐段偏移

图 3.7　不同线段的偏移结果

3.2.3　阵列、移动与旋转

1. 阵列

阵列指多次复制被选对象，并按照矩形、路径或环形的方式进行排列。把副本对象按照矩形排列称为创建矩形阵列；把副本对象按照某路径进行排列称为创建路径阵列；把副本对象按照环形排列称为创建环形阵列。

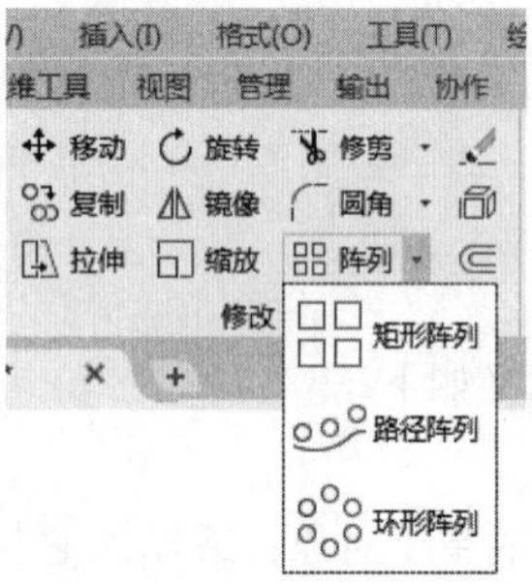

创建阵列对象命令是 ARRAY，快捷命令为 AR，启动命令的方式如下：

（1）命令行：输入 AR 按 Enter 键。

（2）单击"默认"选项卡→"修改"面板→ "阵列"按钮下拉列表，选择对应阵列类型，如图 3.8 所示。

（3）单击"修改"菜单→"阵列"→子菜单中选择阵列类型。

（1）矩形阵列。矩形阵列的命令为 ARRAYRECT，启动命令后提示：

图 3.8　"阵列"下拉列表

选择对象：选定矩形阵列的源对象，如图 3.10 中的左下角"六边形"。

选择夹点以编辑阵列或[关联（AS）/基点（B）/计数（COU）/间距（S）/列数（COL）/行数（R）/层数（L）/退出（X）]<退出>：按照选定方式建立矩形阵列。

也可以在功能区"阵列创建"选项卡中直接输入各参数（图 3.9），其效果如图 3.10 所示。

图 3.9　矩形阵列模式下的"阵列创建"选项卡

（2）路径阵列。路径阵列的命令为 ARRAYPATH，启动命令后提示：

选择对象：选定路径阵列的源对象，如图 3.12 中左下角"六边形"。

类型=路径　关联=是

选择路径曲线：选择路径，如图 3.12 中的圆弧路径。

选择夹点以编辑阵列或[关联（AS）/方法（M）/基点（B）/切向（T）/项目（I）/行（R）/层（L）/对齐项目（A）/z 方向（Z）/

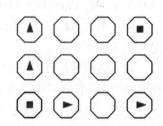

图 3.10　矩形阵列

退出（X）]<退出>：按照选定方式建立路径阵列。

也可以在"阵列创建"选项卡中直接输入各参数（图 3.11），其效果如图 3.12 所示。

图 3.11　路径阵列模式下的"阵列创建"选项卡

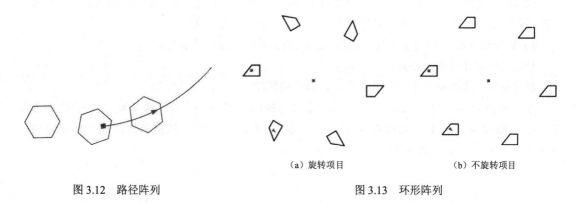

（a）旋转项目　　　　　　　（b）不旋转项目

图 3.12　路径阵列　　　　　　　　　　图 3.13　环形阵列

（3）环形阵列。环形阵列的命令为 ARRAYPOLAR，启动命令后提示：

选择对象：选定环形阵列源对象，如图 3.13 中的四边形。

指定阵列的中心点或[基点（B）/旋转轴（A）]：各项含义如下：

1）中心点：在数值框输入 X、Y 轴的坐标，指定环形中心，也可单击，用鼠标在绘图区指定中心点。系统接着提示：

选择夹点以编辑阵列或[关联（AS）/基点（B）/项目（I）/项目间角度（A）/填充角度（F）/行（ROW）/层（L）/旋转项目（ROT）/退出（X）]<退出>：按照各选项建立环形阵列，其中：

a. 项目（I），指定阵列的对象数。

b. 项目间角度（A），指定相邻阵列基点间的包含角。

c. 填充角度（F），指第一和最后元素基点之间的包含角，正值逆时针旋转，负值顺时针旋转，默认值为 360，其值不能为 0。

d. 旋转项目（ROT），若选择此项，复制时旋转阵列对象，否则，则平移阵列对象，如图 3.13 所示。

也可以在"阵列创建"选项卡中直接输入各参数（图 3.14）。当项目数为 6 个，填充角度为 360°，行数为 3 行，行距为 10 时，其效果如图 3.15 所示。

图 3.14　环形阵列模式下的"阵列创建"选项卡

　　2）基点（B）：系统将以新基点与阵列中心点的距离为半径创建环形阵列，系统继续提示：

　　指定基点或[关键点（K）]<质心>：选择新基点。

　　指定阵列的中心点或[基点（B）/旋转轴（A）]：选择环形阵列中心点。

　　选择夹点以编辑阵列或[关联（AS）/基点（B）/项目（I）/项目间角度（A）/填充角度（F）/行（ROW）/层（L）/旋转项目（ROT）/退出（X）]<退出>：按照各选项建立环形阵列，各项含义同上。

　　注意：系统默认基点取决于选定对象的类型，如直线、多段线、样条曲线为起点；圆、圆弧、椭圆和椭圆弧为圆心；多边形、矩形为第一角点，而块和文字为插入点。

　　3）旋转轴（A）：指定某直线作为选取对象的旋转轴，系统接着提示：

　　指定旋转轴上的第一个点：

　　指定旋转轴上的第二个点：选择两点，确定旋转轴。

　　选择夹点以编辑阵列或[关联（AS）/基点（B）/项目（I）/项目间角度（A）/填充角度（F）/行（ROW）/层（L）/旋转项目（ROT）/退出（X）]<退出>：按照各选项建立环形阵列，各项含义同上。图 3.15 为旋转轴平行于 Y 轴时的阵列效果。

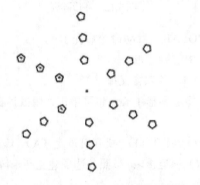

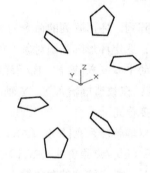

图 3.15　选定方式环形阵列创建效果举例　　图 3.16　使用旋转轴的环形阵列效果

2. 移动

　　移动命令指的是对选定对象的重新定位，对象的位置发生变化但是其方向和大小不变。移动命令为 MOVE，快捷命令为 M。启动命令的方式如下：

　　（1）命令行：输入 M 按 Enter 键。

　　（2）单击"默认"选项卡→"修改"面板→"移动"按钮✛。

　　（3）单击"修改"菜单→✛"移动"。

　　（4）选择要移动的对象，右击，在弹出的快捷菜单中选择"移动"命令。

　　启动命令并提示：

　　选择对象：选择要移动的一个或多个对象并按 Enter 键。

　　指定基点或[位移（D）]<位移>：各项的含义如下：

　　（1）指定基点：指定点作为移动的基点。系统接着提示：

　　指定第二个点或<使用第一个点作为位移>：若指定点，将以这两点定义的矢量作为移动选定对象的距离和方向；若直接按 Enter 键，将以基点的坐标为位移量移动选定对象。

（2）位移（D）：若输入 D 按 Enter 键，系统接着提示：

指定位移<当前值>：根据输入的坐标值确定所选对象移动的相对距离和方向；也可按 Enter 键，根据括号中的当前值确定移动的相对距离和方向。

3. 旋转

在保持原形状不变的情况下，围绕基点旋转对象的命令是 ROTATE，快捷命令为 RO。启动旋转命令的方式如下：

（1）命令行：输入 RO 按 Enter 键。

（2）单击"默认"选项卡→"修改"面板→"旋转"按钮 ↻。

（3）单击"修改"菜单→"旋转"。

（4）选择要旋转的对象，右击，在弹出的快捷菜单中选择"旋转"命令。

启动命令并提示：

选择对象：指定要旋转的一个或多个对象并按 Enter 键。

指定基点：指定点，系统将以该点作为旋转的基点。

指定旋转角度，或[复制（C）/参照（R）]<当前值>：各项的含义如下：

（1）旋转角度：确定对象绕基点旋转的角度。输入角度值，系统默认以正东方向为 0°，逆时针为正，按指定的角度旋转选定对象。

（2）复制（C）：输入 C 并按 Enter 键，创建要旋转选定对象的副本，既旋转又保留源对象。

（3）参照（R）：将对象从指定角度旋转到新的绝对角度。输入 R 并按 Enter 键，系统又提示：

指定参照角<0>：直接输入值或指定两点来确定基准角度。

指定新角度或[点（P）]<0>：可输入值，也可输入 P，用指定两点来确定新绝对角度。

【例 3.1】 旋转如图 3.17（a）所示的矩形 ABCD。

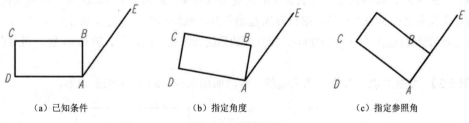

（a）已知条件　　　　　　　　（b）指定角度　　　　　　　　（c）指定参照角

图 3.17　旋转矩形

命令：RO↙

UCS 当前的正角方向：ANGDIR=逆时针　ANGBASE=0

选择对象：选择矩形 ABCD↙

指定基点：捕捉 A 点

指定旋转角度，或[复制（C）/参照（R）]<60>：-10↙

其效果如图 3.17（b）所示。

命令：按空格键重复旋转命令

UCS 当前的正角方向：ANGDIR=逆时针 ANGBASE=0

选择对象：选择矩形 ABCD↙

指定基点：捕捉 A 点

指定旋转角度，或[复制（C）/参照（R）]<350>：R↙

指定参考角（300）：捕捉 A 点

指定第二点：捕捉 B 点

指定新角度或[点（P）]<0>：捕捉 E 点

其效果如图 3.17（c）所示。

3.2.4 缩放、拉伸与拉长

AutoCAD 可以通过比例缩放、拉伸、拉长等编辑命令来改变对象的大小。

1. 缩放

缩放命令是将已有图形以基点为参照进行等比例缩放，其命令为 SCALE，快捷命令为 SC，启动方式如下：

（1）命令行：输入 SC 按 Enter 键。

（2）单击"默认"选项卡→"修改"面板→"缩放"按钮 🔲。

（3）单击"修改"菜单→"缩放"。

（4）选择要缩放的对象，右击，在弹出的快捷菜单中选择"缩放"命令。

启动命令并提示：

选择对象：选择要缩放的对象并按 Enter 键。

指定基点：指定点，系统将以指定的点作为缩放的中心。

指定比例因子或[复制（C）/参照（R）]：各选项的含义如下：

（1）比例因子：直接输入值，系统将以此值缩放选定的对象。比例因子大于 1，将放大对象；比例因子介于 0 和 1 之间，则缩小对象。

（2）复制（C）：输入 C 并按 Enter 键，复制选定对象进行缩放，并保留源对象。

（3）参照（R）：按新长度与参照长度的比值缩放对象。输入 R 按 Enter 键，系统又提示：

指定参照长度<1.0000>：指定缩放对象起始长度，或使用两点来定义长度。

指定新的长度或[点（P）]<1.0000>：指定缩放到的新长度；或输入 P 按 Enter 键，用两点定义新长度。

【例 3.2】 复制并以"参照"选项缩放、移动如图 3.18（a）所示的五边形。

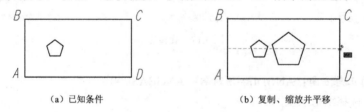

（a）已知条件　　　　　　　　　　（b）复制、缩放并平移

图 3.18　缩放并平移五边形

命令：SC↙

选择对象：拾取五边形↙

指定基点：捕捉 AB 中点

指定比例因子或[复制（C）/参照（R）]：C↙

指定比例因子或[复制（C）/参照（R）]：R↙

指定参照长度（1.0000）：捕捉 A 点

指定第二点：捕捉 D 点

指定新的长度或[点（P）]<1.0000>：捕捉 AD

其效果如图 3.18（b）所示。

2. 拉伸

拉伸命令是指用交叉窗口或交叉多边形的方式选择对象后，移动或拉伸图形的某一局部并保持原图形各部位连接关系不变。拉伸命令是 STRETCH，快捷命令为 S，启动方式如下：

（1）命令行：输入 S 按 Enter 键。

（2）单击"默认"选项卡→"修改"面板→"拉伸"按钮。

（3）单击"修改"菜单→"拉伸"。

启动命令并提示：

以交叉窗口或交叉多边形选择要拉伸的对象…

选择对象：用窗交或圈交选择对象并按 Enter 键。

指定基点或[位移（D）]<位移>：各项的含义如下：

（1）基点：系统将以该点为基准点拉伸对象，系统接着提示：

指定第二个点或<使用第一个点作为位移>：若指定点，系统将以这两点确定的矢量拉伸对象；若按 Enter 键，系统将以基点的坐标值（当前 UCS）为位移量进行拉伸。

注意：系统仅拉伸与选择窗交叉的对象，而选择窗内的对象将从基点平移到第二点；对于没有端点的对象，如块、文本等则不能拉伸，只能根据定义点是否在选择窗内，确定是否被平移。

图 3.19 显示了拉伸和平移的效果，其中图 3.19（a）由于矩形 AD、CD 边被交叉窗口选择，故被拉伸，文字 D 在选择窗口内，被平移，而五边形不在选择框内，不能平移；图 3.19（b）中图形及文字都落入选择窗内，被平移，类似于移动命令。

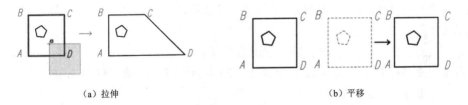

（a）拉伸   （b）平移

图 3.19 拉伸和平移

（2）位移（D）：输入 D 按 Enter 键，系统接着提示：

指定位移<当前值>：根据输入的坐标值为位移量拉伸对象；也可直接按 Enter 键，根据上一输入值当前值为位移量拉伸对象。

3. 拉长

拉长命令可以修改对象的长度和包含角，命令名为 LENGTHEN，快捷命令为 LEN，启动方式如下：

（1）命令行：输入 LEN 按 Enter 键。

（2）单击"默认"选项卡→"修改"面板→"拉长"按钮。

（3）单击"修改"菜单→"拉长"。

启动命令并提示：

选择要测量的对象或[增量（DE）/百分比（P）/总计（T）/动态（DY）]<总计（T）>：各项

的含义如下：

（1）选择要测量的对象：显示选定对象的当前长度和包含角（如果对象有包含角）。

（2）增量（DE）：按指定增量修改对象的长度。输入 DE 按 Enter 键，系统接着提示：

输入长度增量或[角度（A）]<当前值>：以输入增量值修改对象的长度；输入 A 按 Enter 键，在提示"输入角度增量<0>："输入角增量，修改选定圆弧的包含角。

注意：该增量总是从距拾取点最近的端点处开始测量，正值拉长对象，负值裁剪对象。

（3）百分比（P）：按指定对象总长的百分数设置对象长度。输入 P 按 Enter 键，系统提示：

输入长度百分数<100.0000>：应输入非零的正值。输入大于 100 的数，对象靠近拾取点一端拉长；输入小于 100 的数，靠近拾取点的一端裁剪。

（4）总计（T）：按指定总长度（或总角度）修改对象的长度，输入 T 按 Enter 键，系统提示：

指定总长度或[角度（A）]<1.0000>：输入非零正值，按总长度修改对象长度；输入 A 按 Enter 键，按总角度修改弧的包含角。

（5）动态（DY）：拖动选定对象一端改变其长度，输入 DY 按 Enter 键。系统继续提示：

选择要修改的对象或[放弃（U）]：选择对象，可拖动距选择点最近的端点动态改变其长度；输入 U 按 Enter 键，放弃上一步操作。

【例 3.3】 拉长如图 3.20（a）所示的圆弧。

命令：LEN✓

选择要测量的对象或[增量（DE）/百分比（P）/总计（T）/动态（DY）]：拾取圆弧

当前长度：113.6650，夹角：52

选择要测量的对象或[增量（DE）/百分比（P）/总计（T）/动态（DY）]：T✓

指定总长度或[角度（A）]<1.0000>：150✓

选择要修改的对象或[放弃（U）]：靠近点 2 拾取弧✓

其效果如图 3.20（b）所示。

若采用"百分比"的方式拉长对象，则操作如下：

选择要测量的对象或[增量（DE）/百分比（P）/总计（T）/动态（DY）]：P✓

输入长度百分数<100.0000>：50✓

选择要修改的对象或[放弃（U）]：靠近点 2 拾取已拉伸弧✓

其效果如图 3.20（c）所示。

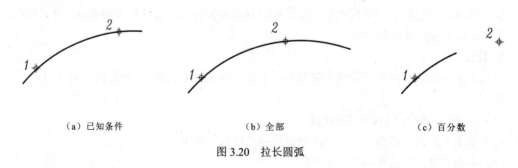

（a）已知条件　　　　　　　（b）全部　　　　　　　（c）百分数

图 3.20　拉长圆弧

3.2.5 修剪、延伸与打断

1. 修剪

修剪命令是将超出边界的部分裁剪并删除，修剪操作可以修改直线、曲线、多段线、样条曲线和填充图案等。修剪命令为 TRIM，快捷命令为 TR，启动命令的方式如下：

（1）命令行：输入 TR 按 Enter 键。

（2）单击"默认"选项卡→"修改"面板→"修剪"按钮✂。

（3）单击"修改"菜单→"修剪"。

启动命令并提示：

命令：TR↙

当前设置：投影=UCS，边=无

选择剪切边…

选择对象或<全部选择>：选择一个或多个对象作为剪切边界并按 Enter 键；若直接按 Enter 键，则选择所有显示的对象作为潜在剪切边界。

选择要修剪的对象或按住 Shift 键选择要延伸的对象，或者

[栏选（F）/窗交（C）/投影（P）/边（E）/删除（R）]：各选项的含义如下：

（1）要修剪的对象：指定修剪对象，系统将以剪切边为界，剪裁对象上位于拾取点一侧的部分；若选定的修剪对象位于两剪切边界之间，则裁剪两者之间的部分，而保留边界外部分。

（2）按住 Shift 键选择要延伸的对象：命令切换为延伸，选定对象不是修剪而是延伸对象。这是无需退出修剪命令，能在修剪和延伸之间切换的简便方法。

（3）栏选（F）：以栏选方式选择与之相交的对象。

（4）窗交（C）：以窗交方式选择落入框内或与其边界相交的对象。

（5）边（E）：指定隐含边界的延伸模式。若输入 E 按 Enter 键，系统接着提示：

输入隐含边延伸模式[延伸（E）/不延伸（N）]<不延伸>：输入 E 按 Enter 键，沿剪切边界及其延伸线裁剪；输入 N 按 Enter 键，只有与边界线实交的对象才能被裁剪。

（6）删除（R）：输入 R 按 Enter 键，可删除选定的对象。该项提供了一种无需退出修剪命令，即可删除不需要对象的简便方式。

另外，"投影"是修剪三维对象所采用的模式。

【例 3.4】 修剪图 3.21（a）所示带尺寸标注的矩形。

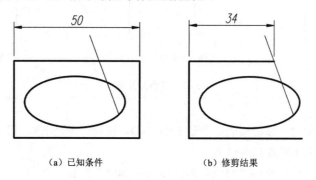

（a）已知条件   （b）修剪结果

图 3.21 修剪带尺寸标注的对象

命令：TR↙

当前设置：投影=UCS，边=无

选择剪切边…

选择对象或<全部选择>：拾取斜线↙

选择要修剪的对象或按住 Shift 键选择要延伸的对象，或者[栏选（F）/窗交（C）/投影（P）/边（E）/删除（R）]：E↙

输入隐含边延伸模式[延伸（E）/不延伸（N）]<不延伸>：E↙

选择要修剪的对象，或按住 Shift 键选择要延伸的对象，或[栏选（F）/窗交（C）/投影（P）/边（E）/删除（R）]：拾取矩形右端

选择要修剪的对象或按住 Shift 键选择要延伸的对象，或者[栏选（F）/窗交（C）/投影（P）/边（E）/删除（R）]：拾取尺寸

其效果如图 3.21（b）所示。

【例 3.5】 修剪图 3.22（a）所示十字交叉路口。

命令：TR↙

当前设置：投影=UCS，边=延伸

选择剪切边…

选择对象或<全部选择>：↙

选择要修剪的对象或按住 Shift 键选择要延伸的对象，或者[栏选（F）/窗交（C）/投影（P）/边（E）/删除（R）]：F↙

指定第一个栏选点：指定点 1

指定下一个栏选点或[放弃（U）]：指定点 2

指定下一个栏选点或[放弃（U）]：指定点 3

指定下一个栏选点或[放弃（U）]：指定点 4↙

作图次序如图 3.22（b）所示，其效果如图 3.22（c）所示。

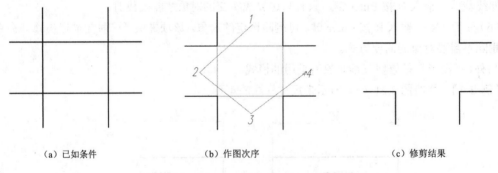

（a）已如条件　　　　　　　　（b）作图次序　　　　　　　　（c）修剪结果

图 3.22　修剪交叉路口

2. 延伸

延伸对象并与其他对象边相接的命令是 EXTEND，快捷命令是 EX，启动命令的方式如下：

（1）命令行：输入 EX 按 Enter 键。

（2）单击"默认"选项卡→"修改"面板→ "延伸"按钮。

（3）单击"修改"菜单→"延伸"。

启动命令并提示：

当前设置：投影=UCS，边=延伸

选择边界的边…

选择对象或<全部选择>：选择一个或多个作为延伸边界并按 Enter 键；若直接按 Enter 键，则将选择所有显示对象作为延伸的边界。

选择要延伸的对象或按住 Shift 键选择要修剪的对象，或者[栏选（F）/窗交（C）/投影（P）/边（E）]：各项含义与修剪命令相同，不再赘述。

3. 打断

在两点之间打断选定对象并在打断之处出现间隙的命令是 BREAK，快捷命令为 BR，启动命令的方式如下：

（1）命令行：输入 BR 按 Enter 键。

（2）单击"默认"选项卡→"修改"面板→"打断"按钮 。

（3）单击"修改"菜单→"打断"。

启动该命令并提示：

选择对象：若以拾取方式选择，系统将以选择点作为第一个打断点。

指定第二个打断点或[第一点（F）]：若指定点，则该点与选择点间的线段被删除；若输入 F 并按 Enter 键，可根据系统提示重新指定第一打断点，再指定第二打断点，这两点间的线段被删除；若要删除线段一端，可在要删除端外指定第二点；而要将对象一分为二，应指定第二点的位置同第一点或输入@0,0。

注意：直线、圆弧、多段线、样条曲线等都可以拆分为两个对象或将其中的一端删除。对于圆，将按逆时针方向删除圆上第一个到第二个打断点之间的部分，从而将圆转换成圆弧。

4. 打断于点

打断于点是将对象在某一点处打断，且打断之处没有间隙。启动命令的方式如下：

单击"默认"选项卡→"修改"面板→"打断于点"按钮 。

启动该命令并提示：

选择对象：选择要打断的对象。

指定第二个打断点或[第一点（F）]：F[系统自动执行"第一个点（F）"选项]

指定第一个打断点：指定打断点的位置，命令结束，对象被拆分为两部分。

指定第二个打断点：@，系统自动跳过第二个打断点。

注意：圆、矩形等闭合线段不能执行"打断于点"命令。

3.2.6 倒角和圆角

1. 倒角

倒角是指用斜线将尖角修改为钝角的编辑命令，其命令为 CHAMFER，快捷命令为 CHA，启动命令的方式如下：

（1）命令行：输入 CHA 按 Enter 键。

（2）单击"默认"选项卡→"修改"面板→"倒角"按钮 。

（3）单击"修改"菜单→"倒角"。

启动命令并提示：

（"修剪"模式）当前倒角距离 1=0.0000，距离 2=0.0000

选择第一条直线或[放弃（U）/多段线（P）/距离（D）/角度（A）/修剪（T）/方式（E）/多个（M）]：

各项含义如下：

（1）第一条直线：选择定义二维倒角的第一个对象，系统接着提示：

选择第二条直线，或按住 Shift 键选择直线以应用角点或[距离（D）/角度（A）/方法（M）]：选择第二条直线则按设定模式和距离倒角；若按 Shift 键再选择对象，用 0 值替代当前倒角距离创建一个锐角，如图 3.23（a）所示。

（2）放弃（U）：输入 U 按 Enter 键，恢复在命令中执行的上一个操作。

（3）多段线（P）：可对整条二维多段线倒角。输入 P 按 Enter 键，系统接着提示：

选择二维多段线或[距离（D）/角度（A）/方法（M）]：选择后，二维多段线所有相邻边都按当前模式和距离进行倒角。

注意：如果多段线包含的线段过短以至于无法容纳倒角距离，则不会对这些线段执行倒角命令。

（4）距离（D）：设置倒角至选定边端点的距离。输入 D 按 Enter 键，如果将两个距离都设为 0，将延伸或修剪两条直线，以使它们交于同一点，如图 3.23（a）所示。也可根据提示输入倒角至两选定边交点的距离，如图 3.23（b）所示。

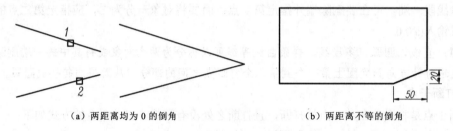

（a）两距离均为 0 的倒角　　　　　　　　（b）两距离不等的倒角

图 3.23　距离方式的倒角

（5）角度（A）：用第一线的倒角距离和第一线的角度设置倒角。输入 A 按 Enter 键，根据提示输入第一条直线的倒角长度和第一条直线的倒角角度，其角度如图 3.24 所示。

（6）修剪（T）：控制是否修剪选定边倒角外的线段。输入 T 按 Enter 键，系统提示：

输入修剪模式选项[修剪（T）/不修剪（N）]<修剪>：输入 T 按 Enter 键，修剪倒角端点外的线段；输入 N 按 Enter 键，则不修剪倒角端点外的线段，图 3.25（a）、（b）所示为修剪和不修剪的效果图。

（a）修剪　　　　　　　　　　　（b）不修剪

图 3.24　角度方式的倒角　　　　　　图 3.25　修剪与不修剪的效果图

（7）方式（E）：控制是以两个距离还是距离和角度来创建倒角，输入 E 按 Enter 键，系统提示：

输入修剪方法[距离（D）/角度（A）]<角度>：输入 D 按 Enter 键，采用距离方式创建倒角；输入 A 或直接按 Enter 键则采用距离和角度方式创建。

（8）多个（M）：输入 M 按 Enter 键，可为多组对象的边倒角。系统将重复显示主提示，直至用户按 Enter 键结束命令。

注意：只能对直线、多段线、射线、构造线和三维实体进行倒角，不能对圆、圆弧和椭圆进行倒角。

2. 圆角

圆角是指用指定半径的圆弧光滑连接两个对象，可以连接一对直线段、多段线段、样条曲线、圆弧曲线等。添加圆角的命令是 FILLET，快捷命令为 F，启动命令的方式如下：

（1）命令行：输入 F 按 Enter 键。

（2）单击"默认"选项卡→"修改"面板→"圆角"按钮 。

（3）单击"修改"菜单→"圆角"。

启动命令并提示：

当前设置：模式=不修剪，半径=0.0000

选择第一个对象或[放弃（U）/多段线（P）/半径（R）/修剪（T）/多个（M）]：

各项含义如下：

（1）第一个对象：选择定义二维圆角的第一个对象，系统接着提示：

选择第二个对象，或按住 Shift 键选择对象以应用角点或[半径（R）]：选择对象即按设定半径倒圆角；若按 Shift 键再选择对象，将用 0 值替代当前圆角半径以创建一个锐角。

（2）放弃（U）：输入 U 按 Enter 键，将恢复在命令中执行的上一个操作。

（3）多段线（P）：可对整条二维多段线执行圆角。输入 P 按 Enter 键，系统接着提示：

选择二维多段线或[半径（R）]：将选定二维多段线所有相邻边都按设定半径进行圆角。

（4）半径（R）：用于定义圆角弧的半径。输入 R 按 Enter 键，系统接着提示：

指定圆角半径<当前值>：输入的值将成为后续圆角命令的当前半径。

（5）修剪（T）：控制是否将选定边修剪到圆角弧的端点。输入 T 按 Enter 键，系统提示：

输入修剪模式选项[修剪（T）/不修剪（N）]<不修剪>：输入 T 按 Enter 键，修剪选定边到圆弧端点；输入 N 按 Enter 键，不修剪选定边。

注意：无论修剪模式如何设置，FILLET 命令都不能修剪圆，但倒圆角命令能将两直线、直线与圆（弧）及两圆（弧）用设置的半径光滑相连。如图 3.26 所示。

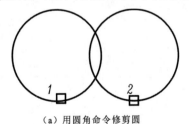

（a）用圆角命令修剪圆　　　　　　　　　　（b）无法修剪，只能光滑连接

图 3.26　圆角命令不能修剪圆

（6）多个（M）：可给多个对象集添加圆角。

若对两平行线倒圆角，无论设定半径多大，总是以两线间距的一半为半径进行圆角。

注意：对图 3.27（a）两平行线圆角时，在修剪模式下，先拾短边，将裁去长边多余部分；而先拾长边，圆角时总是延伸短缺部分，如图 3.27（b）所示。而不修剪模式则不做裁剪或补缺，如

图 3.27（c）所示。

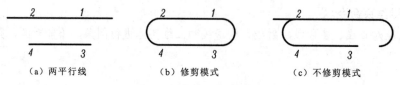

（a）两平行线 　　　（b）修剪模式 　　　（c）不修剪模式

图 3.27　两平行线间的圆角

3.2.7　合并与分解

1. 合并

将相似对象合并以形成一完整对象的命令是 JOIN，快捷命令为 J，启动命令的方式如下：

（1）命令行：输入 J 按 Enter 键。

（2）单击"默认"选项卡→单击"修改"面板→"合并"按钮 ⊷ 。

（3）单击"修改"菜单→"合并"。

启动命令并提示：

选择源对象或要一次合并的多个对象：可以选择一条直线、多段线、圆弧、椭圆弧、样条曲线或螺旋线。根据选定的源对象不同，可显示以下提示之一：

（1）直线：所选直线必须与源对象共线，但它们之间可以有间隙。

（2）圆弧：所选圆弧必须位于同一圆上，但它们之间可以有间隙。椭圆弧与圆弧类似，不再赘述。

注意：合并两条或多条圆弧或椭圆弧时，将从源对象开始按逆时针方向合并。

（3）多段线：要合并的对象可以是直线、多段线或圆弧，它们之间不能有间隙，并且必须位于与 UCS 的 XY 平面平行的同一平面上。

（4）样条曲线和螺旋线：所选曲线必须是端点与端点相接。

【例 3.6】 将如图 3.28（a）所示三段圆弧合并，还可将所选圆弧直接转换成圆。

命令：J↙

选择源对象或要一次合并的多个对象：拾取圆弧 1

选择圆弧，以合并到圆或进行[闭合（L）]：选择圆弧 2

选择要合并到源的圆弧：选择圆弧 3↙

其效果如图 3.28（b）所示。

若选择"闭合"选项，则操作如下：

命令：J↙

选择源对象：拾取圆弧 1

选择圆弧，以合并到源或进行[闭合（L）]：L↙

其效果如图 3.28（c）所示。

2. 分解

将复合对象分解为部件对象的命令是 EXPLODE，快捷命令为 X，启动命令的方式如下：

（1）命令行：输入 X 按 Enter 键。

（2）单击"默认"选项卡→单击"修改"面板→"分解"按钮 ⬚ 。

（3）单击"修改"菜单→"分解"。

启动命令并提示：

选择对象：使用对象选择方法选择一个或多个对象并按 Enter 键，即将选定对象分解。若要分解对象并同时更改其特性，应使用 XPLODE 命令，按命令行提示，改变颜色、线型、线宽等特性。

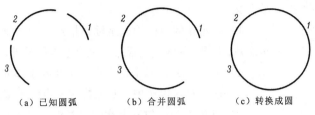

（a）已知圆弧　　　　（b）合并圆弧　　　　（c）转换成圆

图 3.28　合并圆弧再转换成圆

3.3 夹 点 编 辑

未启用命令时选择对象，在选定对象特征点上出现若干个小方框，称为夹点，图 3.29 显示了常用对象上的夹点。

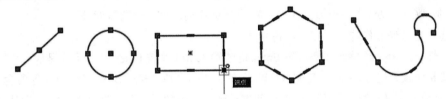

图 3.29　常用对象上的夹点

将光标悬停在夹点上，夹点变粉色，有时会出现悬停菜单。单击某夹点，被选夹点变为红色，图中端点被称为选中夹点。在 AutoCAD 中，只有选中夹点可以对图形进行编辑。

1. 夹点的设置

命令行输入 OP 按 Enter 键，弹出"选项"对话框，如图 3.1 所示，其中"选项-选择集"选项卡的各项含义如下：

（1）夹点尺寸：调节滑块可以控制夹点的尺寸，左侧实时显示大小。

（2）显示夹点：控制在所选对象上是否显示夹点。

（3）在块中显示夹点：控制在选定块中如何显示夹点，若选择此项，将显示块中每个对象的所有夹点，否则仅在块的插入点处显示一个夹点。

（4）显示夹点提示：当光标悬停在支持夹点提示的夹点上时，显示夹点的特定提示。

（5）显示动态夹点菜单：将鼠标悬停在多功能夹点上时动态菜单的提示。

（6）允许按 Ctrl 键循环改变对象编辑方式行为：单击夹点，激活夹点命令，允许按 Ctrl 键循环改变对象编辑方式行为。

（7）对组显示单个夹点：显示对象组的单个夹点。

（8）对组显示边界框：围绕编组对象的范围显示边界框。

（9）选择对象时限制显示的夹点数：有效值范围为 1~32767，默认为 100。

2. 图形编辑

当对象处于选中夹点状态，按 Enter 键或按空格键，命令行将依次循环滚动显示拉伸、移动、旋转、缩放和镜像，根据需要选择执行命令。也可以右击，从图 3.30 所示的快捷菜单中选择。

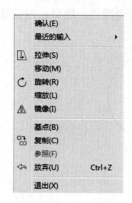

图 3.30 快捷菜单

（1）拉伸。拉伸或平移选定对象，当选中夹点后，系统提示：

指定拉伸点或[基点（B）/复制（C）/放弃（U）/退出（X）]：各项含义如下：

1）指定拉伸点：输入坐标或指定点后，将对象由选中夹点拉伸至指定点，并删除源对象；若选中夹点不能被拉伸，将平移并删除源对象。

2）基点（B）：以指定夹点为拉伸或平移的新基点。

3）复制（C）：以选中夹点或指定基点实施多重拉伸且保留源对象。

4）放弃（U）：放弃上次的"基点"或"复制"操作。

5）退出（X）：退出拉伸模式。

注意：该操作可以选中夹点或新设基点多重拉伸，而拉伸命令只能一次拉伸。

（2）移动。选中夹点并按 Enter 键或者输入 MO 并按 Enter 键，系统提示：

指定移动点或[基点（B）/复制（C）/放弃（U）/退出（X）]：各项含义如下：

1）指定移动点：输入坐标或指定点后，将对象从选中夹点平移到指定点并删除源对象。

2）复制（C）：以选中夹点或指定基点实施多重移动，并且保留源对象。

其他选项与拉伸操作选项类似，不再赘述。

（3）旋转。选中夹点并连续两次按 Enter 键或输入 RO 并按 Enter 键，系统提示：

指定旋转角度或[基点（B）/复制（C）/放弃（U）/参照（R）/退出（X）]：各项含义如下：

1）指定旋转角度：输入角度值或以拖动方式确定旋转角后，系统将以选中夹点为基点，以指定角度旋转对象并删除源对象，输入值的正负将决定旋转方向。

2）复制（C）：可以选中夹点或指定基点实施多重旋转，且保留源对象。

3）参照（R）：根据输入的参考角和新角度的差值来旋转对象，且输入值的正负将决定对象的旋转方向；还可以根据两指定点来定义参考角度。

其他选项与拉伸操作选项类似，不再赘述。

注意：该操作可以选中夹点或新设基点进行多重复制旋转，而旋转命令只能以指定基点进行一次旋转。

（4）缩放：选中夹点并连续三次按 Enter 键或输入 SC 并按 Enter 键，系统提示：

指定比例因子或[基点（B）/复制（C）/放弃（U）/参照（R）/退出（X）]：各项含义如下：

1）指定比例因子：输入比值后，对象将以选中夹点为基点进行缩放，并删除源对象；若比值大于 1，对象将被放大；当比值在 0~1 之间时，对象将被缩小。

2）复制（C）：可以选中夹点或指定基点实施多重缩放，且保留源对象。

3）参照（R）：根据提示输入的新长度和参考长度的比值确定缩放对象，也可以指定两点来定义新长度和参考长度。

其他选项与拉伸操作选项类似，不再赘述。

注意：该操作可以选中夹点或新设基点进行多重缩放，而缩放命令只能以指定基点进行一次缩放。

（5）镜像。选中夹点并连续四次按 Enter 键或输入 MI 并按 Enter 键，系统提示：

指定第二点或[基点（B）/复制（C）/放弃（U）/退出（X）]：各项含义如下：

1）指定第二点：指定点后，以选中夹点和该点连线为轴线，镜像对象并删除源对象。

2）复制（C）：可以选中夹点或指定基点实施多重镜像，且保留源对象。

其他选项与拉伸操作选项类似，不再赘述。

注意：该操作可以选中夹点或新设基点进行多重镜像复制，而镜像命令只能以指定基点进行一次镜像。

3.4 应 用 举 例

【例 3.7】 抄绘如图 3.31 所示的图形。

作图步骤如下：

（1）图形分析，如图 3.32（a）所示，根据图形尺寸，利用直线命令，构建定位轴线，如图 3.32（b）所示。

（2）圆命令，绘制图中四个圆，如图 3.32（c）所示。

（3）直线命令，绘制直线，删除命令，删除多余直线，如图 3.32（d）所示。

（4）修剪命令，保留中间连接圆弧，如图 3.32（e）所示。

（5）修剪命令，完成作图，如图 3.32（f）所示。

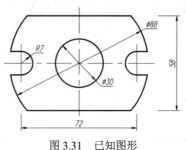

视频资源 3.1
执行步骤 1

图 3.31 已知图形

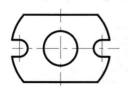

（a）已知图形

（b）构建定位轴线

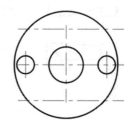

（c）绘制基本圆形

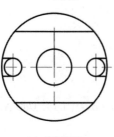

（d）绘制直线

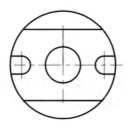

（e）修剪对象

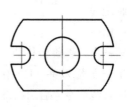

（f）完成图形

图 3.32 图形抄绘

【例 3.8】 补画如图 3.33（a）所示的俯视图。

作图步骤如下：

（1）设置辅助功能。在状态栏打开"极轴""对象捕捉"和"对象追踪"。下面以夹点编辑模式来演示案例。

（2）旋转。激活左视图中左下角夹点，系统接着提示：**拉伸**

指定拉伸点或[基点（B）/复制（C）/放弃（U）/退出（X）]：RO✓

指定旋转角度或[基点（B）/复制（C）/放弃（U）/参照（R）/退出（X）]：C✓

指定旋转角度或[基点（B）/复制（C）/放弃（U）/参照（R）/退出（X）]：-90✓

（3）移动。激活旋转后左视图左上角夹点，系统接着提示：

指定拉伸点或[基点（B）/复制（C）/放弃（U）/退出（X）]：MO✓

指定移动点或[基点（B）/复制（C）/放弃（U）/退出（X）]：在正下方指定一点，移动到图3.33（b）所示位置。

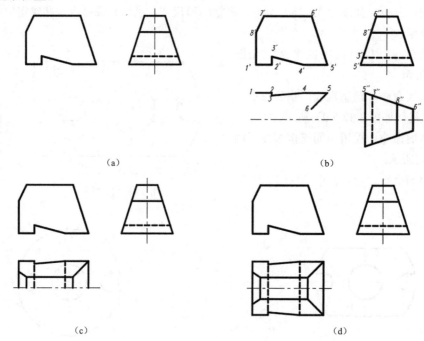

图 3.33　利用夹点补画俯视图

（4）画轴线。

命令：L✓

指定第一点：在旋转移动后图形轴线的延长线上指定点

指定下一点或[放弃（U）]：✓在其延长线上指定第二点

（5）用直线命令，启用状态栏中"追踪"功能，绘制如图 3.33（b）中的类似形各点，并完成如图 3.33（c）所示的图形。

（6）使用"特性匹配"（MATCHPROP）命令匹配属性。将已知条件中的虚线和点画线、粗实线的属性匹配给俯视图，如图 3.33（c）所示。

（7）镜像。选择俯视图及其对称线，并激活对称线左端夹点，系统接着提示：

拉伸

指定拉伸点或[基点（B）/复制（C）/放弃（U）/退出（X）]：MI✓

镜像

视频资源 3.2
执行步骤 2

指定第二点或[基点（B）/复制（C）/放弃（U）/退出（X）]：C↙

镜像（多重）

指定第二点或[基点（B）/复制（C）/放弃（U）/退出（X）]：↙捕捉对称线的右端点

其效果如图3.33（d）所示。

本 章 习 题

一、绘图题

1. 按照尺 寸抄绘下图。

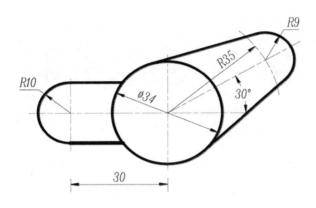

2. 抄绘下列形体的主视图和左视图，并补绘俯视图（尺寸从图中量取）。

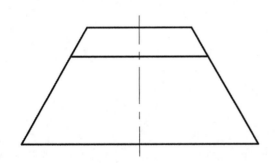 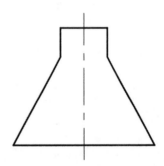

二、单项选择题

1. 不能应用修剪命令"TRIM"进行修剪的对象是（ ）。

A．圆弧　　　　　　　B．圆　　　　　　　　C．直线　　　　　　　D．文字

2. 在下列命令中，可以复制并旋转源对象的是（ ）。

A．复制命令　　　　　B．矩形阵列　　　　　C．移动命令　　　　　D．环形阵列

3. 选择对象时，完全包含在窗框中的对象被选中，此种窗选方式是（ ）。

A．窗口方式　　　　　B．窗交方式　　　　　C．围圈方式　　　　　D．圈交方式

4. 在下列命令中，不具有复制功能的是（ ）。

A．偏移命令　　　　　B．拉伸命令　　　　　C．阵列命令　　　　　D．旋转命令

5. 应用倒角命令"CHAMFER"进行倒角操作时，正确的是（ ）。

A．不能对多段线对象进行倒角　　　　　　　B．可以对样条曲线对象进行倒角

C. 不能对文字对象进行倒角   D. 不能对三维实体对象进行倒角

6. 在使用阵列命令时，若行距大于 0，列距小于 0，则其阵列的方向是（   ）。

A. 向下、向左   B. 向下、向右   C. 向上、向左   D. 向上、向右

7. 不可以分解的对象是（   ）。

A. 矩形   B. 修订云线   C. 点   D. 多段线

第4章 图层及特性面板

4.1 图 层

一张工程图纸上既包含几何信息，也包含非几何信息，如果无次序地将这些信息绘制在一张图纸中，必然会给设计工作带来很大的负担。在 AutoCAD 中，可将不同种类和用途的对象分别置于不同的图层，所有图层采用相同的图限、坐标和缩放因子，从而实现分类管理，如图 4.1 所示。这类似手工绘图，将复杂的图形分别放在不同的透明纸上并叠加，而将需要绘制的那张图纸放在最顶层。同样，在 AutoCAD 中，图形的每个对象都位于一个图层上，所有图形对象都具有图层、颜色、线型和线宽等这些基本属性。

在绘制时，图形对象将创建在当前的图层上。每个 CAD 文档中图层的数量是不受限制的，除了默认的 0 图层外，每个图层都可以定义自己的名称。

在 AutoCAD 绘图过程中，图层的使用是一种最基本的操作，其优点可归纳如下：

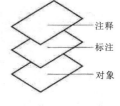

图 4.1 图层样例

（1）使用图层将信息按功能编组，可方便控制显示对象的数量，从而降低图形在视觉上的复杂程度，也可以锁定某图层，以防止意外选定和修改该图层上的对象。

（2）执行分层管理，可同步更改同层对象的特性，即对处于同层的全部对象，当更改其中一个对象的某一特性时，其他对象的这一特性也都会随之更改。

4.1.1 图层特性管理器

管理图层和图层特性的命令是 LAYER，快捷命令是 LA，打开命令的方式有以下几种：

（1）命令行：输入 LA 按 Enter 键。

（2）单击"默认"选项卡→"图层"面板→"图层特性"按钮 。

（3）单击"格式"菜单→"图层…"。

启动命令后都将显示如图 4.2 所示"图层特性管理器"对话框。对话框中有树状图和列表视图两种窗格，各窗格的含义如下：

1. 树状图窗格

树状图窗格显示图形中图层和过滤器的层次结构列表，顶部节点囊括了图形中所有的图层，过滤器按字母顺序显示，并在其状态栏显示有关信息。单击 （收拢图层过滤器树），窗格呈收拢状态并在状态栏左侧显示 （展开或收拢弹出图层过滤器树），利用它可在收拢状态下访问过滤器树。单击 （展开图层过滤器树），再次显示树状图窗格。各项含义如下：

（1）新建特性过滤器 ：显示"图层过滤器特性"对话框，从中可以根据图层的一个或多个特性创建新的图层过滤器，如果在图层特性管理器的"过滤器"面板中选择一个图层过滤器，则图层列表中仅显示与该过滤器中指定的特性相匹配的图层。过滤图层可以将较长的图层列表减少到仅为当前相关的图层，在列表视图中显示符合过滤条件的图层，如图 4.3 所示。

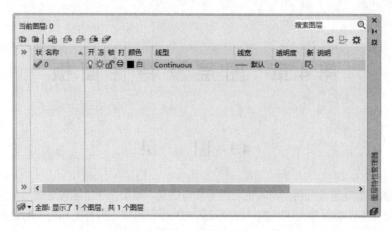

图 4.2 "图层特性管理器"对话框

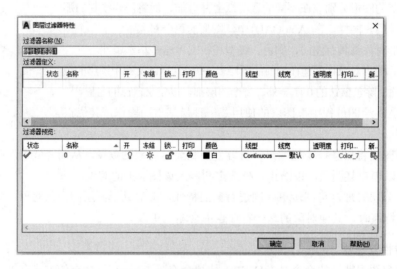

图 4.3 "图层过滤器特性"对话框

（2）新建组过滤器 ：创建图层组过滤器，可以在其中选择要包含在组中的特定图层。

例如，可以创建名为"组过滤器1"的组，其中包括所有与图形中关联的图层（图层2～图层5）。当在图层特性管理器中单击"组过滤器1"过滤组时，仅列出"组过滤器1"组中的图层，如图 4.4 所示。

注意：工程图可以包含数十个乃至数百个图层。图层过滤器可限制图层名在图层特性管理器中以及功能区的"图层"面板中的显示。可以根据名称、颜色和其他特性创建图层特性过滤器。图层过滤器可以包含动态或静态图层列表。动态图层过滤器称为特性图层过滤器。例如，可以创建一个特性图层过滤器，仅显示打开和解冻的图层。静态图层过滤器称为组过滤器。该过滤器是在图层过滤器设置为当前时显示的图层的简单列表。例如，组过滤器可能仅列出与建筑的第二楼层、设备装置或地形特征关联的那些图层。

（3）图层状态管理器 ：单击按钮后弹出"图层状态管理器"对话框（图4.5），里面会显示图形中已保存的图层状态列表，从中可以将图层的当前特性设置保存到一个命名的图层状态中，以便日后恢复、编辑并在其他图形中使用。

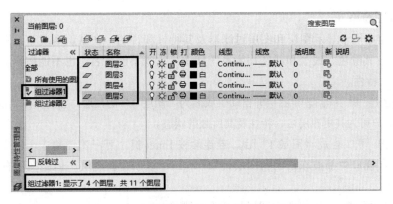

图 4.4 "图层特性管理器-组过滤器"对话框

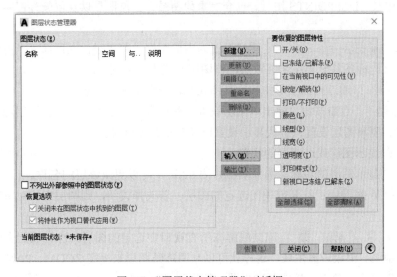

图 4.5 "图层状态管理器"对话框

注意：保存、恢复和管理已命名图层状态的命令是 LAYERSTATE，单击"图层"面板或单击"格式"菜单→"图层状态管理器"，均可启动"图层状态管理器"对话框。

（4）反转过滤器：显示所有不满足选定图层特性过滤器中所设条件的图层，如图 4.6 所示。

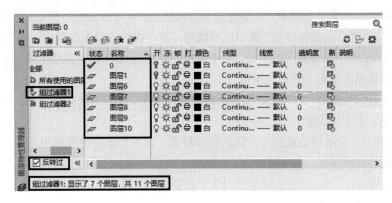

图 4.6 "图层特性管理器-反转过滤器"对话框

2. 列表视图窗格

列表视图窗格用于显示图层和图层过滤器及其特性和说明。在默认情况下，系统提供了一个名为 0 的图层，其颜色、线型和线宽均为系统默认，它既不能更名，也不能被删除，但能更改颜色、线型等其他特性。

（1）新建图层 ：创建新图层并自动生成名为"图层 1"的图层，它将继承当前图层的特性和状态。在此，用户可为其更改层名、特性及其所处的状态。

注意： 单击 生成"图层 1"后，若连续按 Enter 键，可一次创建多个图层。

（2）在所有视口中都被冻结的新图层视口 ：可以创建新图层，但是在所有现有布局视口中将其冻结。

（3）删除图层 ：可将选定图层从列表中删除。

注意： 0 图层、DEFPOINTS 图层、包含对象的图层、当前图层以及依赖外部参照的图层不能被删除。

（4）置为当前图层 ：将选定图层设置为当前图层，并在对话框顶部"当前图层"显示其名称，也可以将光标条移至某层名并双击，该图层就成为当前图层。

（5）刷新 ：通过扫描图形中的所有图元来刷新图层使用信息。

（6）设置 ：点击按钮，弹出"图层设置"对话框，从中可以进行新图层通知设置、外部参照图层设置、隔离图层设置、替代显示设置以及对话框设置等内容。

（7）状态：显示图层或过滤器的状态。

（8）名称：显示图层的名称，选择某层并按 F2 键，可以更改该层的名称。

（9）开 / 关 ：打开或关闭选定的图层。若选择关闭，则图层上的对象不可见且不能被打印。

（10）冻结 / 解冻 ：冻结或解冻所有视口中选定的图层。冻结图层上的对象将不能显示、打印、消隐、渲染或重生成，这样就可以利用冻结图层来提高 ZOOM、PAN 和其他若干操作的运行速度，提高对象选择性能并减少图形的重生成时间。

（11）锁定 / 解锁 ：锁定或解锁选定的图层。无法修改锁定层上的对象，但仍可显示、捕捉和打印输出。如果仅查看图层信息而不必编辑图层中的对象，适合锁定图层。

（12）颜色：显示当前层的颜色。若要更改图层的颜色，可单击其颜色图标，弹出"选择颜色"对话框（图 4.7），可从其中"索引颜色"选项卡中为当前图形选择颜色。

（13）线型：显示当前层的线型，若要变更某层的线型，可单击其线型图标，弹出"选择线型"对话框（图 4.8），从"已加载的线型"表中选择线型，若所需的线型不在其中，可单击"加载…"，弹出"加载或重载线型"对话框（图 4.9），从中选择并单击"确定"，将其添加到"已加载的线型"表中，再选择加载线型单击"确定"即可。

（14）线宽：显示当前层的线宽。若要更改其他层的线宽，单击其线宽图标，从弹出的"线宽"对话框（图 4.10）中选择线宽。

（15）打印样式：显示与选定图层关联的打印样式。如果正在使用颜色相关打印样式，则无法更改与图层关联的打印样式。

（16）打印：控制是否打印选定图层的对象。若要变更其设置，只需单击其图标使其变为 即可，但该层的对象仍将显示。

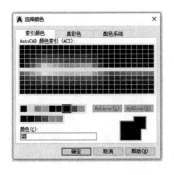
图 4.7　"选择颜色"对话框

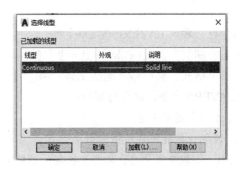
图 4.8　"选择线型"对话框

图 4.9　"加载或重载线型"对话框

图 4.10　"线宽"对话框

（17）新视口冻结：在新布局视口中冻结选定图层。若要变更其设置，只需单击其图标使其变为  即可。若在新视口冻结某图层，将在所有新建布局视口中限制该图层上的显示，但不会影响现有视口中的该层。

（18）说明：可以为描述图层或图层过滤器添加必要的文字信息。

4.1.2　图层的应用

CAD 允许用户对复杂的图形实行图层隔离、关闭、冻结、锁定和漫游等操作，从而可降低图形在视觉上的复杂程度，以便快速而准确地编辑对象；也可以实现图层匹配、复制、合并以及在两层之间移动对象、复制特性等；还可以删除无用的对象，并清理它们所在的层。这些命令都存放在如图 4.11 所示的"图层"面板中。

（1）将对象所在图层置为当前图层的命令是 LAYMCUR，启动命令的方式有以下几种：

1）命令行：输入 LAYMCUR 按 Enter 键。

2）单击"图层"面板→ ![icon]"将对象的图层设为当前图层"按钮。

3）单击"格式"菜单→"图层工具"→"将对象的图层置为当前"。

图 4.11　"图层"面板

启动 LAYMCUR 命令后，命令行提示：

选择将使其图层成为当前图层的对象：选择对象，将其所在图层置为当前。

（2）放弃对图层设置所做的上一个或一组更改的命令是 LAYERP，启动命令的方式有以下几种：

1）命令行：输入 LAYERP 按 Enter 键。

2）单击"图层"面板→  "上一个"按钮。

3）单击"格式"菜单→"图层工具"→"上一个图层"。

启动 LAYERP 命令，命令行提示：

已恢复上一个图层状态。

注意：该命令只能放弃所做的最新更改，但它不能放弃：①对重命名并更改其特性的层，只能恢复原特性，不能恢复原名；②无法恢复已删除或清理操作的图层；③无法删除新添加的图层。

（3）更改选定对象所在的图层命令是 LAYMCH，启动命令的方式有以下几种：

1）命令行：输入 LAYMCH 按 Enter 键。

2）单击"图层"面板 → "匹配图层"按钮。

3）单击"格式"菜单→"图层工具"→"特性匹配"。

图 4.12 "更改到图层"对话框

启动 LAYMCH 命令后，命令行提示：

选择要更改的对象：

选择对象：选择一个或多个对象并按 Enter 键。

选择目标图层上的对象或[名称（N）]：选择对象并按 Enter 键，使要更改的对象都具有目标层的特性（如颜色、线型等）；也可输入 N 并按 Enter 键，从弹出"更改到图层"对话框选择目标层，如图 4.12 所示。也可以先选择对象，再在"图层"面板中的"图层"下拉列表中单击选中的图层即可。

系统将提示：n 个对象已更改到"图层 X"上。

（4）图层隔离的命令是 LAYISO，启动命令的方式有以下几种：

1）命令行：输入 LAYISO 按 Enter 键。

2）单击"图层"面板→ "隔离"按钮。

3）单击"格式"菜单→"图层工具"→"图层隔离"。

启动 LAYISO 命令后，命令行提示：

选择要隔离的图层上的对象或[设置（S）]：选择一个或多个不同层的对象，根据当前设置，除选定对象所在层外的其他层均将关闭或锁定。输入 S 并按 Enter 键，命令行提示：

输入未隔离图层的设置[关闭（O）/锁定和淡入（L）]<锁定和淡入（L）>：指定是在当前布局视口中关闭、冻结层还是锁定层。系统默认"锁定和淡入"，除选定对象层外，其他层将锁定并可为其设置淡入度；输入 O，将关闭或冻结选定对象所在层之外的其他层。

注意：隔离图层就是可见且未锁定的层。当光标悬停在锁定层时，鼠标指针右上方显示锁定图标。

（5）取消图层隔离的命令是 LAYUNISO，启动命令的方式有以下几种：

1）命令行：输入 LAYUNISO 按 Enter 键。

2）单击"图层"面板→ "取消隔离"按钮。

3）单击"格式"菜单→"图层工具"→"取消图层隔离"。

启动 LAYUNISO 命令后，命令行提示：

已恢复由 LAYISO 命令隔离的图层。

（6）冻结选定对象所在图层的命令是 LAYFRZ，启动命令的方式有以下几种：

1）命令行：输入 LAYFRZ 按 Enter 键。

2）单击"图层"面板→ 🦝 "冻结"按钮。

3）单击"格式"菜单→"图层工具"→"图层冻结"。

启动 LAYFRZ 命令后，命令行提示：

当前设置：视口=视口冻结，块嵌套级别=块

选择要冻结的图层上的对象或[设置（S）/放弃（U）]：选择对象以指定要冻结的图层；输入 U 按 Enter 键，则取消上一个图层选择。输入 S 按 Enter 键，命令行提示：

输入设置类型[视口（V）/块选择（B）]：若输入 V 按 Enter 键，将确定在图纸空间上冻结所有视口的对象，还是仅冻结当前视口的对象；若输入 B 按 Enter 键，可根据选定对象是"块""图元"还是"无"，来确定是冻结该对象所在的图层，还是冻结包含该块或外部参照所在的图层。

（7）解冻图形中所有层的命令是 LAYTHW，启动命令的方式有以下几种：

1）命令行：输入 LAYTHW 按 Enter 键。

2）单击"图层"面板→ 🦝 "解冻所有图层"按钮。

3）单击"格式"菜单→"图层工具"→"解冻所有图层"。

启动 LAYTHW 命令后，命令行提示：

所有图层均已解冻。

注意：LAYTHW 不能在视口中解冻图层，只有使用 VPLAYER 命令，才能在视口中解冻图层。

（8）关闭选定对象所在图层的命令是 LAYOFF，启动命令的方式有以下几种：

1）命令行：输入 LAYOFF 按 Enter 键。

2）单击"图层"面板→ 🦝 "图层关闭"按钮。

3）单击"格式"菜单→"图层工具"→"图层关闭"。

启动 LAYOFF 命令后，命令行提示：

当前设置：视口=视口冻结，块嵌套级别=块

选择要关闭的图层上的对象或[设置（S）/放弃（U）]：选择一个或多个不同层的对象，即关闭选定对象所在的层，如果输入 U 按 Enter 键，则取消上一个图层选择。输入 S 按 Enter 键，命令行提示：

输入设置类型[视口（V）/块选择（B）]：若输入 V 按 Enter 键，确定是关闭当前视口中选定层，还是关闭所有视口中选定层；若输入 B 按 Enter 键，根据所选择对象是"块""图元"或"无"，确定是关闭选定对象所在层，还是关闭包含该块或外部参照的层。

（9）打开图形中所有图层的命令是 LAYON，启动命令的方式有以下几种：

1）命令行：输入 LAYON 按 Enter 键。

2）单击"图层"面板→ 🦝 "打开所有图层"按钮。

3）单击"格式"菜单→"图层工具"→"打开所有图层"。

启动 LAYON 命令后，命令行提示：

所有图层均已打开。

（10）锁定选定对象所在图层的命令是 LAYLCK，启动命令的方式有以下几种：

1）命令行：输入 LAYLCK 按 Enter 键。

2）单击"图层"面板→ "图层锁定"按钮。

3）单击"格式"菜单→"图层工具"→"图层锁定"。

启动 LAYLCK 命令后，命令行提示：

选择要锁定的图层上的对象：选择要锁定图层上的对象。

图层 X 已锁定。

（11）解锁选定对象所在图层的命令是 LAYULK，启动命令的方式有以下几种：

1）命令行：输入 LAYULK 按 Enter 键。

2）单击"图层"面板→ "图层解锁"按钮。

3）单击"格式"菜单→"图层工具"→"图层解锁"。

启动 LAYULK 命令后，命令行提示：

选择要解锁的图层上的对象：选择要解锁图层上的对象。

图层 X 已解锁。

（12）将选定对象所在层更改为当前层的命令是 LAYCUR，启动命令的方式有以下几种：

1）命令行：输入 LAYCUR 按 Enter 键。

2）单击"图层"面板→ "更改为当前图层"按钮。

3）单击"格式"菜单→"图层工具"→"更改为当前图层"。

启动 LAYCUR 命令后，命令行提示：

选择要更改到当前图层的对象：选择要更改的图层的对象。

选择要更改到当前图层的对象：找到 1 个，总计 2 个

n 个对象已更改到图层 X（当前图层）。

注意：如果错误地在其他图层上创建了对象，利用该命令可将其快速更改到当前图层上。

（13）将一个或多个对象复制到其他层的命令是 COPYTOLYAER，启动命令的方式有以下几种：

1）命令行：输入 COPYTOLYAER 按 Enter 键。

2）单击"图层"面板→ "将对象复制到新图层"按钮。

3）单击"格式"菜单→"图层工具"→"将对象复制到新图层"。

启动 COPYTOLAYER 命令后，命令行提示：

选择要复制的对象：选择一个或多个要复制的对象并按 Enter 键。

选择目标图层上的对象或[名称（N）]<名称（N）>：选择目标层上的对象并按 Enter 键，也可输入 N 按 Enter 键，从弹出的"复制到图层"对话框中选择目标图层，如图 4.13 所示。命令行会显示"n 个对象已复制并放置在'图层 X'上"，系统会继续提示：

指定基点或[位移（D）/退出（X）]<退出（X）>：指定基点，再指定第二点，根据这两点确定复制的相对距离和方向或按基点的坐标值为位移量复制选定对象，就会在指定的图层上创建选定对象的副本；输入 D 按 Enter 键，再输入要复制对象的相对距离和方向即可；输入 X 按 Enter 键，则取消位移命令。

（14）图层漫游指的是显示选定层上的对象并隐藏其他层上对象，命令是 LAYWALK，启动命令的方式有以下几种：

1）命令行：输入 LAYWALK 按 Enter 键。

2）单击"图层"面板→ "图层漫游"按钮。

3）单击"格式"菜单→"图层工具"→"图层漫游"。

启动后弹出"图层漫游"对话框，如图 4.14 所示。从中可以逐个检查每个层所包含的对象；单击"清除"，清理未参照的图层；若选择"退出时恢复"，关闭对话框后图层将恢复。

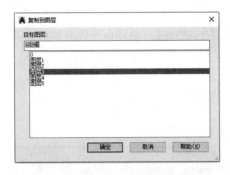
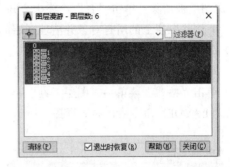

图 4.13 "复制到图层"对话框　　　　图 4.14 "图层漫游"对话框

（15）冻结除当前视口外其他所有布局视口中选定图层的命令是 LAYVPI，启动命令的方式有以下几种：

1）命令行：输入 LAYVPI 按 Enter 键。

2）单击"图层"面板→　"将图层隔离到当前视口"按钮。

3）单击"格式"菜单→"图层工具"→"将图层隔离到当前视口"。

启动 LAYVPI 命令，命令行提示：

选择要在视口中隔离的图层上的对象或[设置（S）/放弃（U）]：选择对象，就会在视口中隔离其所在的图层；输入 U 按 Enter 键，将取消上一图层选择；输入 S 按 Enter 键，命令行提示：

输入设置类型[视口（V）/块选择（B）]：若选择"视口"，指定是在所有布局，还是在当前布局隔离选定对象所在的图层；若选择"块选择"，可根据所选对象是"块""图元"或"无"，确定是隔离包含该块或外部参照的图层，还是隔离选定对象所在图层。

注意：仅当将 TILEMODE 设置为 0 并且已定义两个或多个图纸空间视口时，LAYVPI 才有效。

（16）将选定层合并到目标层并将它从图中删除的命令是 LAYMRG，启动命令的方式有以下几种：

1）命令行：输入 LAYMRG 按 Enter 键。

2）单击"图层"面板→　"合并"按钮。

3）单击"格式"菜单→"图层工具"→"合并"。

启动 LAYMRG 命令后，命令行提示：

选择要合并的图层上的对象或[命名（N）]：各项的含义如下：

a. 选择合并图层的对象，命令行即显示"选定的图层：图层 X"并提示：

选择要合并的图层上的对象或[名称（N）/放弃（U）]：可继续选择其他要合并图层上的对象；或输入 U，放弃上述选择操作；若按 Enter 键，命令行又提示：

选择目标图层上的对象或[名称（N）]：选择要并入层上对象并按 Enter 键，命令行接着提示：将要把"图层 X"合并到"图层 XX"中。是否继续？[是（Y）/否（N）]<否（N）>：按 Enter 键中止合并操作；输入 Y 按 Enter 键，被合并层上的对象全部并入目标层并清除原图层。

b. 输入 N 按 Enter 键，从弹出"合并图层"对话框中选择层并单击"确定"，如图 4.15 所示。

选择目标图层上的对象或[名称（N）]: 输入 N 按 Enter 键, 从打开如图 4.16 所示"合并到图层"对话框中选择层并单击"确定", 则弹出"合并到图层"确认框并提示: "将要把'图层 X'合并到'图层 XX'。是否继续? ", 单击"是", 被合并层上的对象全部并入目标层且具有该层特性, 而原图层被清除; 单击"否", 终止合并操作。

(17) 删除图层上的所有对象并清理图层的命令是 LAYDEL, 启动命令的方式有以下几种:

1) 命令行: 输入 LAYDEL 按 Enter 键。

2) 单击"图层"面板→ "图层删除"按钮。

3) 单击"格式"菜单→"图层工具"→"图层删除"。

启动 LAYDEL 命令后, 命令行提示:

图 4.15 "合并图层"对话框

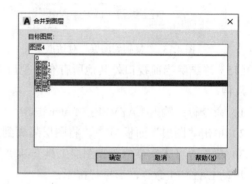

图 4.16 "合并到图层"对话框

选择要删除的图层上的对象或[名称（N）]: 选择对象并按 Enter 键, 命令行警告:

"将要从该图形中删除图层 X"并提示: "是否继续? [是（Y）/ 否（N）]<否（N）>": 若输入 Y 按 Enter 键, 删除对象并清除图层; 输入 N 按 Enter 键, 从弹出如图 4.17 所示的"删除图层"对话框指定图层并单击"确定", 则弹出如图 4.18 所示的"删除图层"确认框并提示:

"将要删除图层'图层一', 该图层在块中被参照。将删除该图层上的所有对象并重定义已参照的块。是否继续? ":

单击"确定", 删除"图层一"及已参照此层的块; 单击"取消", 则放弃删除操作。

注意: 按 Shift 或 Ctrl 键可选择多个图层。无法删除 0 层、当前层、锁定层和依赖外部参照的层。

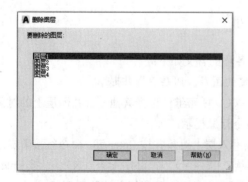

图 4.17 "删除图层"对话框

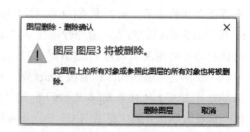

图 4.18 "删除确认"对话框

4.2　特　性　面　板

4.2.1　应用特性

在 AutoCAD 绘图过程中，除图层设置外，还可以通过"默认"选项卡→"特性"面板设置和修改对象的颜色、线型、线宽等特性。要注意的是通过"特性"面板并不能改变图层中各项特性的设置，但在"特性"面板中一旦设置了某项特性（如颜色），各图层中设置的该项特性（颜色）都将失效，统一按照"特性"面板中设置的特性（颜色）进行绘制，"特性"面板的设置优先与图层设置。在绘制工程图样时，建议将"特性"面板中的颜色、线型、线宽等设置都调为"随层（ByLayer）"。

1. 更改对象的颜色

在 AutoCAD 中修改对象的颜色时，先选择对象，再从"特性"面板上的"选择颜色"列表中选择。若所需的颜色不在其中，还可单击表中"选择颜色…"，或单击"格式"菜单→"颜色（C）…"，再从显示的"选择颜色"对话框中进行选择。

2. 更改对象的线型

若要修改对象的线型，先选择对象，再从"特性"面板的"选择线型"表中选择。若所需线型不在其中，单击表中的"其他…"或单击"格式"菜单→"线型"，显示如图 4.19 所示"线型管理器"对话框。默认情况下，系统只提供 ByLayer、ByBlock 和 Continuous 三种线型，若要加载其余线型，单击"加载"并从"加载或重载线型"对话框中选择。

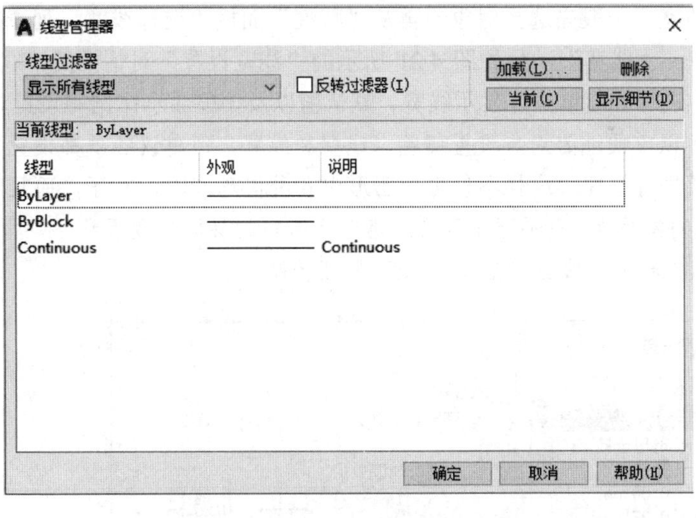

图 4.19　"线型管理器"对话框

线型库中除了提供实线外，还提供了大量的非连续线型，它们由短线、点和间隔组成。由于绘图窗口可大可小，非连续线型受图形比例的影响，有时连在一起，有时间隔过大。为此，可通过设置线型比例来调整短线和间隔的大小。

单击"显示细节"，打开"线型管理器"，如图 4.20 所示。其中，系统变量 LTSCALE 控制的 "全局比例因子"是所有线型的全局缩放比例因子，而变量 CELTSCALE 控制的"当前对象缩放比例"是设定新建对象的线型比例，这两比例乘积是最终显示的线形比例。默认情况下，两比例的值均为 1；两者的乘积越小，非连续线型的短线和间隔就越小，如虚线（HIDDEN）线型，系统中短线长约 6mm，如果将"全局比例因子"设为 0.5，"当前对象缩放比例"设为 1，图形中虚线的短线长度就调为 3mm。建议只设置"全局比例因子"，个别对象可通过调整"当前对象缩放比例"或者"特性"选项板单独设置。

视频资源 4.1
线型比例设置

图 4.20　显示细节的"线型管理器"对话框

3. 更改对象的线宽

修改对象的线宽，一般先选择对象，再从"特性"面板"选择线宽"列表中选择线宽，也可单击"格式"菜单→"线宽"，从如图 4.21 所示的"线宽设置"对话框的"线宽"列表中选择，此外，还可在框中进行列出单位、显示线宽、默认值以及调整显示比例等设置。

注意：虽然可以方便地为对象设置颜色、线型和线宽，但建议各项都设置为"ByLayer"，对象特性统一由图层进行管理，这样不仅可使图形中各种信息清晰、有序，而且可通过改变图层定义，来整体地更新对象特性，也不至于因看不清对象所在的层而导致混乱。模型空间的线宽显示，可通过屏幕下方状态栏中的线宽"显示/隐藏"按钮控制。

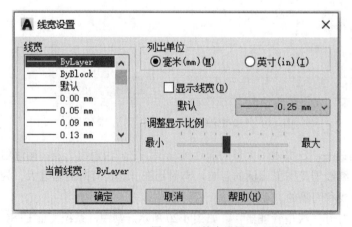

视频资源 4.2
图层设置及使用

图 4.21　"线宽设置"对话框

4.2.2 特性匹配

将选定对象的特性复制给其他对象的命令是 MATCHPROP，快捷命令为 MA，启动命令的方式有以下几种：

（1）命令行：输入 MA 按 Enter 键。

（2）单击"特性"面板→ 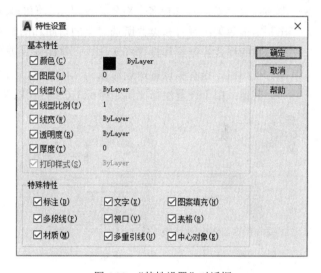"特性匹配"按钮。

单击"修改"菜单→"特性匹配"。

启动 MATCHPROP 命令后，命令行提示：

选择源对象：选定要复制其特性的对象后，命令行继续提示：

当前活动设置：颜色、图层、线型、线型比例、线宽、透明度、厚度、打印样式、标注、文字、图案填充、多段线、视口、表格、材质、多重引线、中心对象。

选择目标对象或[设置（S）]：选择一个或多个要复制特性的对象；也可输入 S 按 Enter 键，显示"特性设置"对话框，如图 4.22 所示。从框中勾选要将源对象的哪些特性复制给目标对象。默认时，会复制表中所有的特性。

图 4.22 "特性设置"对话框

4.2.3 "特性"选项板

"特性"选项板列出了所选对象的特性，可对其特性进行修改，具有操作性强、可视性强的特点。

1. 选项板窗口

控 制 现 有 对 象 特 性 的 命 令 是 PROPERTIES，快捷命令是 CH，启动命令的方式有以下几种：

（1）命令行：输入 CH 按 Enter 键。

（2）单击"视图"选项卡→"选项板"面板→"特性"按钮 。

（3）单击"修改"菜单→"特性"。

（4）单击"工具"菜单→"选项板"→"特性"。

启动命令后都显示如图 4.23 所示"特性"选项板。

（1）用户可用光标控制"特性"选项板窗口的位置、大小和外观。

1）用光标拖动标题栏，可使"特性"选项板在绘图区内自由浮动；也可将其拖至绘图区的左（或右）固定区。

2）单击标题栏上方按钮 （自动隐藏），即变为 ，当指针移出"特性"选项板，则该窗口将自动隐藏，只留下标题栏；当指针返回标题栏，"特性"选项板则恢复显示。

3）光标移至选项板的边框或左右窗格分界线，当指针变为双向箭头时，按住并拖动则可以调整"特性"选项板和左右窗格的大小。

（2）右击标题栏，显示右键快捷菜单，可从中选择移动、锚点居左（或居右）锚固、关闭选项板，还可设置选项板的大小及透明度。选项板上各项含义如下：

1）对象类型：显示选定对象的类型。若选多个对象，则显示全部（n），其中 n 表示选取对象的总数，并在下拉列表中分别显示分类对象的名称及其个数，如图 4.24 所示。

2）切换 PICKADD 系统变量的值：系统默认变量 PICKADD 为打开状态，符号为 ，此时每个选定对象都将添加到当前选择集中；若单击 按钮，即变为 ，则关闭系统变量 PICKADD，选定对象将替换当前选择集，仅显示当前所选对象的特性值。

3）选择对象：单击 按钮，临时切换到绘图区选择所需对象，若选择了多个对象，仅列出它们共有的特性。

4）快速选择：单击 按钮，显示"快速选择"对话框（图 4.25），创建基于过滤条件的选择集。

5）常规：显示所选对象的颜色、图层、线型、线型比例、打印样式、线宽、超链接和厚度等 8 个基本特性。若同时选择多个对象，仅显示它们的共有特性。

6）三维效果：查看和设置所选对象的材质和阴影显示。

7）打印样式：查看和设置打印样式、打印样式表、打印表附着到及打印表类型。

8）视图栏：查看和设置所选对象的几何特性，如位置、大小、面积等。

9）其他：用于设置注释比例、坐标 UCS 特性以及视觉样式等特性。

图 4.23 "特性"选项板

图 4.24 显示选定对象类型

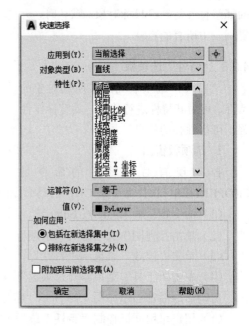

图 4.25 "快速选择"对话框

2. 编辑对象特性

由于"特性"选项板的特性分类排列，易于寻找，所以对象特性修改全在该选项板中进行。

若选多个对象，只能修改共性特性，个性特性不能修改；若选单个对象，选项板逐一列出每项变量值或状态值，用户可单击该特性并使用以下方法修改：

（1）输入新值：如更改线型比例，只需删除旧值，输入新值即可。

（2）从列表中选取：如单击图 4.23 所示的图层右侧箭头，只需在其下拉列表中指定新层，即可使选定对象从源层挪至新层。

（3）更改编号及坐标：如对于多段线，单击特性面板的几何图形选项下"当前顶点"选项，当前顶点数值框将亮显→ 当前顶点 [1] ，右侧上下箭头便可改换顶点编号，在下方"顶点 X…""顶点 Y…"数值框中更改当前顶点的坐标位置。

（4）插入超链接：如选择对象后单击常规选项下"超链接"，则对话框亮显→ 超链接 [ ] ，单击右侧 □ 按钮，则弹出"插入超链接"对话框（图 4.26），用户便可以通过选择要与超链接关联的文件或 Web 页，将超链接附着到图形对象。

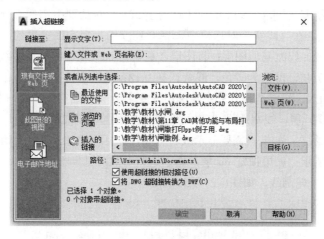

图 4.26 "插入超链接"对话框

4.3 应 用 举 例

AutoCAD 绘制的图纸应该具有清晰、准确等特征。图层的定义是整个 AutoCAD 软件最为基础的设置。不管是什么专业采用 AutoCAD 软件进行工程图绘制时，图纸上所有的图元需要用一定的规律来分层整理。比如建筑专业的平面图，就可以按照柱、墙、轴线、尺寸标注、一般汉字等来定义图层，这样用户在绘制工程图的过程中，就可以把相应的图元放到对应的图层中去，从而提高绘图效率并方便后期编辑。

当图纸中所有的图元都能找到合适的归类方法，那么图层设置的基础就搭建好了。所以，在实际的绘图过程中，用户需要根据每个专业的特点进行相对合理的设置。

【例 4.1】 图 4.27 所示为肋板式桥台构造图，根据图形特点创建图层并调整图层状态。

分析：绘制工程图时，需要用不同的颜色、线型和线宽区分不同的图形元素，对于例题所给图形，用粗实线表示可见轮廓线、虚线表示不可见轮廓线、细点划线表示对称轴线或中心线，再单独设置尺寸标注

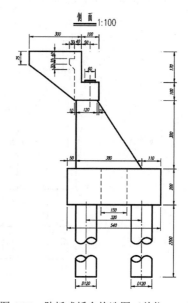

图 4.27 肋板式桥台构造图（单位：cm）

层、文字层等，就可以使图纸层次清晰、重点突出。

（1）创建新图层：由图可以看出该图应创建：cu（粗实线）、xi（细实线）、xu（虚线）、cen（中心线）、dim（尺寸标注）和 wz（文字）等几个图层。输入命令缩写 LA 并按 Enter 键，在显示的"图层特性管理器"中连续 6 次单击（新建图层），产生的 6 个新图层都继承 0 层的特性。

（2）命名图层并修改其特性（图 4.28）：选择图层 1 并按 F2 键，再输入"cen"；单击颜色图标，在"选择颜色"对话框中选择红色；单击线型图标，在"选择线型"框中单击"加载"，并从"加载或重载线型"框选 CENTER，返回"选择线型"对话框中选择 CENTER 后再单击"确定"；单击线宽图标，在"线宽"对话框中选择 0.18（约为粗实线宽度的 1/3）。

（3）依照步骤（2）修改其他图层：将图层 2 更名为 cu（粗实线）层，线宽选择 0.5；将图层 3 更名为 dim（尺寸）层，颜色为青色，线宽选择 0.18；将图层 4 更名为 xu（虚线）层，颜色为绿色，线型为 HIDDEN，线宽选择 0.35；将图层 5 更名为 xi（细实线）层，线宽选择 0.18；将图层 6 更名为 wz（文字）层，线宽选择 0.18。图层创建结果如图 4.28 所示。

（4）调整图层的状态：如果不需要显示或者打印尺寸标注对象，可以关闭或冻结 dim（尺寸）层，如图 4.29（a）所示；如果锁定 cu 层，由于这些对象可见但不可编辑，编辑时则不必考虑是否会因误操作而波及外轮廓线，如图 4.29（b）所示。

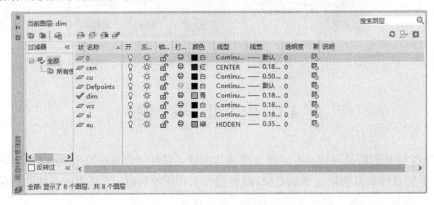

图 4.28　命名图层并修改其特性

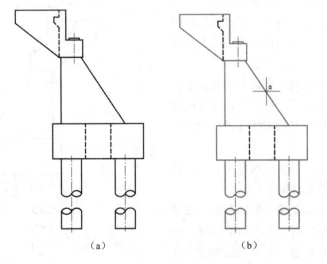

（a）　　　　　　　　　　　　（b）

图 4.29　关闭或锁定图层

视频资源 4.3
例题 4.1 操作
步骤

在工程设计图的绘制中，除了本例所设的图层外，还要根据实际情况来确定需要的图层。需要说明的是，设置过多的图层会占用大量系统资源，影响软件的运行速度，因此，图层的数量以够用为好。

【例 4.2】 修改图 4.30 所示的房屋剖面图轴线特性。

图 4.30 所示为一建筑的房屋剖面图，图中虽然定义了"轴线"层，但是并未使用，轴线仍然使用的是"墙线"层，如图 4.31 所示，通过对象特性匹配修改轴线特性。

（1）选择轴线①，利用图层特性面板下拉菜单将其修改为"轴线"层，如图 4.32 所示，就完成了对该窗户对象图层特性的修改。

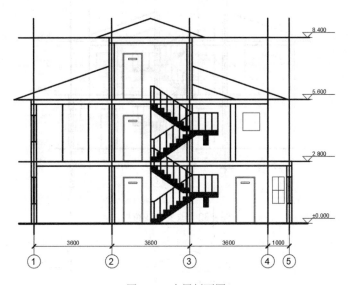

图 4.30 房屋剖面图

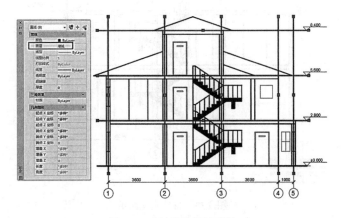

图 4.31 "轴线"特性查看

（2）输入命令：MA 按 Enter 键，在提示"选择源对象"时选择刚刚修改正确的轴线，在提示"选择目标对象"时选择其他轴线，就会完成对所选其他轴线的特性修改，效果如图 4.33 所示。

（3）一般情况下，执行上述步骤后，目标对象的特性就会与所选择对象的特性相匹配。注意，有时候目标对象虽然在"特性"选项板里显示的图层正确，但其实并没有改变特性。这可能是由于目标对象作为图块定义时的图层不同等原因所致，可以在"块编辑器"（见第 7 章）中进行编辑。

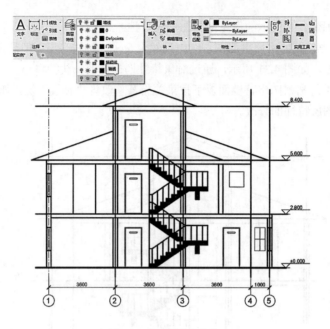

图 4.32　改变轴线特性

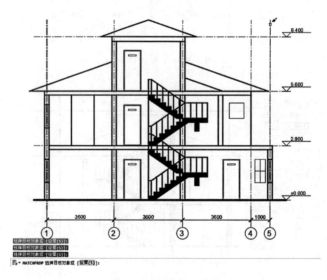

图 4.33　特性匹配结果

本 章 习 题

一、单项选择题

　　1. 要使对象的颜色随图层的改变而改变，对象的颜色应设置为（　　）。

A. ByLayer　　　　　　　B. Color　　　　　　　　C. ByBlock　　　　　　　D. 不固定

2. 为使图层上的对象不显示，图层应设置为（　　）。

A. 隐藏　　　　　　　　B. 打开　　　　　　　　C. 锁定　　　　　　　　D. 关闭

3. 图层的状态设置为"开"，以下说法正确的是（　　）。

A. 可显示图层上的对象　　　　　　　　B. 可打印图层上的对象

C. 可重生成图层上的对象　　　　　　　　D. 以上都对

4. 图层 0 是系统的默认图层，用户可以对 0 图层进行的操作是（　　）。

A. 改名　　　　　　　　　　　　　　B. 删除

C. 将颜色设置为红色　　　　　　　　　　D. 不能作任何操作

5. 某图层上的对象不能编辑，但是仍然在屏幕上可见，可以捕捉其特征点，该图层的状态是（　　）。

A. 冻结　　　　　　　　B. 锁定　　　　　　　　C. 解冻　　　　　　　　D. 打开

6. 如不想打印出图层上的对象，最好的方法是（　　）。

A. 冻结图层

B. 在图层特性管理器上单击打印图标，使其变为不可打印图标

C. 关闭图层

D. 使用"NOPLOT"命令

7. 下列不属于图层设置范围的有（　　）。

A. 颜色　　　　　　　　B. 线宽　　　　　　　　C. 过滤器　　　　　　　D. 线型

二、多项选择题

1. 图层被锁定仍然可以执行（　　）。

A. 把该层置为当前层　　　　　　　　B. 在锁定的层上创建对象

C. 使用查询命令　　　　　　　　　　D. 使用对象捕捉、修剪、延伸等命令

2. 在图层中，用"雪花"和"小太阳"来表示图层所处的某种状态，以下表述错误的是（　　）。

A."雪花"表示锁定，"小太阳"表示解锁

B."雪花"表示解锁，"小太阳"表示锁定

C."雪花"表示冻结，"小太阳"表示解冻

D."雪花"表示解冻，"小太阳"表示冻结

第 5 章 文 字 与 表 格

在工程图样的绘制中，除要求用图形准确无误地反映建筑物的形状和大小外，还经常用文字、表格等进行说明和注释，本章主要介绍在图形中添加文字与表格。

5.1 文 字 样 式 设 置

文字样式是创建文字的样板，用以规定所使用文字的字体、高度、宽度因子、倾斜角度等特性参数的样式与大小。AutoCAD 通常使用当前文字样式标注文字，用户可以按照工程制图标准的要求创建所需的文字样式，使用时可将其置为当前样式。

创建文字样式的命令是 STYLE，快捷命令为 ST，启动文字样式命令有以下几种方式：

（1）命令行：输入 ST 按 Enter 键。

（2）单击功能区"默认"选项卡→"注释"面板下方→按钮。

（3）单击功能区"注释"选项卡→"文字"面板右下角→按钮。

（4）单击"格式"菜单→"文字样式"。

上述方式都可以打开如图 5.1 所示"文字样式"对话框。

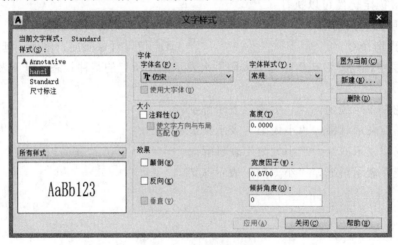

图 5.1 "文字样式"对话框

在对话框中上方 "当前文字样式："后，显示当前文字样式名。

（1）样式：样式列表显示当前文件中已定义的样式名，Standard 和 Annotative 样式为系统默认样式；"样式列表过滤器"（所有样式）：控制在样式列表中显示的样式；当选中样式列表中某一样式时，预览区将同步显示相应的字体和效果。

（2）字体：用于设置所定义样式的字体。在"字体名"中，列出 Fonts 文件夹所有注册的"True Type"和所有编译形（shx）字体的字体族名。当选择 AutoCAD 默认字体***.shx，再选择

"使用大字体"，右侧"字体样式"将变为"大字体"，列出 AutoCAD 中包含亚洲语言的大字体族名，如图 5.2 所示。

（3）大小：用于设置文字的高度。若在"高度"文本框中输入高度值，则在标注文字时，系统不再提示"输入文字高度"，文字的大小不能再改变；若选用"注释性"，可根据绘图比例的大小，使文字注释比例随绘图比例而自动缩放（勾选"注释性"后，"高度"变为"图纸文字高度"，"使文字方向与布局匹配"也从禁用变成可选状态）；若在"图纸文字高度"框中指定了字高，在图纸上将以指定文字高度打印；若选用"使文字方向与布局匹配"，则指定图纸空间视口中的文字方向与布局方向相匹配。

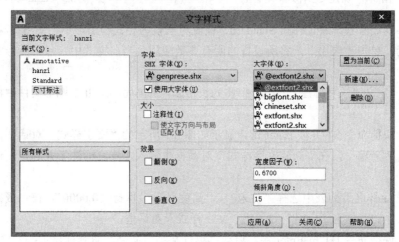

图 5.2 "文字样式"对话框（使用.shx 字体）

（4）效果及预览：设置字体的特殊效果并在左侧预览框中显示。可选择"颠倒""反向""垂直"复选框对文字的显示效果进行设置。若输入"宽度因子"的值小于 1.0 将压缩文字宽度，而大于 1.0 则扩宽文字宽度；在"倾斜角度"中输入-85°～85°区间的值则文字倾斜。图 5.3 显示了颠倒、反向和宽度系数等特征参数对文字标注的影响。

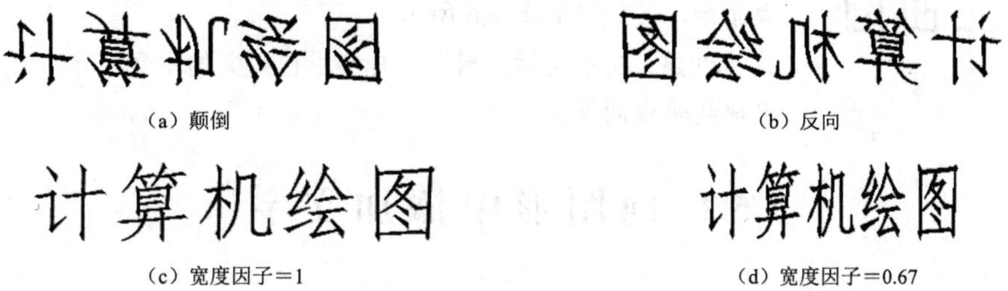

（a）颠倒　　　　　　　　　　　　　　　（b）反向

（c）宽度因子＝1　　　　　　　　　　　（d）宽度因子＝0.67

图 5.3 设置字体特征参数的效果图

注意：选定的字体支持双向时，"垂直"项才可用。

（5）置为当前：在样式列表中选择某一"样式"并单击此按钮，可将其设置为当前样式。

（6）新建：单击"新建"，显示如图 5.4 所示的"新建文字样式"对话框，样式名称默认为"样式 n"（n 为编号），可采用默认样式名，也可输入新样式名，单击"确定"，新建的样式名将显示在样式列表中，并自动置为当前样式。

（7）删除：选中某一"样式"单击"删除"显示如图 5.5 所示"acad 警告"对话框，单击"确定"后将从列表中清除此样式；也可在"样式"列表中选中某一样式并右击，可从菜单中选择将其置为当前、重命名或删除。

图 5.4　"新建文字样式"对话框　　　　　　　　　　图 5.5　"acad 警告"对话框

注意：不能删除系统默认样式 Standard、被置为当前的样式和图形中已使用的样式。

（8）应用：单击"应用"，将所设置的所有参数应用到当前样式中，包括图形中具有当前样式的文字。

【例 5.1】 定义"汉字标注"样式：字体为长仿宋，字高为 10，并在图形文件中标注文字"上游立面图"。

（1）输入快捷命令 ST 并按 Enter 键，显示如图 5.1 所示的"文字样式"对话框。

（2）单击"新建"，在"新建文字样式"对话框中输入"汉字标注"并确定，返回"文字样式"对话框。

（3）在"字体名"列表中选择"仿宋"，"高度（T）"保持"0.0000"，在"效果"区"宽度因子"中输入 0.67，单击"应用"并关闭"文字样式"对话框。

（4）输入快捷命令 DT 按 Enter 键，启动"单行文字"命令，命令行显示：

当前文字样式："汉字标注"　文字高度：2.5000　注释性：否　对正：左；

指定文字的起点或[对正（J）/样式（S）]：在图形中文字标注处指定插入点。

指定高度 <2.5000>：10↙

指定文字的旋转角度 <0>：↙默认 0°，不旋转文字。

视频资源 5.1
文字样式例题

上游立面图

图 5.6　标注汉字

在图形中确定位置，输入"上游立面图"并连续按两次 Enter 键结束命令，其效果如图 5.6 所示。

注意：在中文标注时，只有使用已定义的中文字体，输入时才不会出现乱码或问号。

5.2　向图形中添加文字

在 AutoCAD 中，向图形中添加文字有两种方式，即创建单行文字和多行文字，本节将详细介绍这两种文字标注的方法。

5.2.1　添加单行文字

对于不需要同时使用多种字体的文字内容时，可使用单行文字标注。创建单行文字的命令是TEXT，快捷命令为 DT，启动单行文字命令有以下几种方法：

（1）命令行：输入 DT 按 Enter 键。

（2）单击"默认"选项卡→"注释"面板→ 文字 按钮→ 单行文字 按钮。

（3）单击"注释"选项卡→"文字"面板→按钮。

（4）单击"绘图"菜单→"文字"→"单行文字"。

启动命令并提示：

当前文字样式："hanzi" 文字高度：2.5000 注释性：否 对正：左

指定文字的起点或[对正（J）/样式（S）]：指定文字的起点或输入选项。各项的含义如下：

（1）起点：指定文字对象基线的起点。AutoCAD 中，确定文字位置采用了四条直线，分别为顶线、中线、基线和底线，图 5.7 以字符串"Developing AutoCAD"为例说明字符与四条线的关系。

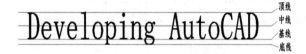

图 5.7 文字标注位置参考线

指定起点后，系统接着提示：

指定高度<当前值>：可按 Enter 键接受当前值，也可输入新的文字高度值。

注意：只有当前文字样式在"文字设置"对话框中没有设置固定高度时，才显示"指定文字高度"提示，如果文字样式选择了"注释性"，则显示"指定图纸文字高度"。

指定文字的旋转角度<0>：可按 Enter 键接受当前值 0，也可输入新的旋转角度。

按照命令窗口提示，确定文字的起点、高度、角度后，绘图区域将显示"在位文字编辑器"框，随着字符串的输入而自动延展，输入时也可删除、修改误输入的字符。当一行文字输入完成，按 Enter 键并在上行文字的正下方输入新的文字，也可用鼠标重新定义起点，另起行输入新的文字，按两次 Enter 键结束单行文字命令。

（2）对正（J）：控制文字的对正方式。输入 J 并按 Enter 键可启用该选项，命令行提示：

输入选项[左（L）/居中（C）/右（R）/对齐（A）/中间（M）/布满（F）/左上（TL）/中上（TC）/右上（TR）/左中（ML）/正中（MC）/右中（MR）/左下（BL）/中下（BC）/右下（BR）]：

各项含义如下：

1）对齐（A）：通过指定基线两端点来指定文字的高度和方向。输入 A 并按 Enter 键，只要根据提示指定文字基线的起点和终点，创建的文字将均匀地分布其中，其效果如图 5.8 所示。文字行的方向及倾斜角度由基线的起点与终点连线方向确定，字符的高度和宽度由起点和终点间的距离、字符数及所用的文字样式的宽度因子确定。另外，拖动文字夹点可快速更新标注文字的高度、长度和倾角。

注意：执行对齐选项，从左向右或从右向左确定基线的起点、终点，会得到不同的效果。

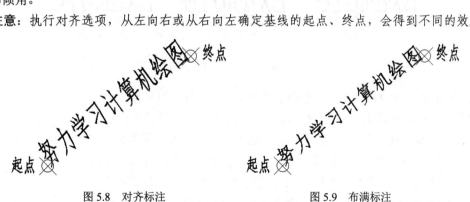

图 5.8 对齐标注　　　　　　　　　图 5.9 布满标注

2）布满（F）：与"对齐（A）"方式类似，但除了要求指定文字行基线的起点和终点以外，还要指定文字的高度，并将文字以指定的高度均匀地分布在起点和终点之间，如图 5.9 所示。另

视频资源 5.2
单行文字标注

外，拖动文字夹点可快速更新标注文字的长度、间距和倾角。

注意： 执行布满选项，从左向右或从右向左确定基线的起点、终点，会得到不同的效果。

3）中间（M）：执行选项 M，提示指定所创建文字行的位置点，此点作为文字行垂直和水平方向的中间点。

命令行有如下提示：

当前文字样式："样式 1"文字高度：5 注释性：否 对正：左

指定文字的起点 或[对正（J）/样式（S）]：J↙

输入选项[左（L）/居中（C）/右（R）/对齐（A）/中间（M）/布满（F）/左上（TL）/中上（TC）/右上（TR）/左中（ML）/正中（MC）/右中（MR）/左下（BL）/中下（BC）/右下（BR）]：M↙

指定文字的中间点：在屏幕上指定。

指定高度 <当前值>：输入文字高度或按 Enter 键默认当前值。

指定文字的旋转角度 <当前>：输入文字旋转角度或按 Enter 键默认当前值。

输入文字：在屏幕上显示的在位编辑框中输入文字。

4）其他选项：其他几种文字的对齐方式与"中间（M）"对齐相似，只是提示指定文字的位置点不同。不同对齐方式创建的文字排列如图 5.10 所示。

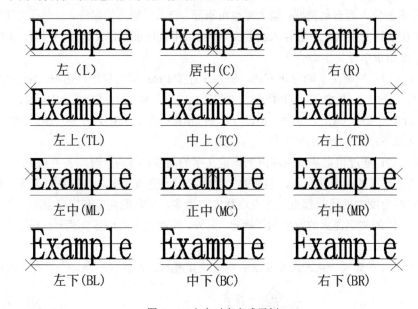

图 5.10 文字对齐方式示例

左（L）：执行默认选项 L，提示指定所创建文字行基线的左端点。

居中（C）：执行默认选项 C，提示指定所创建文字行基线的中点。

右（R）：执行默认选项 R，提示指定所创建文字行基线的右端点。

左上（TL）：执行默认选项 TL，提示指定所创建文字行顶线的左端点。

中上（TC）：执行默认选项 TC，提示指定所创建文字行顶线的中点。

右上（TR）：执行默认选项 TR，提示指定所创建文字行顶线的右端点。

左中（ML）：执行默认选项 ML，提示指定所创建文字行中线的左端点。

正中（MC）：执行默认选项 MC，提示指定所创建文字行中线的中点。

右中（MR）：执行默认选项 MR，提示指定所创建文字行中线的右端点。

左下（BL）：执行默认选项 BL，提示指定所创建文字行底线的左端点。

中下（BC）：执行默认选项 BC，提示指定所创建文字行底线的中点。

右下（BR）：执行默认选项 BR，提示指定所创建文字行底线的右端点。

（3）样式（S）：该选项用于指定在"文字样式"对话框中已定义的文字样式作为当前样式。

输入 S 按 Enter 键，命令行提示：

输入样式名或[?]<样式 1>：可以按 Enter 键接受当前样式，也可输入已定义过的样式名作为当前样式，还可输入"？"按 Enter 键，命令行提示：

输入要列出的文字样式 <*>：↙

在"AutoCAD 文本窗口"显示出当前文件中定义的所有文字样式，可从中选择文字样式。文字样式列表如下：

显示文字样式：

样式名："Annotative"　　字体：Arial

　　高度：0.0000　宽度因子：1.0000　倾斜角度：0

　　生成方式：常规

样式名："Standard"　　　字体：仿宋

　　高度：0.0000　宽度因子：0.6700　倾斜角度：0

　　生成方式：常规

样式名："样式 1"　　　字体：宋体

　　高度：0.0000　宽度因子：1.0000　倾斜角度：0

　　生成方式：常规

当前文字样式：样式 1

在工程设计图中，文字注释中常常需要一些特殊字符，如直径符号（ϕ）、正负公差符号（±）和度（°）等，由于这些字符不能从键盘上直接输入，因此，AutoCAD 使用控制符创建这些特殊符号，以满足工程标注和书写注释的需要。

AutoCAD 的控制符是由一对百分号%%及其后的字符组成，常用的控制符见表 5.1。

表 5.1　　　　　　　　　　　　　　　　　AutoCAD 常用控制符

控　制　符	功　　能	控　制　符	功　　能
%%C	直径符号（ϕ）	%%O	上划线符号（￣）
%%P	正负公差符号（±）	%%U	下划线符号（＿）
%%D	角度度数符号（°）	%%%	百分数符号（%）

注意：

1）同一个 TEXT 单行文字命令下，也可以书写许多行文字，但每一行文字都是独立的对象。使用单行文字命令输入文字时，当输入一行文字后并按 Enter 键，光标将自动移到下一行的起始位置等待输入新的文字，当输入文字后连续按两次 Enter 键，即可结束单行文字命令。

2）在使用 TEXT 单行文字命令时，当输入完当前行文字后，无须按 Enter 键，可直接将光标移到新的位置并确定起点，可继续输入新的一行文字。

3）使用 TEXT 命令输入文字时，如果发现了错误，可以直接移动光标到需要修改的地方进行修改，也可以直接按 Backspace 键，退格删除字符到需要修改的地方。

4）当再次执行 TEXT 单行文字命令时，上一次创建的文字行将亮显。此时若在"指定文字的起点或[对正（J）/样式（S）]"提示下直接按 Enter 键，将在亮显文字下一行标注相同样式及排列方式的新文字。

5.2.2　添加多行文字

1. 多行文字输入

创建多行文字的命令是 MTEXT，快捷命令为 T，启动多行文字命令有以下几种方法：

（1）命令行：输入 T 按 Enter 键。

（2）单击"默认"选项卡→"注释"面板→ 文字 按钮→ A 多行文字 按钮。

（3）单击"注释"标签→"文字"面板→ 多行文字 按钮。

（4）单击"绘图"菜单→"文字"→"多行文字"。

启动 MTEXT 命令后，命令行提示：

当前文字样式："样式 1"　文字高度：5　注释性：否

指定第一角点：用带字母 abc 的十字光标在屏幕上指定文字输入框的第一角点；

指定对角点或[高度（H）/对正（J）/行距（L）/旋转（R）/样式（S）/宽度（W）/栏（C）]：拖动鼠标在屏幕上指定文字输入框的对角点，或输入其他选项。

当指定了多行文字输入框的两个对角点后，系统会自动在屏幕功能区选项卡中添加"文字编辑器"选项卡，相应功能区面板变为多行文字的"编辑器"，如图 5.11 所示。

视频资源 5.3
多行文字标注

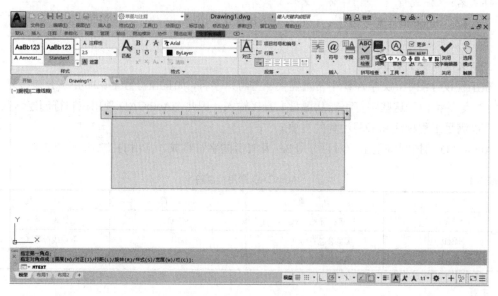

图 5.11　多行文字编辑器

命令行中的其他选项介绍如下：

（1）高度（H）：H↙。

指定高度<当前值>：该选项用于指定文字的高度。

（2）对正（J）：J↙。

输入对正方式：该选项用于指定文字对齐方式，与 TEXT 单行文字命令的对正（J）选项相似。

（3）行距（L）：L↙。

输入行距类型[至少（A）/精确（E）]<至少（A）>：

至少（A）：将自动按多行文字对象中含有较大字符的行增加其行距。

精确（E）：保证多行文字使用相同行距。

输入 E 按 Enter 键：输入行距比例或行距 <1x>：多行文字的行距控制相邻两行之间的距离，可将行距设置为单倍行距的倍数，也可设置为绝对距离。

（4）旋转（R）：R↙。

指定旋转角度<当前值>：该选项用于指定文字行倾斜的角度。

（5）样式（S）：S↙。

提示输入样式名或[?]<当前样式>：该选项用于指定文字样式，与 TEXT 命令的样式（S）选项相似。

（6）宽度（W）：W↙。

指定宽度：该选项用于指定文字输入框的宽度。

（7）栏（C）：C↙。

输入栏类型[动态（D）/静态（S）/不分栏（N）]<动态（D）>：

该选项用于设置屏幕多行文字输入框的横向分栏。

若选择"动态（D）"：D↙

指定栏宽：<当前值>：300↙

指定栏间距宽度：<当前值>：12↙

指定栏高：<当前值>：120↙

动态分栏设定完成后，屏幕只显示一栏，当输入的文字按栏设定值写满后，光标自动出现在下一栏，并接上一栏内容继续书写。以此类推，动态栏可根据输入文字的多少，动态满足分栏需要，栏的个数不限，如图 5.12 所示。

若选择"静态（S）"：S↙

指定总宽度：<当前值>：300↙

指定栏数：<当前值>：4↙

指定栏间距宽度：<当前值>：12↙

指定栏高：<当前值>：120↙

静态分栏设定完成后，屏幕只显示所设定的栏数，当输入的文字按栏设定值写满后，光标自动出现在下一栏，并接上一栏内容继续书写，如图 5.13 所示。

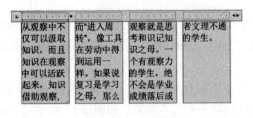

图 5.12　动态分栏

图 5.13　静态分栏

注意：在命令行设定的分栏各值，书写文字时若分栏大小不合适，可拖动标尺手动调节。

除了根据命令行选项设置多行文字外，还常用多行文字编辑器设置所书写的文字。

2. 多行文字编辑器

启动"多行文字"命令后，按命令行提示，完成需要的选项设置及文字输入框的位置和大小，在屏幕功能区出现"文字编辑器"选项卡和多行文字编辑器，如图 5.14 所示，各项功能如下：

图 5.14　多行文字编辑器

（1）"样式"面板：该面板用于设置多行文字的样式、注释性、文字高度及文字背景颜色。

（2）"格式"面板：该面板用于设置多行文字对象的显示特性，包括匹配文字格式、粗体、斜体、字符堆叠、大小写、字体、颜色、文字的倾斜角度、文字的间距及宽度因子等特性。

其中，"堆叠"按钮█用来标注公差、文字的上下角标或分数等。在多行文字的书写过程中，先输入需要堆叠的文字（如 3/4），选择文字后单击"堆叠"按钮█即可出现堆叠效果。选择被堆叠的文字后会在文字下方出现█按钮，单击█按钮出现如图 5.15 所示"堆叠"下拉菜单，可根据下拉菜单选择需要的堆叠形式。当单击下拉菜单中的"堆叠特性"时，将弹出如图 5.16 所示的"堆叠特性"对话框，可进一步对堆叠特性进行设置。

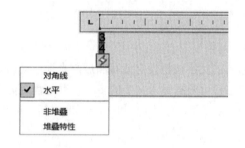

图 5.15　"堆叠"下拉菜单

图 5.16　"堆叠特性"对话框

（3）"段落"面板：该面板用于设置多行文字的文字对正方式、项目的编号和符号、行距、行的对齐方式和段落的设置等。

（4）"插入"面板：该面板用于设置插入分栏、特殊符号、插入字段等。

（5）"拼写检查"面板：该面板用于控制输入文字时拼写检查的开启状态、词典编辑、拼写检查设置等。

（6）"工具"面板：该面板用于执行文字的"查找和替换"功能，"全部大写"控制输入时的字母的大小写，"输入文字"可将 AutoCAD 外部".txt"".rtf"格式文件的文字插入到当前的多行文字中。

（7）"选项"面板：该面板☑ 更多·下拉列表中，"字符集"是用于设置其他文字选项的列表，如图 5.17 所示；"编辑器设置"用于设置在位编辑器样式和效果，如图 5.18 所示；"帮助F1"用于显示 AutoCAD 帮助文件，如图 5.19 所示；面板上还有标尺显示及隐藏按钮、文字放弃和重做按钮等。

图 5.17 "字符集"列表　　　　　　　　　　图 5.18 编辑器设置菜单

（8）"关闭"面板：该面板用于结束 MTXTT 多行文字命令，并关闭功能区"文字编辑器"面板及选项卡。

另外，在多行文字输入状态下，也可在屏幕上右击，利用右键菜单设置多行文字，如图 5.20 所示。

图 5.19 AutoCAD 帮助文件　　　　　　图 5.20 文字设置右键菜单

5.3 文 字 编 辑

文字与其他对象一样，可以用 AutoCAD 命令对其进行移动、旋转、复制、镜像等编辑操作，也可以利用夹点对文字对象进行相应的编辑。单行文字对象的夹点是文字的插入点和对正点，多行文字对象的夹点就是文字的对正点。本节主要介绍有关文字对象专有特性的编辑，如文字内容、样式、字高、对齐等项目的编辑。

5.3.1 启用 TEXTEDIT 命令编辑文字

文字编辑命令是 TEXTEDIT，启动文字编辑命令有以下几种方法：

（1）命令行：输入 TEXTEDIT 按 Enter 键。

（2）单击"修改"菜单→"对象"→"文字"→"编辑"。

启动 TEXTEDIT 命令后，命令行提示：

视频资源 5.4
文字编辑

当前设置：编辑模式 ＝ Multiple

选择注释对象或[放弃（U）/模式（M）]：

各项含义如下：

（1）"选择注释对象"选项：根据所选文字对象不同，编辑的方法也不同。若选择单行文字，绘图区域显示单行文字在位编辑器，只能编辑文字内容；若选择多行文字，在功能区和绘图区显示多行文字编辑选项卡、文字编辑面板、在位编辑器，可对所选文字对象进行全面的修改编辑。

（2）"模式（M）"选项：M✓，命令行进一步提示：

输入文本编辑模式选项[单个（S）/多个（M）]<当前>：如选择"单个（S）"选项，一次只能编辑一个文字对象；如选择"多个（M）"选项，一次可以连续编辑多个文字对象。

（3）"放弃（U）"选项：U✓，放弃刚才对文字进行的编辑操作。

另外，选择单行或多行文字后右击，从右键菜单中选择"编辑"或"编辑多行文字"，可打开单行或多行文字编辑器对文字进行编辑。

5.3.2　启用特性选项板编辑文字

通过"特性"选项板（快捷命令是 CH 或 PR），可修改文字对象的内容、样式、插入点、颜色、高度等特性。

另外，选择单行或多行文字后右击，从右键快捷菜单中选择"特性"，都可打开单行或多行文字特性选项板，可对文字对象进行编辑，如图 5.21 所示。

（a）选择单行文字　　　　　　　　　　（b）选择多行文字

图 5.21　"特性"选项板

5.3.3 拼写检查

检查图形文件中英文单词拼写命令是 SPELL，快捷命令是 SP。启动 SPELL 命令有以下几种方法：

（1）命令行：输入 SP 按 Enter 键。

（2）单击"注释"选项卡→"文字"面板→  按钮。

（3）单击"工具"菜单→"拼写检查"。

上述方法均可启动如图 5.22 所示"拼写检查"对话框，从中可更正图形文件中所有文字的拼写，包括单行文字、多行文字、块属性和外部参照中的文字等。

图 5.22 "拼写检查"对话框

5.3.4 文字对齐

文字对齐的命令是 TEXTALIGN，该命令用于对齐并间隔排列选定的文字对象。启动文字对齐命令有以下几种方法：

（1）命令行：输入 TEXTA 按 Enter 键。

（2）单击"注释"选项卡→"文字"面板→ 按钮。

启动 TEXTALIGN 命令，命令行提示：

当前设置：对齐 = 左对齐，间距模式 = 当前垂直

选择要对齐的文字对象[对齐（I）/选项（O）]：找到 1 个。选择一行要对齐的文字对象，源对象如图 5.23 所示。

选择要对齐的文字对象[对齐（I）/选项（O）]：找到 1 个，总计 2 个。继续选择其他要对齐的文字行，选择完毕按 Enter 键。

选择要对齐到的文字对象[点（P）]：选择要对齐到的文字行。

间距模式：当前垂直

拾取第二个点或[选项（O）]：根据需要，拖动文字选择合适的第二点，如启用正交模式，垂直选择第二点，结果如图 5.24 所示。

```
A B C D E F G              A B C D E F G
  H L J K L M N            H L J K L M N
O P Q R S T U              O P Q R S T U
  H L J K L M N            H L J K L M N
```

图 5.23 源对象文字 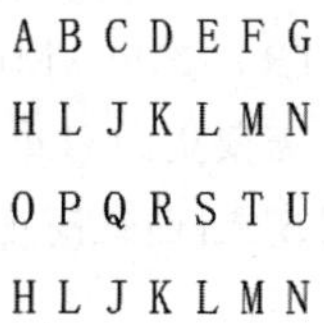　　　　　　图 5.24 按选定文字行对齐

如果在"选择要对齐到的文字对象[点（P）]："提示下输入 P 按 Enter 键，则命令行提示：

拾取第一个点

拾取第二个点或[选项（O）]：则根据两点确定文字行对齐方式，结果如图 5.25 所示。

如果在"[选项（O）]："提示下输入 O 按 Enter 键，则命令行提示：

输入选项[分布（D）/设置间距（S）/当前垂直（V）/当前水平（H）]<当前模式>：根据选项

可查看或设置分布、间距、垂直、水平等模式。

A B C D E F G

H L J K L M N

O P Q R S T U

H L J K L M N

图 5.25 由两点倾斜对齐

如在"[对齐（I）/选项（O）]："提示下输入 I 按 Enter 键，则命令行提示：

选择对齐方向[左对齐（L）/居中（C）/右对齐（R）/左上（TL）/中上（TC）/右上（TR）/左中（ML）/正中（MC）/右中（MR）/左下（BL）/中下（BC）/右下（BR）]<当前对齐>：根据不同的选项，可改变文字对齐点的位置。

5.3.5　文字对正点

文字对正命令是 JUSTIFYTEXT，快捷命令是 JU。该命令用于保持选定文字对象位置不变的情况下，更改其对正点。启动文字对正命令有以下几种方法：

（1）命令行：输入 JU 按 Enter 键。

（2）单击"注释"选项卡→"文字"面板→ 按钮。

（3）单击"修改"菜单→"对象"→"文字"→"对正"。

启动 JUSTIFYTEXT 命令，命令行提示：

选择对象：选择要更改对正点的文字对象按 Enter 键。

视频资源 5.5
文字对齐、比例

输入对正选项：[左对齐（L）/对齐（A）/布满（F）/居中（C）/中间（M）/右对齐（R）/左上（TL）/中上（TC）/右上（TR）/左中（ML）/正中（MC）/右中（MR）/左下（BL）/中下（BC）/右下（BR）]<当前对正>：输入要更改的文字对正点并结束命令。

5.3.6　文字比例

文字比例命令是 SCALETEXT。该命令用于保持选定文字对象位置不变，对其进行放大或缩小。启动文字比例命令有以下几种方法：

（1）命令行：输入 SCALETEXT 按 Enter 键。

（2）单击"注释"选项卡→"文字"面板→ 缩放 按钮。

（3）单击"修改"菜单→"对象"→"文字"→"比例"。

启动 SCALETEXT 命令，命令行提示：

选择对象：选择要更改大小的文字对象按 Enter 键。

输入缩放的基点选项：[现有（E）/左对齐（L）/居中（C）/中间（M）/右对齐（R）/左上（TL）/中上（TC）/右上（TR）/左中（ML）/正中（MC）/右中（MR）/左下（BL）/中下（BC）/右下（BR）]<当前基点>：如不需要更改对正基点，可直接按 Enter 键。

指定新模型高度或[图纸高度（P）/匹配对象（M）/比例因子（S）]<10>：

各选项含义如下：

（1）指定新模型高度：输入要更改的文字高度按 Enter 键。

（2）图纸高度（P）：针对带有注释性特性的文字对象，仅缩放选定的带有注释性比例的图纸文字。

（3）匹配对象（M）：根据图形中已知大小的文字，匹配要编辑的文字高度。

（4）比例因子（S）：S✓。

指定缩放比例或[参照（R）]<当前>：输入缩放比例值，将当前文字对象的高度按比例进行缩放，大于 1 时放大，小于 1 时缩小；若输入 R 按 Enter 键，则命令行进一步提示：

指定参照长度 <1>：指定参照长度。

指定新长度：指定新长度，系统将参照长度按新长度进行缩放。

5.3.7 查找和替换

用于文字查找和替换的命令是 FIND。该命令用以查找、替换和选择文字，可处理的文字类型包括用单行和多行命令建立的文字、块属性值、尺寸标注、文字注释等。在用户指定的查找条件中，可以说明查找的范围、文字类型、是否要查找全词以及大小写是否匹配。启动查找和替换命令有以下几种方法：

（1）命令行：输入 FIND 按 Enter 键。

（2）单击"注释"选项卡→"文字"面板→ 按钮。

（3）单击"编辑"菜单→"查找"命令。

（4）在绘图区右击，从右键快捷菜单中选择"查找（F）"选项。

启动命令后，弹出如图 5.26 所示的"查找和替换"对话框，各项含义如下：

图 5.26 "查找和替换"对话框

（1）查找内容：指定要查找的字符串。

（2）替换为：指定要替换的字符串。

（3）查找位置：要查找和替换的范围。指定是要搜索整个图形、当前空间/布局，还是搜索当前选定的对象。

（4）选择对象：单击 按钮，将临时关闭对话框，返回绘图窗口选择对象，选择后按 Enter 键返回对话框。

（5）查找：单击 查找(F) 按钮，将按"查找内容"中的文字和"查找位置"中的范围开始查找，一旦找到符合条件的文字串，文字串将亮显，此时 查找(F) 按钮变为 查找下一个(N)，继续单击 查找下一个(N) 按钮，依次查出相匹配的所有文字串。

（6）替换：单击 替换(R) 按钮，可将已查找到的文字串用"替换为"中指定的文字串进行替换。

（7）列出结果：若选中"列出结果"复选框，则在下拉列表中列出与查找匹配的结果，如图 5.27 所示。

图 5.27 "列出结果"列表

（8）全部替换：单击 全部替换(A) 按钮，将所有符合查找条件的文字串全部进行替换，并弹出"查找和替换"结果信息对话框，如图 5.28 所示。

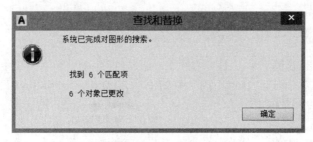

图 5.28 "查找和替换"结果信息对话框

（9）搜索选项：从选项组中，定义要查找的对象类型。

（10）文字类型：从选项组中，定义要查找的文字类型。

5.4 表 格 设 置 与 应 用

在工程图样中，除了用图形、尺寸、文字表达工程建筑物外，还需要一些表格形式的表达方式，它能简洁明了地记录和统计工程数据，如材料明细表、工程量表、测量定位数据表等，本节主要介绍 AutoCAD 中表格的设置与应用。

5.4.1 表格样式

创建和修改表格样式的命令是 TABLESTYLE，快捷命令为 TS，启动表格样式命令有以下几种方式：

（1）命令行：输入 TS 按 Enter 键。

（2）单击"默认"选项卡→"注释"面板→注释下拉列表中 按钮。

（3）单击"注释"选项卡→"表格"面板→右下角按钮 。

（4）单击"格式"菜单→"表格样式"命令。

视频资源 5.6
表格样式

启动表格样式命令后，弹出如图 5.29 所示的"表格样式"对话框，各项含义如下：

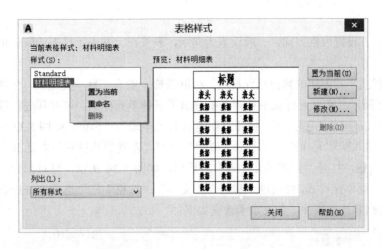

图 5.29 "表格样式"对话框

（1）样式、预览与列出：对话框左上角显示"当前表格样式"，在左侧"样式"显示框中列出所创建的各表格样式，选择其中某个样式名并右击可对样式名进行"置为当前""重命名""删除"操作，系统默认样式"Standard"不能修改；中间"预览"框中显示样式列表中所选样式的表格样例；左下方"列出"下拉列表选项，可控制样式列表中的内容。

（2）新建表格样式：单击对话框中的"新建"按钮，打开"创建新的表格样式"对话框，如图 5.30 所示。输入新样式名后单击"继续"按钮，打开"新建表格样式"对话框，如图 5.31 所示，可从中创建新的表格样式。各选项含义如下：

图 5.30 "创建新的表格样式"对话框

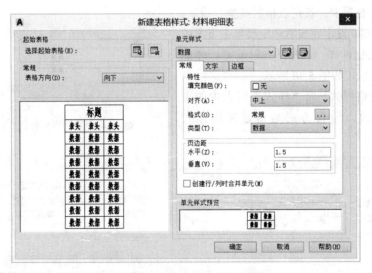

图 5.31 "新建表格样式"对话框

1）"选择起始表格"：单击选择表格按钮 ，返回屏幕图形文件中，可从中选择已有表格样式作为起始表格样式，可对所选表格样式进行修改。单击删除表格按钮 ，删除选定的起始表格样式。

2）"常规"：设置表格方向，一般设置为向下，表头在上并由上往下读取表格，其效果在预览区显示。

3）"单元样式"：创建或修改单元样式。标准表格一般有三种单元样式，包括标题、表头和数据，如图 5.32 所示。在单元样式下拉列表中列出了三种单元样式，可对其进行设置或修改；若表格是非标准样式，可单击 按钮，打开"创建新单元样式"对话框，如图 5.33 所示，创建对应的新单元样式。输入新单元样式名，单击"继续"返回"新建表格样式"对话框，对单元样式进行设置；单击 按钮，打开"管理单元样式"对话框，如图 5.34 所示，可对创建的单元样式进行管理。修改或创建新单元样式，要通过"常规""文字""边框"三个选项卡来控制表格的形状、颜色、文字、边框等外观特性，各选项卡含义如下：

图 5.32　标准表格样式

图 5.33　"创建新单元样式"对话框

a. "常规"选项卡：设定表格的背景颜色、文字对正方式、数据类型、表格类型、表格文字与边框距离等内容；选择"创建行/列时合并单元"选项，所创建的表格可以合并行或列，如图 5.31所示。

注意：页边距是指文字与单元格边框间的距离。

b. "文字"选项卡：设定文字样式、文字高度、文字颜色、文字角度，如图 5.35 所示。

c. "边框"选项卡：设定表格的线型、线宽、颜色、双线间距等，设定完成后一定要单击下方的边框绘制选择按钮 ，才能将设置应用于边框，如图 5.36 所示。

（3）修改表格样式。对"样式"列表中的表格样式进行修改，设置方式与新建表格样式相同。

图 5.34　"管理单元样式"对话框

图 5.35　"文字"选项卡

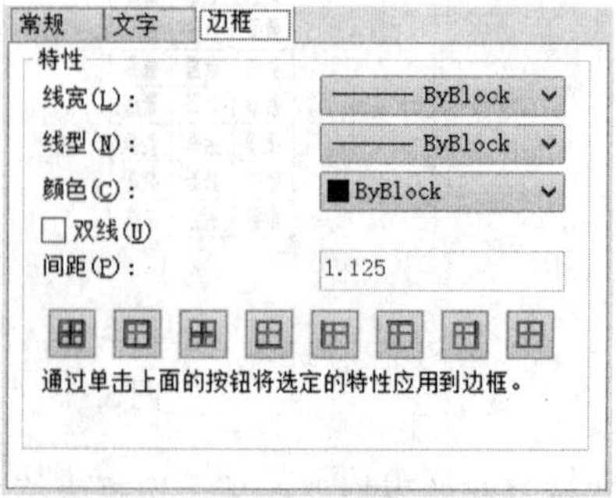

图 5.36　"边框"选项卡

5.4.2 插入表格

表格样式设定后，可以向图形中插入表格。插入表格的命令是 TABLE，快捷命令为 TB，启动插入表格命令有以下几种方式：

（1）命令行：输入 TB 按 Enter 键。

（2）单击"默认"选项卡→"注释"面板→ 表格 按钮。

（3）单击"注释"选项卡→"表格"面板→ 按钮。

（4）单击"绘图"菜单→"表格…"。

启动创建表格命令后，弹出如图 5.37 所示的"插入表格"对话框，各项含义如下：

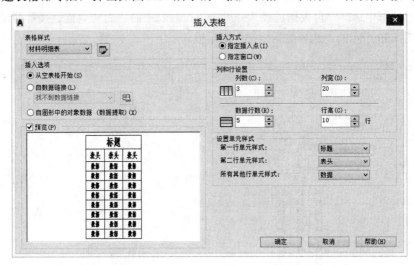

图 5.37 "插入表格"对话框

（1）表格样式：从下拉列表中选择已创建的表格样式，也可以单击 按钮打开创建"表格样式"对话框，按前述方式创建新表格样式。

（2）插入选项：选择插入表格的方式。选择"从空表格开始"，可创建需填写数据的空表格；选择"自数据链接"，可从 AutoCAD 外部表格中的数据创建表格；选择"自图形中的对象数据"后单击对话框"确定"按钮，启动"数据提取"向导并按提示步骤，以当前图形文件中的表格数据创建要插入的表格。

（3）插入方式：用于指定表格的位置。选择"指定插入点"，指定表格左上角位置，可在命令行输入坐标点，也可用鼠标指定。如果表格样式设定为从下向上读取，则插入点为表格的左下角。选择"指定窗口"，指定窗口的两个角点确定表格的位置和大小。角点位置可以在命令窗口输入坐标点，也可以用鼠标指定。

（4）列和行设置：设置表格列和行的数目和大小。列宽是指每一列的具体宽度值，而行高是基于单元文字高度与单元边距值的倍数来确定，一般选 1 倍。插入方式选择"指定插入点"，可在行和列数值框中设置表格的具体数目和大小；若插入方式选择"指定窗口"，表格的数目和大小则取决于窗口大小及行和列的组合选择设置。

注意：插入方式选择"指定窗口"时，行与列设置的两个参数中只能设定一个，另一个由窗口大小自动等分确定。

（5）设置单元样式：按表格的形式，指定单元样式。标准表格的第一行为"标题"，第二行为"表头"，第三行及以下为"数据"。

设置完成后单击"确定"，命令行提示：

指定插入点：指定表格的插入点确定表格的位置后，屏幕功能区弹出"文字编辑器"选项卡及相应的文字样式、格式、段落等面板，从中可对表格文字进行设置。在表格中，从第一行开始显示在位输入框可在位输入文字，用上下左右移动键依次完成表格文字的输入。如果要编辑表格文字，可双击表格中的单元格，弹出上述文字编辑器，即可对表格文字进行修改。

【例 5.2】 将 Excel 中"学生成绩单"表格插入到 AutoCAD 图形文件中。

（1）命令行：输入 TB 并按 Enter 键，执行插入表格命令，打开如图 5.38 所示的"插入表格"对话框；从对话框中选择"自数据链接"并单击下拉列表中的"启动数据链接管理器…"或 按钮，打开如图 5.39 所示的"选择数据链接"对话框。

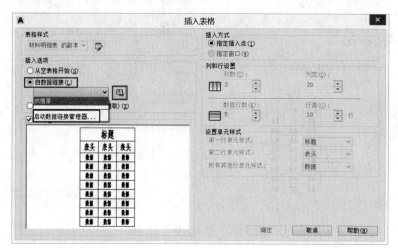

视频资源 5.7
插入 Excel 表格

图 5.38 "插入表格"对话框

（2）单击"选择数据链接"对话框中的"创建新的 Excel 数据链接"，弹出如图 5.39 所示的"输入数据链接名称"对话框，输入名称"学生成绩单"后单击"确定"，弹出如图 5.40 所示"新建 Excel 数据链接"对话框。

图 5.39 "选择数据链接"对话框

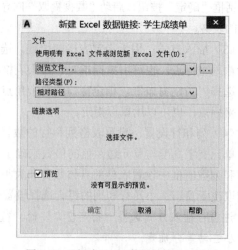

图 5.40 "新建 Excel 数据链接"对话框

（3）单击图 5.40 对话框中的浏览文件⬚按钮，弹出"另存为"对话框，根据存储路径，从中找到要插入到 AutoCAD 文件中的 Excel 表格文件"学生成绩单"，单击"确定"，返回"选择数据链接"对话框，如图 5.41 所示。

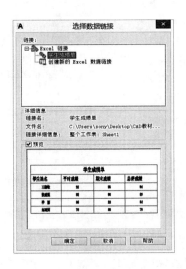

图 5.41 "选择数据链接"对话框

（4）此时在图 5.41 对话框"链接"显示框中添加了链接文件名"学生成绩单"，在下方预览框中显示链接文件的预览（当文件过大时预览无法显示，但不影响数据链接），单击"确定"，返回如图 5.42 所示的"插入表格"对话框。

（5）图 5.42 对话框"自数据链接"列表中显示所链接的 Excel 表格文件，下方预览框中显示链接文件的预览（当文件过大时无法显示预览，但不影响文件插入），单击"确定"关闭对话框，命令行提示：

指定插入点：指定坐标点，或用鼠标指定表格左上角插入点，就将 Excel 表格插入到当前图形文件中，如图 5.43 所示。

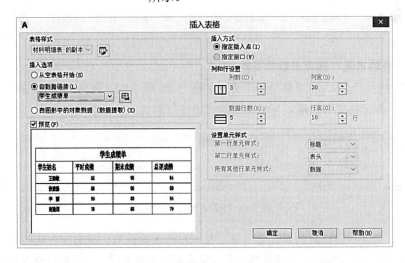

图 5.42 "插入表格"对话框

5.4.3 编辑表格

1. 利用右键菜单编辑表格

选中整体表格，右击显示图 5.44 所示的表格右键菜单；选中表格中的某单元格，右击显示图 5.45 所示的单元格右键菜单；从中可编辑表格及单元格的相关内容。

2. 利用"特性"面板编辑表格

选中整体表格并右击，选择右键菜单中的"特性"命令，弹出如图 5.46 所示的表格"特性"选项板；选中表格中的某单元格，右击选择右键菜单中的"特性"命令，弹出如图 5.47 所示的表格单元格"特性"选项板；从中可修改表格及单元格中的相关内容。

学生成绩单			
学生姓名	平时成绩	期末成绩	总评成绩
王晓敏	92	95	94
张建强	88	90	89
李霞	85	83	84
赵建国	78	80	79

图 5.43 插入的 Excel 表格文件

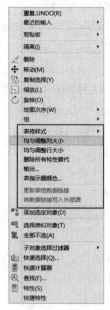

图 5.44 表格右键菜单　　　图 5.45 单元格右键菜单　　　图 5.46 表格"特性"选项板　　　图 5.47 单元格"特性"选项板

3. 利用"表格单元"选项卡编辑表格

单击表格中的单元格，在屏幕功能区弹出如图 5.48 所示的"表格单元"选项卡及对应的行、列、单元样式、单元格式等面板，可从中可对表格进行修改。各面板功能如下：

图 5.48 "表格单元"选项卡

（1）"行、列"：在选定的单元上、下、左、右插入行和列，或删除所选的行和列。

（2）"合并"：将选定的多个单元格按行、列或全部进行合并，也可将已合并的单元格取消，恢复原单元格。

（3）"单元样式"：可设置单元格内容对齐、单元格背景、单元格边框特性等内容。

（4）"单元格式"：可以对单元格内容、格式进行锁定，也可设置单元格的数据格式等。

（5）"插入"：可将块、字段、公式等插入到所选定的单元格中。

（6）"数据"：可将单元格中的数据与 Excel 文件中的数据之间建立链接关系，也可建立单元格数据与源数据之间的实时更新等。

4. 利用夹点编辑表格

利用夹点编辑表格是一种方便快捷的方法。单击表格中的行列线选中表格并显示表格的夹点，如图 5.49 所示，利用这些夹点可对表格进行修改。各夹点的作用及操作方法如下：

（1）单击表格左上角夹点，可移动表格。

（2）单击表格右上角夹点，可均匀更改表格每一列的宽度。

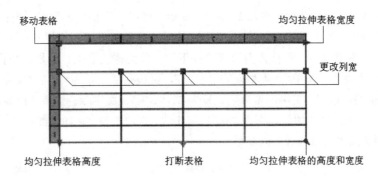

图 5.49　表格中各夹点作用

（3）单击表格中间的某夹点，可调整此夹点两侧的列宽而不拉伸表格的总宽度，若按住 Ctrl 键再单击夹点，可更改此夹点左侧的列宽并同时拉伸表格的总宽度。

（4）单击表格左下角夹点，可均匀更改表格每一行的高度。

（5）单击表格下方中间的夹点并指定位置，可将表格打断成两个表格片段。

（6）单击表格右下方夹点，可同时均匀更改表格的行高和列宽。

（7）单击表格内的单元格，显示单元格夹点，如图 5.50 所示。单击并拖动单元格中间的夹点，可更改其列宽和行高；单击并拖动单元格右下角夹点，可按原有颜色自动填充单元格，单击右键显示图 5.51 所示"自动填充"菜单，从中指定自动填充选项。

图 5.50　单元格夹点

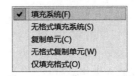

图 5.51　"自动填充"菜单

视频资源 5.8
表格应用

【例 5.3】　在图形文件中创建并插入如图 5.52 所示的标题栏。

（1）设置表格文字样式。命令行：输入 ST 按 Enter 键，执行文字样式命令，弹出"文字样式"对话框，新建文字样式"样式 1"，选择字体为"宋体"，设文字高度为"0.00"，设置宽度因子为"0.67"，单击"应用"并关闭对话框，如图 5.53 所示。

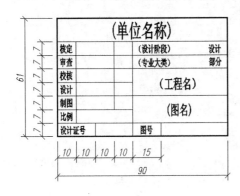

图 5.52　标题栏

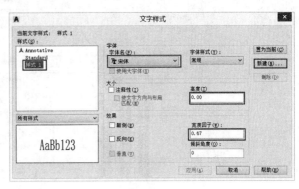

图 5.53　设置"文字样式"

（2）设置表格样式。命令行：输入 TS 按 Enter 键，弹出"表格样式"对话框；单击"新建"，输入新样式名"标题栏"并单击"继续"，打开如图 5.54 所示"新建表格样式：标题栏"对话框，从中设置表格样式各项内容。表格方向设置"向下"；单元样式表头、标题、数据对应的三个选项卡"常规"：对齐设为"正中"，类型设为"数据"，页边距都设置为"0"；"文字"：文字样式选择图 5.53 设置的"样式 1"，文字高度分别设置为 7、5、3.5，文字颜色选择"Bylayer"，文字角度选择"0"；"边框"：单元样式的外边框设"0.5"粗实线，内边框设"0.18"细实线（或随层设置）。单击"确定"并关闭"表格样式"对话框。

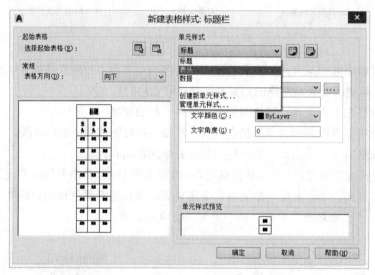

图 5.54　"新建表格样式：标题栏"对话框

（3）设置插入表格。命令行：输入 TB 按 Enter 键，弹出如图 5.55 所示"插入表格"对话框。其中表格样式选择"标题栏"，插入选项为"从空表格开始"，插入方式选"指定插入点"，列数为"9"，列宽为"10"，数据行为"6"（加标题行和表头行共 8 行），行高可为"1"，单元样式采用标准表格样式，单击"确定"，命令行提示：

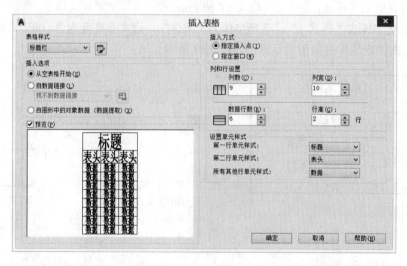

图 5.55　"插入表格"对话框

指定插入点：输入坐标或鼠标指定标题栏位置，在功能区显示"文字编辑器"选项卡，单击"关闭文字编辑器"按钮，表格"标题栏"插入到图形文件中，如图 5.56 所示。

注意：表格的行高与文字大小及页边距的倍数有关，常常不能准确设置，一般设为 1 或 2 倍，插入后再按尺寸修改。

（4）采用"特性"选项板编辑表格。选中表格第一行，右击并在右键菜单中选择"特性"打开"特性"选项板，将其中的"单元高度"修改为"12"，如图 5.57 所示；

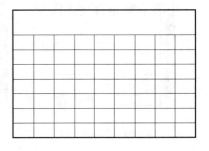

图 5.56　插入的表格"标题栏"

选中第二行第 A 列单元格并按住 Shift 键再选择第 8 行第 I 列单元格，此时选中 1～8 行的所有单元格，在"特性"选项板中修改"单元样式"和"行样式"为"数据"，"单元高度"修改为"7"，如图 5.58 所示。

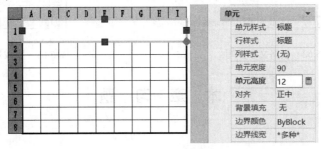

图 5.57　设置第一行"单元高度"

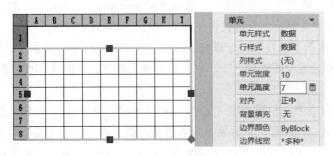

图 5.58　设置 1～8 行"单元高度"

（5）用"表格单元"选项卡合并单元格。选中需合并的单元格，在屏幕功能区显示"表格单元"选项卡及相应面板，在"合并"面板中的"合并单元"中，按需要选择"全部合并、按行合并、按列合并"选项，完成单元格合并，如图 5.59 所示；标题栏下方的"图号"单元格列宽为"15"采用夹点编辑，选中表格线框，激活表格中间"图号"列右侧夹点，向右拉伸"5"（鼠标指定方向输入 5，不改变表格总列宽），如图 5.60 所示，修改完成后如图 5.61 所示。

（6）用"特性"选项板注写文字。选中单元格并右击，在右键菜单中单击"特性"，"特性"选项板"内容"设置组中设置文字特性，如图 5.62 所示。可在"内容"文字框中书写表格内容，以此完成"标题栏"内容的书写。也可以双击表格单元格，屏幕功能区显示"文字编辑器"选项卡及相应面板，可在位书写表格内容，用上、下、左、右键移动单元格，完成"标题栏"内容的书写，完成后的"标题栏"如图 5.63 所示。

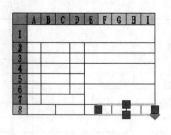

图 5.59　合并单元格

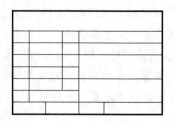

图 5.60　移动单元格列宽

图 5.61　修改后表格"标题栏"

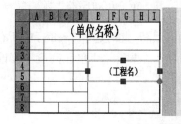

图 5.62　表格文字注写

图 5.63　完成后的表格"标题栏"

本　章　习　题

一、绘图题

1. 在 AutoCAD 图形文件中，创建文字样式"文字标注"，字体"仿宋"，字高 10，宽度因子"0.67"；创建文字样式"尺寸标注"，字体"romans.shx"，字高 5，宽度因子"0.67"，倾斜角度"15"；并用"文字标注"样式将下列文字插入到图形文件中。

"随着计算机技术的不断发展，计算机绘图技术在工程设计中得到了广泛应用。AutoCAD 是工程技术人员使用的通用绘图软件之一，它具有方便、高效、快捷等优点，在工程设计中起到重要作用。"

2. 在多行文字命令中，利用"输入文字"命令，将外部***.txt 文件插入到图形文件中。

3. 创建表格样式"标题栏"，并将下列表格插入到图形文件中（表格尺寸如下）。

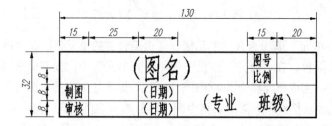

4. Excel 中制作一表格，利用插入表格命令，将表格插入到图形文件中。

二、讨论题

1. 单行文字命令与多行文字命令有哪些不同？如何将多行文字变为单行文字？

2. 如何将多行文字变为单行文字？

第6章 尺 寸 与 标 注

在工程制图中，各种工程图形只是按照比例画出了工程建筑物或构筑物的形状，要想准确表达，还需要通过尺寸标注来确定它们的大小。AutoCAD 有一套完整的尺寸标注命令与注法，本章主要介绍 AutoCAD 中标注各类形体尺寸的命令与方法。

6.1 尺 寸 标 注 基 础

尺寸标注是工程制图与计算机绘图的重要组成部分。我国目前使用的各类国家、行业制图标准中，都对尺寸标注的规则、注法等有详细的要求，如《机械制图 图纸幅面和格式》（GB/T 14689—2008）、《房屋建筑制图统一标准》（GB 50001—2017）、《水利水电工程制图标准 基础制图》（SL 73.1—2013）等。

6.1.1 尺寸标注规则

1. 尺寸的类型

尺寸应能全面表达形体的大小和相对位置，可分为以下三类：

（1）定形尺寸：确定基本形体大小的尺寸。如线段长度、半径或直径等。

（2）定位尺寸：确定各基本形体之间相对位置的尺寸。标注这类尺寸时，首先应确定各方向尺寸的基准。

（3）总体尺寸：确定形体总长、总宽和总高的尺寸。

2. 尺寸的配置

所标注的尺寸应具有简明、清晰的特征，标注时应注意：

（1）构件的每个尺寸只能标注一次，且布置在反映其结构形状特征明显的视图上。

（2）尺寸文字尽可能标在视图轮廓线之外，且靠近所标注的线段。

（3）为避免尺寸线与尺寸界线交错，应将同方向的尺寸整齐地排成一行或几行，且使小尺寸在里面，大尺寸在外面。

（4）半径尺寸应标注在反映圆弧实形的视图上，半径相同且规律分布的圆角，只标其中一个，不注明圆角个数。

（5）直径相同且规律分布的小孔，只需标出一孔尺寸，并在直径符号前加注孔个数。

（6）尽可能不在虚线上标注尺寸。

6.1.2 尺寸的组成

尺寸由尺寸界线、尺寸线、起止符号和尺寸数字四部分组成，如图 6.1 所示。

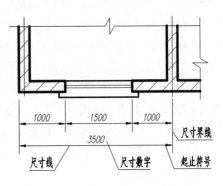

图 6.1　尺寸组成

（1）尺寸线：尺寸线与所标注线段平行，用细实线单独画出，不能用任何图线代替。

（2）尺寸界线：控制尺寸的范围，用细实线自轮廓线、对称轴线或中心线引出，一端距轮廓线 2～3mm，另一端应超出尺寸线 2～3mm，必要时可用中心线或轮廓线代替。

（3）尺寸起止符号：可采用箭头形式，也可采用 45°细实线绘制。同一张图中只能用一种尺寸起止符号的形式，半径、直径、角度、弧长一律采用箭头为尺寸起止符号。

（4）尺寸数字：文字是尺寸标注的核心，它可以是基本尺寸，也可以是带公差的尺寸，其数字、字母宜采用"斜体"，字高应不小于 2.5mm。

图样中的尺寸单位，除标高、桩号、规划图、总布置图的尺寸以"m"（米）为单位外，其余尺寸以"mm"（毫米）为单位时，图中不必说明，若采用其他单位时，则必须在图中加以说明。

6.1.3 尺寸标注步骤

尺寸应按以下步骤进行标注：

（1）创建尺寸标注图层，可通过图层控制尺寸的显示、打印等相关属性。

（2）创建尺寸标注的文字样式，包括字体、字高、宽度因子、倾斜角度等。

（3）创建尺寸标注样式，包括设置尺寸线、尺寸界线、起止符号、文字位置、对齐方式等。

（4）严格按照国家及各行业工程制图标准中的规则和规定，根据所设置的样式及各种尺寸标注命令，正确标注工程建筑物的尺寸。

6.2 尺 寸 标 注 样 式

尺寸标注样式是标注设置的命名集合，可用来控制尺寸标注的外观，如箭头大小及样式、文字位置、尺寸公差等。用户可以通过创建尺寸标注样式，指定标注的格式及外观效果，并确保所标尺寸符合国家及行业标准。AutoCAD 中虽然提供了系列尺寸标注样式，但并不一定符合我国各行业制图标准要求，所以标注尺寸前必须按制图标准，创建合适的尺寸标注样式。

6.2.1 "标注样式管理器"

创建和修改尺寸标注样式的命令是 DIMSTYLE，快捷命令为 D，有以下几种启动命令的方式：

（1）命令行：输入 D 按 Enter 键。

（2）单击功能区"默认"选项卡→"注释"面板→██按钮。

（3）单击功能区"注释"选项卡→"标注"面板→██按钮。

（4）单击"格式"菜单→"标注样式"。

（5）单击"标注"菜单→"标注样式"。

视频资源 6.1
尺寸标注样式 1

上述操作都可以打开如图 6.2 所示"标注样式管理器"对话框，对话框中各项含义如下：

（1）当前标注样式：显示当前标注样式的名称，AutoCAD 默认当前样式"ISO-25"。

（2）样式：列出当前文件中的标注样式，当前样式被亮显。在列表中选择某一样式，右击，弹出右键快捷菜单，可对所选样式进行"置为当前""重命名"或"删除"操作，如图 6.3 所示。

注意：用户不能删除 AutoCAD 默认标注样式、当前标注样式及当前图形已使用的样式。

（3）列出：控制"样式"列表中的样式显示。选择"所有样式"，表中列出所有标注样式；选择"正在使用的样式"，仅列出图形中当前标注正在使用的样式。

（4）预览：显示选定样式的图示效果，以提高设置速度。

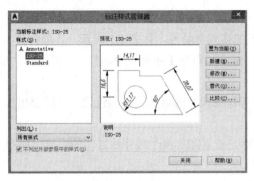
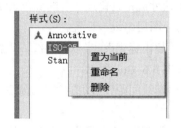

图 6.2 "标注样式管理器"对话框　　　　图 6.3 "样式"右键菜单

（5）不列出外部参照中的样式：选择此项，将不显示外部参照图形的标注样式，如无外部参照样式，此项不可选。

（6）说明：列出在"样式"列表中选定样式与"当前标注样式"的相关差异，如内容超出窗格，单击窗格最后空白行，可向下滚动内容。

（7）置为当前：将"样式"列表中选定的样式设置为当前标注样式。

另外，单击管理器中"新建""修改""替代"和"比较"按钮，即可弹出相应的对话框，可对标注样式进行相应的操作。

6.2.2 "新建"样式

单击"标注样式管理器"中的"新建"按钮，弹出如图 6.4 所示的"创建新标注样式"对话框。

在"新样式名"中输入新样式名称，如"wo"，在"基础样式"表中指定新样式的基础样式，如选"ISO-25"，在"用于"中指定仅适用于特定标注的类型，如选"所有标注"。新样式 wo 是基于基础样式 ISO-25 进行修改设置，而按"用于"下拉列表中特定标注类型所创建的样式均属于新标注样式 wo 的子样式。标注时按子样式优先原则，系统首先搜索相应的子样式，如果有子样式则按子样式标注，如没有子样式则按 wo 样式标注。各选项设定好后，单击"继续"，打开如图 6.5 所示的"新建标注样式：wo"对话框，按照各选项卡中的各选项，逐一定义新样式 wo 的特性。各项含义如下。

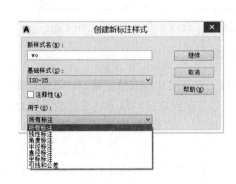

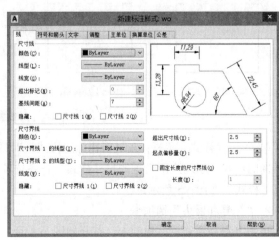

图 6.4 "创建新标注样式"对话框　　　　图 6.5 "新建标注样式：wo"对话框

1. "线"选项卡

"线"选项卡用于设定尺寸线、尺寸界线的格式与特性，如图 6.5 所示。各项含义如下：

（1）尺寸线：设置尺寸线的颜色、线型、线宽，可从下拉列表中选择，一般选择"ByLayer"随层，可在图层中统一设置。

（2）"超出标记"：当以短斜线、无标记等作为尺寸起止符号时，设置尺寸线超出尺寸界线的长度，如图 6.6（a）所示。

（3）"基线间距"：以基线方式标注尺寸时，设置相邻两个尺寸线之间的距离，如图 6.6（b）所示。

（4）"隐藏"：确定是否隐藏尺寸线及相应起止符号，如图 6.6（c）和（d）所示。

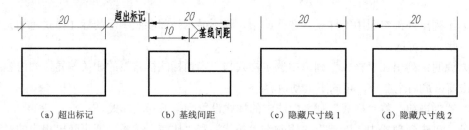

| （a）超出标记 | （b）基线间距 | （c）隐藏尺寸线 1 | （d）隐藏尺寸线 2 |

图 6.6　尺寸线参数设置

（5）"尺寸界线"：设置尺寸界线的颜色、线型、线宽，可从下拉列表中选择，一般选择"ByLayer"随层，可在图层中统一设置。

（6）"超出尺寸线"：设置尺寸界线超出尺寸线的长度，如图 6.7（a）所示。

（7）"起点偏移量"：设置尺寸界线位置拾取点与尺寸界线起始点之间的距离，如图 6.7（b）所示。

（8）"固定长度的尺寸界线"：设置尺寸界线的固定长度，如图 6.7（c）所示。

（9）"隐藏"：确定是否隐藏两端的尺寸界线，可分别设置隐藏尺寸界线 1 或隐藏尺寸界线 2，如图 6.7（d）所示。

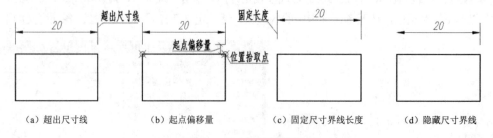

| （a）超出尺寸线 | （b）起点偏移量 | （c）固定尺寸界线长度 | （d）隐藏尺寸界线 |

图 6.7　尺寸界线参数设置

（10）尺寸样式预览框：在"新建标注样式"对话框右上方有尺寸样式预览窗口，该预览窗口以样例的形式显示用户所设置的尺寸样式。在各选项卡中都会在预览窗口显示相应参数设置对应的尺寸样式，如图 6.5 所示。

2. "符号和箭头"选项卡

单击"符号和箭头"选项卡，打开如图 6.8 所示的对话框，从中设置箭头、圆心标记、折断标注、弧长符号、半径折弯标注、线性折弯标注等项目的特性。各项的含义如下：

（1）"箭头"：设置尺寸标注起止符号的外观。从下拉列表中可选择各种起止符号的名称和形状，下拉列表中起止符号的类型如图 6.9 所示。如果选择箭头，当选择第一个箭头后，第二个箭头将自动与其匹配。

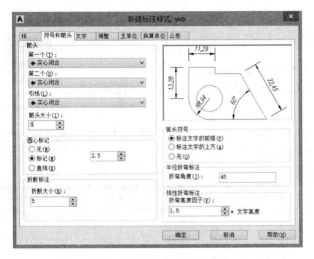

图 6.8 "符号和箭头"选项卡　　　　　　图 6.9 尺寸起止符号类型

（2）"引线"：用于设置引线标注的箭头，可从下拉列表中选择。

（3）"箭头大小"：设置箭头的大小。

（4）"圆心标记"：设置圆或圆弧的圆心标注和中心线的外观。选择"无"，不创建圆心标注，如图 6.10（a）所示；选择"标记"，可创建圆心标记，若数值框设十字标记的长度为 5，其效果如图 6.10（b）所示；选择"直线"，可创建中心线，数值框中设中心线超出轮廓线长度为 5，其效果如图 6.10（c）所示。

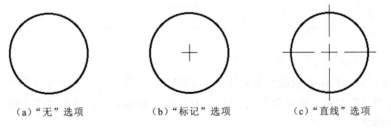

（a）"无"选项　　　　　（b）"标记"选项　　　　　（c）"直线"选项

图 6.10 圆心标记

（5）"折断标注"：设置尺寸线与其他对象相交时，尺寸线的折断间距，可在"折断大小"数值框中设置间距，如图 6.11 所示。

（6）"弧长符号"：控制弧长符号的标注位置。选择"标注文字的前缀"，符号放在标注文字之前，如图 6.12（a）所示；选择"标注文字的上方"，符号在标注文字上方，如图 6.12（b）所示；选择"无"，则不标注弧长符号，如图 6.12（c）所示。

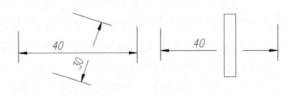

图 6.11 折断标注

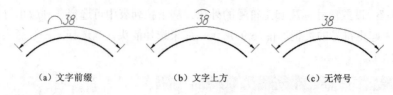

(a) 文字前缀   (b) 文字上方   (c) 无符号

图 6.12 弧长符号的位置

视频资源 6.2
尺寸标注样式 2

（7）"半径折弯标注"：设置半径折弯标注的折弯角度，如图 6.13 所示。

（8）"线性折弯标注"：设置线性折弯标注的折弯高度因子，如图 6.14 所示。

3. "文字" 选项卡

单击"文字"选项卡，打开如图 6.15 所示的"文字"设置对话框，可从中设置文字的样式、位置、大小和对齐方式等特性，各选项含义如下：

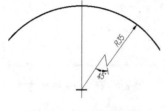

图 6.13 半径折弯标注

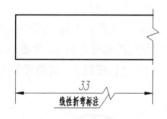

图 6.14 线性折弯标注

图 6.15 "文字"选项卡

（1）"文字外观"选项组。

1）文字样式：显示和设置当前标注的文字样式，可从下拉列表中选择在"文字"样式中已设置的样式作为当前样式，也可单击文字样式右侧的 ⋯ 按钮，从打开的"文字样式"对话框中创建或修改文字样式。

2）文字颜色：设置标注文字的颜色。

3）填充颜色：设置标注文字的背景颜色。

4）文字高度：设置标注文字的高度。

5）分数高度比例：如果在"主单位"选项卡中，"单位格式"选择了"分数"，就可以在此设置"分数高度比例"，该比值乘以文字高度即为分数的高度。

6）绘制文字边框：选择此项，将给所标注的文字加绘边框。

（2）"文字位置"选项组。

1）"垂直"下拉列表：控制尺寸文字的垂直对齐方式。按照下拉列表中，选"居中"，文字处于尺寸线中断处，如图 6.16（a）所示；选"上"，文字处于尺寸线的中上方，如图 6.16（b）所示；选"外部"，文字处于尺寸线远离定义点侧的外部，如图 6.16（c）所示；选"下"，文字处于尺寸线的中下方，如图6.16（d）所示；选"JIS"，按日本工业标准（JIS）放置标注文字。

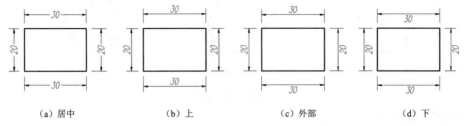

图6.16 "垂直"选项尺寸标注的位置

2）"水平"下拉列表：控制尺寸文字的水平对齐方式。选"居中"，将文字标在两尺寸界线中间，如图6.16（b）所示；选"第一尺寸界线"，文字与第一尺寸界线左对正，如图6.17（a）所示；选"第二尺寸界线"，文字与第二尺寸界线右对正，如图6.17（b）所示；选"第一尺寸界线上方"，文字标注在第一尺寸界线的延伸线上，如图6.17（c）所示，选"第二尺寸界线上方"，文字标注在第二尺寸界线的延伸线上，如图6.17（d）所示。

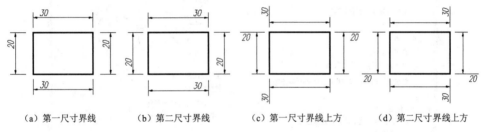

图6.17 "水平"选项尺寸标注的位置

3）"观察方向"下拉列表：控制尺寸文字字头方向。根据观察方向，选择"从左到右"，尺寸标注如图6.18（a）所示；选择"从右到左"，尺寸标注如图6.18（b）所示。

4）"从尺寸线偏移"：控制当前标注文字与尺寸线之间的距离。当尺寸文字处于尺寸线中断处，可控制尺寸线断开的间隙；当尺寸文字与尺寸线对齐时，可控制文字与尺寸线之间的距离，不同偏移量的标注效果如图6.19所示。

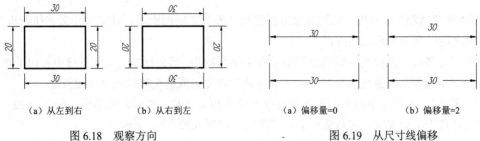

图6.18 观察方向　　　　　　　　　　　图6.19 从尺寸线偏移

（3）"文字对齐"选项组。

1）"水平"选项：文字均水平放置，如图6.20（a）所示。

2）"与尺寸线对齐"选项：文字沿尺寸线方向放置，如图6.20（b）所示。

3）"ISO标准"选项：文字在尺寸界线内，沿尺寸线放置，文字在尺寸界线外，则水平放置，如图6.20（c）所示。

(a) 文字水平　　　　　　　(b) 与尺寸线对齐　　　　　　　(c) ISO 标准

图 6.20　文字对齐

4. "调整"选项卡

单击"调整"选项卡，打开如图 6.21 所示的"调整"设置对话框，可从中设置标注文字、箭头、引线、尺寸线等的位置。各选项含义如下：

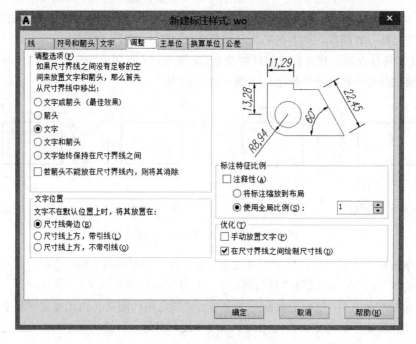

图 6.21　"调整"选项卡

(1)"调整选项"选项组。该选项组可根据尺寸界线之间的距离，确定尺寸文字和箭头是放在尺寸界线之间还是尺寸界线之外。

如果尺寸界线之间没有足够的空间来放置文字和箭头，那么首先从尺寸界线中移出的对象是：

1)"文字或箭头（最佳效果）"。按照最佳效果将文字或箭头移到尺寸界线外。

2)"箭头"。当尺寸界线之间不能同时放置箭头和文字时，先将箭头移出，如图 6.22（a）所示；当两者都无法放置时，将箭头和文字都移出，如图 6.22（b）所示。

3)"文字"。当尺寸界线之间不能同时放置箭头和文字时，先将文字移出，如图 6.22（c）所示，当两者都无法放置时，将箭头和文字都移出，如图 6.22（b）所示。

4)"文字和箭头"。如果尺寸界线之间不能同时放置文字和箭头时，则将两者都移出尺寸界线外，如图 6.22（b）所示。

5)"文字始终保持在尺寸界线之间"。无论尺寸界线之间的距离如何，始终将文字放在尺寸界线之间，如图 6.22（a）所示。

6）"若箭头不能放在尺寸界线内，则将其消除"。若尺寸界线之间没有空间放置箭头，则不显示箭头，如图6.22（d）所示。

（2）"文字位置"选项组。该选项组设置尺寸文字从默认位置离开后所放置的位置。

1）"尺寸线旁边"：标注在尺寸界线的外侧，如图6.23（a）所示。

2）"尺寸线上方，带引线"：标注在尺寸线的上部，并自动生成指引线，如图6.23（b）所示。

3）"尺寸线上方，不带引线"：标注在尺寸线上部，但不加注引线，如图6.23（c）所示。

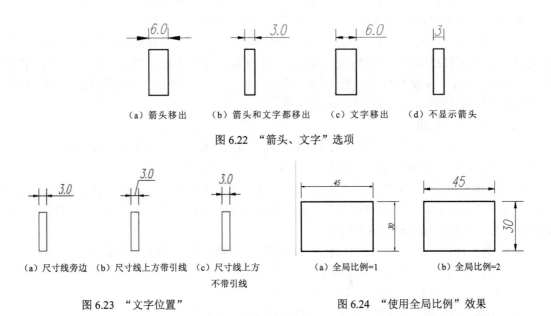

（a）箭头移出　　（b）箭头和文字都移出　　（c）文字移出　　（d）不显示箭头

图6.22　"箭头、文字"选项

（a）尺寸线旁边　（b）尺寸线上方带引线　（c）尺寸线上方
不带引线

图6.23　"文字位置"

（a）全局比例=1　　　　（b）全局比例=2

图6.24　"使用全局比例"效果

（3）"标注特征比例"选项组。该选项组用来设置尺寸样式中各特征值的缩放比例。

1）"注释性"复选框：选择"注释性"选项，标注尺寸时可根据图形缩放比例，使尺寸样式中所设各特征值，实现自动缩放。

2）"将标注缩放到布局"：根据模型空间视口和图纸空间之间的比例确定比例因子。

3）"使用全局比例"：确定尺寸样式中所设置的各尺寸特征值的大小比例，如箭头、文字、偏移量等的比例大小，与尺寸值大小无关，如图6.24所示。

（4）"优化"选项组。该选项组用来设置是否需要手动放置尺寸文字的位置和是否需要始终在尺寸界线之间绘制尺寸线。

5."主单位"选项卡

单击"主单位"选项卡，打开如图6.25所示的"主单位"设置对话框，可从中设置尺寸标注的格式、精度、前后缀、比例因子等内容，各选项含

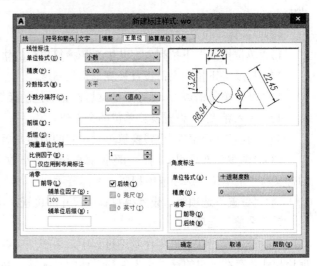

图6.25　"主单位"选项卡

义如下：

(1)"线性标注"选项组。

1)"单位格式"下拉列表：我国一般采用"小数"格式。

2)"精度"下拉列表：除角度外，设置所有尺寸标注类型的精度。

视频资源 6.3
尺寸标注样式 3

3)"分数格式"下拉列表：如"单位格式"选择"分数"，设置分数的显示格式。

4)"小数分隔符"下拉列表：一般选择"."（句点）。

5)"舍入"数值框：除"角度"外，设置所有标注类型测量数值的最近舍入值。

6)"前缀"或"后缀"文本框：在文本框中为标注文字指定前后缀。

(2)"测量单位比例"选项。"比例因子"数值框：当设置尺寸"比例因子"后，所标注的尺寸值是自动测量数值与比例因子的乘积。例如：形体实际尺寸为 1000，当图形按 1∶10 的比例绘制时，"比例因子"应设置为 10，图形中测量值为 100，而所标注的尺寸为实际大小 1000。适用于先缩放比例绘制图形，再标注尺寸的绘图方法。

(3)"消零"选项组。

1)"前导"或"后续"复选框：用于消除小数点前或小数点后的无效零。例如数值 0.600，"前导"消零后标注为.600；数值 10.500，"后续"消零后标注为 10.5。

2)"辅单位因子"数值框：当尺寸很小时，可以换算成辅助单位进行标注。如主单位为米，辅单位为厘米，在"辅单位因子"数值框输入 100，辅单位后缀写"厘米"，可将主单位的 0.056 米，标注为辅单位的 5.6 厘米。

(4)"角度标注"选项组。该选项组用来设置角度标注时的单位格式、精度等。

1)"单位格式"下拉列表：可选择角度单位的格式。

2)"精度"下拉列表：设置角度尺寸标注的精度。

3)"消零"复选框：用于消除小数点前或小数点后的无效零。

6. "换算单位"选项卡

单击"换算单位"选项卡，打开如图 6.26 所示的"换算单位"设置对话框，可从中设置换算后尺寸标注的单位格式、精度等内容，各选项含义如下：

(1)"显示换算单位"复选框。选择此复选框，换算后的尺寸数值将同时显示在所标注的尺寸中。

(2)"换算单位"选项组。

1)"单位格式"下拉列表：从中选择换算单位的格式。

2)"精度"下拉列表：设置换算单位的精度。

3)"换算单位倍数"：设置原单位与换算单位的换算倍数。

4)"舍入精度"：设置换算单位的舍入值。

5)"前缀""后缀"：设置换算单位尺寸的前缀与后缀。

(3)"消零"选项组。用于消除换算单位尺寸小数点前或小数点后的无效零，"辅单位因子"的含义与"主单位"选项卡中相似，不再赘述。

(4)"位置"选项组。设置换算单位尺寸的位置，可选择放置在主单位值的后边或下边。

7. "公差"选项卡

尺寸公差是指在机械零件制造过程中，由于加工或测量等因素的影响，完工后的实际尺寸与理论尺寸总存在一定的误差。为保证零件的互换性，必须将零件的实际尺寸控制在允许变动的范围内，这个允许的尺寸变动量称为尺寸公差。

单击"公差"选项卡，打开如图 6.27 所示的"公差"设置对话框，可从中设置公差的标注方式，各选项含义如下：

（1）"公差格式"选项组。

1）"方式"下拉列表：列表中有五种公差的标注形式，其中"无"表示不标注公差，其余四种公差标注形式如图 6.28 所示。

2）"精度"下拉列表：设置公差的标注精度。

3）"上偏差""下偏差"：设置尺寸的上、下偏差值。

图 6.26　"换算单位"选项卡

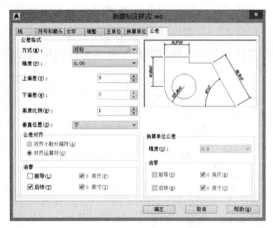

图 6.27　"公差"选项卡

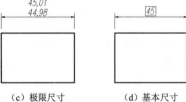

（a）对称	（b）极限偏差	（c）极限尺寸	（d）基本尺寸

图 6.28　尺寸公差的标注形式

4）"高度比例"：设置公差文字与主尺寸文字高度的比值。

5）"垂直位置"：设置公差文字与主尺寸文字间的对齐方式。

（2）"公差对齐"选项组。设置极限偏差值和极限尺寸值的对齐方式。"对齐小数分割符"是以小数分割符上下对齐，"对齐运算符"是以运算符上下对齐。

（3）"消零"选项组。用于消除公差标注中小数点前或小数点后的无效零。

（4）"换算单位公差"选项。当在"换算单位"选项卡中设置了换算单位，该选项组中可设置换算公差的精度。

6.2.3　修改、替代和比较样式

在"标注样式管理器"对话框中，还可以对所设置的样式进行修改、替代、比较等操作。

1. 修改标注样式

在"标注样式管理器"对话框中选中某一标注样式，单击"修改"按钮，打开如图 6.29 所示的

"修改标注样式"对话框，可对此标注样式进行修改，各选项设置与"新建标注样式"对话框一样，不再赘述。

2. 替代当前样式

在工程图中，有时会出现少量尺寸与当前标注样式的格式不同，为此可采用"替代样式"进行标注。

在"标注样式管理器"对话框中，单击"替代"按钮，打开如图6.30所示的"替代当前样式"对话框，各选项设置与"新建标注样式"对话框一样，新设置的标注样式可替代当前样式（只能替代当前样式）。当选择其他样式"置为当前"时，显示如图 6.31 所示"警告"对话框，如果单击"确定"，将放弃替代样式并恢复当前样式，"替代样式"所标注的尺寸不会丢失。若要保存替代样式，右击标注样式管理器中的"样式替代"，从右键菜单中选择"保存到当前样式"，此时"样式替代"被删除并替换当前样式中的相关选项，如图6.32所示。

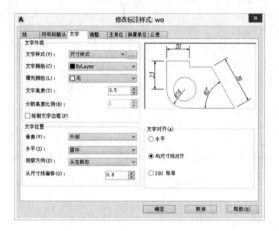

图 6.29 "修改标注样式"对话框   图 6.30 "替代当前样式"对话框

图 6.31 "警告"对话框

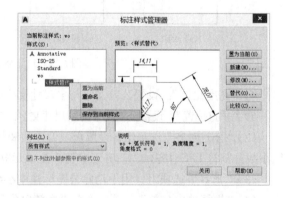

图 6.32 保存替代样式

3. 比较标注样式

在"标注样式管理器"对话框中，选中某一标注样式并单击"比较"按钮，打开如图6.33（a）所示的"比较标注样式"对话框，在"与"列表中选择要比较的样式，可显示两个样式间的区别，若在列表中选择"无"，则显示某一样式的所有特性，如图6.33（b）所示。

（a）比较两个标注样式　　　　　　　　（b）显示选定样式的特性

图 6.33　"比较标注样式"对话框

6.2.4　创建子样式

在工程图样的尺寸标注中，各部位形状不同标注规则也不同，如线性尺寸、半径尺寸、直径尺寸、角度尺寸等，如果按不同的规则设置多个标注样式，尺寸标注时要在各样式间反复切换，给尺寸标注带来很大不便。为此 AutoCAD 提供了在一个基础样式下附设若干个"子样式"，并采用"子样式"优先的标注模式，可在一个标注样式下快捷地完成图形的所有标注。

视频资源 6.4
尺寸标注子样式

设置"子样式"的方法如下：

在"标注样式管理器"对话框中，选择某一样式为基础样式，单击"新建"按钮，打开如图 6.34 所示的"创建新标注样式"对话框。对话框中"基础样式"下拉列表中显示所选的基础样式；在"新样式名"中自动生成基础样式的副本；在"用于"下拉列表中选择要设置的子样式名称，如直径、半径等；单击"继续"，进入"新建标注样式：基础样式名：子样式名"对话框，如图 6.35 所示，

图 6.34　"创建新标注样式"对话框

可在对话框中设置子样式。其中各选项的设置如前所述，不再赘述。按此步骤，可在一个基础样式下设置多个子样式，如图 6.36 所示。

图 6.35　"新建标注样式：基础样式名：子样式名"对话框

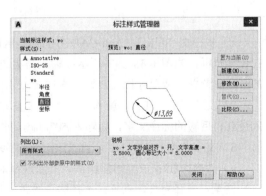

图 6.36　创建标注子样式

6.3 尺 寸 标 注 方 法

AutoCAD 提供了多种标注尺寸的方法，可通过命令行、菜单、工具面板等方式执行尺寸标注命令，实现图形的尺寸标注。

6.3.1 集合命令标注

AutoCAD 尺寸标注命令中，在单一命令下又集合了多种标注命令，并能完成各种类型尺寸标注的命令，即是尺寸集合命令 DIM。执行 DIM 命令有以下几种方式：

（1）命令行：输入 DIM 按 Enter 键。

（2）单击功能区"默认"选项卡→"注释"面板→按钮。

（3）单击功能区"注释"选项卡→"标注"面板→按钮。

这几种方式都能启动 DIM 命令，命令行提示：

视频资源 6.5
尺寸标注命令

选择对象或指定第一个尺寸界线原点或[角度（A）/基线（B）/连续（C）/坐标（O）/对齐（G）/分发（D）/图层（L）/放弃（U）]：

命令各选项含义如下：

（1）选择对象。将十字光标移动到所标注尺寸的直线上，光标变为拾取框，如图 6.37（a）所示，命令行提示：

选择直线以指定尺寸界线原点：选择要标注的直线对象。

指定尺寸界线位置或第二条线的角度[多行文字（M）/文字（T）/文字角度（N）/放弃（U）]：指定尺寸界线的合适位置，AutoCAD 将自动测量并标注出直线的距离，如图 6.37（b）所示。也可不指定尺寸界线的位置而执行[多行文字（M）/文字（T）/文字角度（N）/放弃（U）]选项，对所标注的尺寸做适当的修改，各选项含义如下：

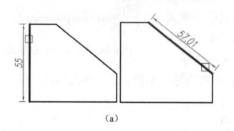
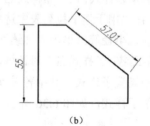

（a）　　　　　　　　　　　　　　　　（b）

图 6.37　选择对象标注

1）多行文字（M）：AutoCAD 界面功能区面板变为多行文字编辑器，所标注的尺寸数字变成在位编辑框，如图 6.38（a）所示；输入需更改的尺寸数字，如图 6.38（b）所示；指定尺寸界线的合适位置并完成尺寸标注，如图 6.38（c）所示。

2）文字（T）：T↙，输入标注文字 <当前值>：可输入新的尺寸值代替当前测量值。也可输入带前、后缀的标注文字，如输入 50%%d，即显示带后缀的 50°标注值。

3）文字角度（N）：N↙，指定标注文字的角度：输入角度值，可改变尺寸文字的角度。

4）放弃（U）：放弃当前操作，重新选择对象。

注意：选择对象，也可以选择圆、圆弧、斜线等，可完成直径、半径、角度等标注。

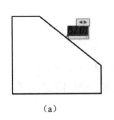
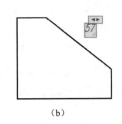
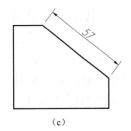

| (a) | (b) | (c) |

图 6.38　修改尺寸标注

（2）指定尺寸界线。将十字光标移动到所标尺寸直线的起点，命令行显示：

指定第一个尺寸界线原点或[角度（A）/基线（B）/继续（C）/坐标（O）/对齐（G）/分发（D）/图层（L）/放弃（U）]：选择点1，确定第一个尺寸界线的位置，如图6.39所示。

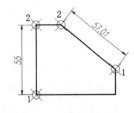

指定第二个尺寸界线原点或[放弃（U）]：选择点2，确定第二个尺寸界线的位置，如图6.39所示。

指定尺寸界线位置或第二条线的角度[多行文字（M）/文字（T）/文字角度（N）/放弃（U）]：可指定尺寸界线的合适位置，AutoCAD将自动测量并标注出直线的距离，如图6.39所示。也可不指定尺寸界线的位置而执行[多行文字（M）/文字（T）/文字角度（N）/放弃（U）]选项，对所标注的尺寸做适当修改，各选项含义如前所示，不再赘述。

图 6.39　指定两点标注

（3）角度（A）选项。在DIM命令下，输入A按Enter键，可执行角度标注命令。角度标注的命令是DIMANGULAR，快捷命令为DAN。也可按下列几种方式执行角度命令：

1）命令行：输入DAN按Enter键。

2）单击功能区"默认"选项卡→"注释"面板→右上角标注下拉列表中的 △ 角度▼ 按钮。

3）单击功能区"注释"选项卡→"标注"面板→左下角标注下拉列表中的 △ 角度▼ 按钮。

4）单击"标注"菜单→"角度"。

这几种方式都能启动角度标注命令，命令行提示：

选择圆弧、圆、直线或[顶点（V）]：各选项含义如下：

1）选择圆弧对象，命令行提示：

指定标注弧线位置或[多行文字（M）/文字（T）/角度（A）/象限点（Q）]：指定尺寸线的适当位置完成圆弧角度标注，如图 6.40（a）所示。或不指定尺寸线位置而选择[多行文字（M）/文字（T）/角度（A）/象限点（Q）]选项，对角度尺寸进行适当修改。

2）选择圆对象，对于圆心角的标注，可采用[顶点（V）]选项标注更为方便。

[顶点（V）]：V✓

指定角的顶点：选择圆心；

指定角的第一个端点：选择点1；

指定角的第二个端点：选择点2；

指定标注弧线位置或[多行文字（M）/文字（T）/角度（A）/象限点（Q）]：指定角度尺寸线的位置，AutoCAD将自动测量并标注出弧线的圆心角，如图6.40（b）所示。也可不指定标注弧线的位置而选择[多行文字（M）/文字（T）/角度（A）/象限点（Q）]选项，对所标注的尺寸做适当修改。

3）选择直线对象，当选择了第一条直线，命令行提示：

选择第二条直线：可选择第二条直线。

指定标注弧线位置或[多行文字（M）/文字（T）/角度（A）/象限点（Q）]：指定角度尺寸线的位置，AutoCAD 将自动测量并标注出两直线的角度，如图 6.40（c）所示。也可不指定角度尺寸线的位置而选择[多行文字（M）/文字（T）/角度（A）/象限点（Q）]选项，对所标注的尺寸做适当修改。

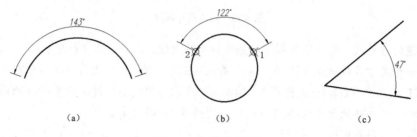

图 6.40　角度尺寸标注

（4）基线（B）选项。在 DIM 命令下，输入 B 按 Enter 键，可执行基线标注命令。基线标注的命令为 DIMBASELINE，快捷命令为 DBA。也可按下列几种方式执行基线标注命令：

1）命令行：输入 DBA 按 Enter 键。

2）单击功能区"注释"选项卡→"标注"面板→连续、基线下拉列表中的 ⊢┤ 基线 按钮。

3）单击"标注"菜单→"基线"命令。

这几种方式都能启动基线命令，但命令选项略有不同，以 DIM 命令为例介绍如下：

选择对象或指定第一个尺寸界线原点或[角度（A）/基线（B）/连续（C）/坐标（O）/对齐（G）/分发（D）/图层（L）/放弃（U）]：B✓

当前设置：偏移（DIMDLI）= 7.000000（标注样式中已设置）

指定作为基线的第一个尺寸界线原点或[偏移（O）]：选择基线标注的尺寸基准线。

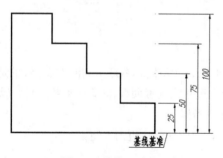

图 6.41　基线尺寸标注

指定第二个尺寸界线原点或[选择（S）/偏移（O）/放弃（U）]<选择>：指定第二尺寸界线。

标注文字 = 50

指定第二个尺寸界线原点或[选择（S）/偏移（O）/放弃（U）]<选择>：指定第三尺寸界线。

以此循环，此命令下可连续标注多个基线标注，如图 6.41 所示。也可选择"选择（S）"选项，重新选择基准进行基线标注；选择"偏移（O）"选项改变基线间距等。

注意：执行基线标注命令，需先完成基线基准尺寸的标注。执行基线标注命令时，系统默认以当前文件中最后一次标注尺寸的第一尺寸界线为基线基准进行标注，若改变基线基准，需按"选择（S）"选项，重新选择基准。

（5）连续（C）选项。在 DIM 命令下，输入 C 按 Enter 键，可执行连续标注命令。连续标注的命令是 DIMCONTINUE，快捷命令为 DCO✓。也可按下列几种方式执行连续标注命令：

视频资源 6.6
基线、连续等
标注

1）命令行：输入 DCO 按 Enter 键。

2）单击功能区"注释"选项卡→"标注"面板→连续、基线下拉列表中的 ⊞ 连续 按钮。

3）单击"标注"菜单→"连续"命令。

这几种方式都能启动连续标注命令，但命令选项略有不同，以 DIM 命令为例介绍如下：

选择对象或指定第一个尺寸界线原点或[角度（A）/基线（B）/连续（C）/坐标（O）/对齐（G）/分发（D）/图层（L）/放弃（U）]：C↙

指定第一个尺寸界线原点以继续：选择连续标注的尺寸基准线；

指定第二个尺寸界线原点或[选择（S）/放弃（U）]<选择>：指定第二个尺寸界线。

标注文字 = 25

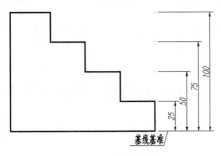

图 6.42　连续尺寸标注

指定第二个尺寸界线原点或[选择（S）/放弃（U）]<选择>：指定第三个尺寸界线。

以此循环，此命令下可标注多个连续的尺寸，如图 6.42 所示。也可选"选择（S）"选项，重新选择连续标注的基准，完成新标注。

注意：执行连续标注命令，需先完成基准尺寸的标注。执行连续标注命令时，系统默认以当前文件中最后一次标注的尺寸为连续标注基准进行标注，若改变连续标注基准，需按"选择（S）"选项，重新选择基准。

（6）坐标（O）选项。在 DIM 命令下，输入 O 按 Enter 键可执行坐标标注命令。坐标标注的命令是 DIMORDINATE，快捷命令为 DOR。也可按下列几种方式执行坐标标注命令：

1）命令行：输入 DOR 按 Enter 键。

2）单击功能区"默认"选项卡→"注释"面板→右上角标注下拉列表中的 ⊞ 坐标 按钮。

3）单击功能区"注释"选项卡→"标注"面板→下方标注下拉列表中的 ⊞ 坐标 按钮。

4）单击"标注"菜单→"坐标"命令。

这几种方式都能启动坐标标注命令，但命令选项略有不同，以 DIM 命令为例介绍如下：

选择对象或指定第一个尺寸界线原点或[角度（A）/基线（B）/连续（C）/坐标（O）/对齐（G）/分发（D）/图层（L）/放弃（U）]：O↙

指定点坐标或[放弃（U）]：指定所标注坐标的位置点。

指定引线端点或[X 基准（X）/Y 基准（Y）/多行文字（M）/文字（T）/角度（A）/放弃（U）]：指定坐标标注的引出线位置，完成坐标标注。此命令下可连续标注多个坐标，如图 6.43 所示。或不指定引线位置而选择[X 基准（X）/Y 基准（Y）/多行文字（M）/文字（T）/角度（A）/放弃（U）]选项，对坐标标注进行适当的修改。

（7）对齐（G）选项。此选项命令是尺寸编辑命令，对已标注的尺寸位置进行修改编辑。在 DIM 命令下：

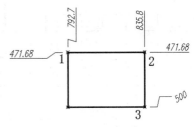

图 6.43　坐标尺寸标注

选择对象或指定第一个尺寸界线原点或[角度（A）/基线（B）/连续（C）/坐标（O）/对齐（G）/分发（D）/图层（L）/放弃（U）]：G↙

选择基准标注：选择要对齐的标注基准尺寸 20，如图 6.44（a）所示。

选择要对齐的标注：找到 1 个。选择需要对齐的尺寸 15。

选择要对齐的标注：找到 1 个，总计 2 个。继续选择尺寸 13.75。

以此类推，可选择多个需对齐的尺寸，选择完所有要对齐的尺寸并按 Enter 键，此时所要对齐的尺寸以基准尺寸为准整齐排成一排，如图 6.44（b）所示。

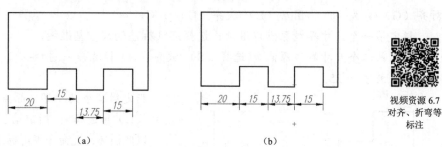

图 6.44　对齐标注

（8）分发（D）选项。此选项命令也是尺寸编辑命令，对已标注的尺寸位置进行修改编辑。在 DIM 命令下：

选择对象或指定第一个尺寸界线原点或[角度（A）/基线（B）/连续（C）/坐标（O）/对齐（G）/分发（D）/图层（L）/放弃（U）]：D↙

当前设置：偏移（DIMDLI）= 10.000000

指定用于分发标注的方法[相等（E）/偏移（O）]<相等>：↙默认"相等"

选择要分发的标注：找到 1 个，……选择要分发的标注：找到 1 个，总计 4 个。如图 6.45（a）所示，选择图中 4 个尺寸并按 Enter 键，所选尺寸线按偏移量值等间距排列，如图 6.45（b）所示。

若在"指定用于分发标注的方法[相等（E）/偏移（O）]<相等>："O↙，命令行则提示：

指定偏移距离 <当前值>：8↙，设置新的偏移量 8。

选择基准标注或[偏移（O）]：选择图 6.45（a）中的尺寸 20 为基准。

选择要分发的标注或[偏移（O）]：找到 1 个……选择要分发的标注或[偏移（O）]：找到 1 个，总计 3 个。选择图中另外 3 个尺寸并按 Enter 键，所选尺寸线以 20 尺寸为基准，按新偏移量间距整齐排列，如图 6.45（c）所示。

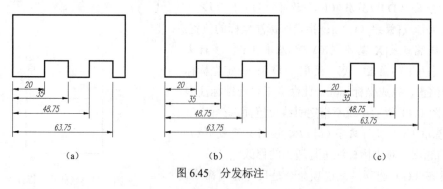

图 6.45　分发标注

（9）图层（L）选项。此选项命令是为当前尺寸标注设置图层，用命令行选项设置图层较为麻烦，一般采用功能区图层面板进行设置较为方便。

（10）放弃（U）选项。在 DIM 命令下，输入选项 U 按 Enter 键，可放弃当前操作，返回上一步命令。

6.3.2 径向标注、弧长标注、快速标注

1. 径向标注

径向标注包括半径尺寸标注、直径尺寸标注和大半径折弯标注。

（1）半径尺寸标注。半径尺寸标注命令是 DIMRADIUS，快捷命令为 DRA，启动半径尺寸标注命令有以下几种方式：

1）命令行：输入 DRA 按 Enter 键。

2）单击功能区"默认"选项卡→"注释"面板→右上角标注下拉列表中的 ⌯半径 ᐟ按钮。

3）单击功能区"注释"选项卡→"标注"面板→左下角标注下拉列表中的 ⌯半径 ᐟ按钮。

4）单击"标注"菜单→"半径"。

启动半径命令，命令行提示：

选择圆弧或圆：选择要标注的圆弧；

标注文字 =17，系统实际测量的半径数值；

指定尺寸线位置或[多行文字（M）/文字（T）/角度（A）]：指定所标圆弧尺寸线的合适位置，系统将按测量值标出圆弧半径 $R17$，如图 6.46 所示。也可不指定尺寸位置，选择[多行文字（M）/文字（T）/角度（A）]选项，适当修改半径尺寸文字。

（2）直径尺寸标注。直径尺寸标注命令是 DIMDIAMETER，快捷命令为 DDI，启动直径尺寸标注命令有以下几种方式：

1）命令行：输入 DDI 按 Enter 键。

2）单击功能区"默认"选项卡→"注释"面板→右上角标注下拉列表中的 ⬭直径 ᐟ按钮。

3）单击功能区"注释"选项卡→"标注"面板→左下角标注下拉列表中的 ⬭直径 ᐟ按钮。

4）单击"标注"菜单→"直径"。

启动直径命令，命令行提示：

选择圆弧或圆：选择所要标注的圆；

标注文字 =30，系统实际测量直径的数值；

指定尺寸线位置或[多行文字（M）/文字（T）/角度（A）]：指定所标圆的尺寸线位置，系统将按测量值标出圆的直径，如图 6.47 所示。也可不指定尺寸位置，选择[多行文字（M）/文字（T）/角度（A）]选项，适当修改直径尺寸文字。

图 6.46　半径尺寸标注

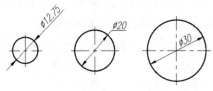

图 6.47　直径尺寸标注

（3）半径折弯标注。半径折弯标注命令是 DIMJOGGED，快捷命令为 DJO，启动半径折弯标注命令有以下几种方式：

1）命令行：输入 DJO 按 Enter 键。

2）单击功能区"默认"选项卡→"注释"面板→右上角标注下拉列表中的 折弯 按钮。

3）单击功能区"注释"选项卡→"标注"面板→左下角标注下拉列表中的 折弯 按钮。

4）单击"标注"菜单→"折弯"。

启动折弯命令，命令行提示：

选择圆弧或圆：选择所要标注的圆弧，如图 6.48 中的 1 点；

指定图示中心位置：指定折弯标注的中心点，如图 6.48 中的 2 点，表示圆弧的圆心就在这条中心线上；

标注文字 =130，指定尺寸线位置或[多行文字（M）/文字（T）/角度（A）]：指定尺寸线的位置，如图 6.48 中的 3 点；

指定折弯位置：指定折弯的位置，如图 6.48 中的 4 点，完成折弯标注 R130。也可不指定折弯位置，选择命令中[多行文字（M）/文字（T）/角度（A）]选项，对折弯标注的尺寸文字做适当修改。

2. 弧长标注

弧长标注命令是 DIMARC，快捷命令为 DAR，启动弧长标注命令有以下几种方式：

（1）命令行：输入 DAR 按 Enter 键。

（2）单击功能区"默认"选项卡→"注释"面板→右上角标注下拉列表中的 弧长 按钮。

（3）单击功能区"注释"选项卡→"标注"面板→左下角标注下拉列表中的 弧长 按钮。

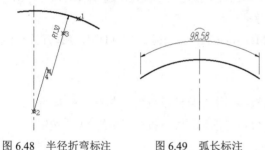

图 6.48 半径折弯标注　　图 6.49 弧长标注

（4）单击"标注"菜单→"弧长"命令。

启动弧长命令，命令行提示：

选择弧线段或多段线圆弧段：选择所要标注的弧线段；

指定弧长标注位置或[多行文字（M）/文字（T）/角度（A）/部分（P）]：指定弧长尺寸标注位置，完成弧长尺寸标注，如图 6.49 所示。也可不指定弧长尺寸位置，选择命令中[多行文字（M）/文字（T）/角度（A）/部分（P）]选项，对弧长尺寸标注做适当修改。选项中的多行文字、文字、角度选项命令如前所述，"部分（P）"选项用于标注部分弧段，根据命令行提示，指定要标注弧段的起点和终点即可。

3. 快速标注

快速标注命令，可在一个命令下完成所选一簇对象的尺寸标注。快速标注命令是 QDIM，快捷命令为 Q，启动快速标注命令有以下几种方式：

（1）命令行：输入 Q 按 Enter 键。

（2）单击功能区"注释"选项卡→"标注"面板→左下方 快速 按钮。

（3）单击"标注"菜单→"快速标注"。

启动快速标注命令，命令行提示：

选择要标注的几何图形：选择要标注的一簇对象或要编辑的标注。

指定尺寸线位置或[连续（C）/并列（S）/基线（B）/坐标（O）/半径（R）/直径（D）/基准点（P）/编辑（E）/设置（T）] <连续>：

各选项含义如下：

（1）连续（C）：创建一系列连续标注，如图 6.50 所示。

（2）并列（S）：创建一系列并列标注，如图 6.51 所示。

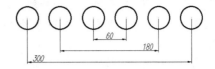

图 6.50　标注连续尺寸　　　　　　　　　图 6.51　标注并列尺寸

（3）基线（B）：创建一系列基线标注，如图 6.52 所示。

（4）坐标（O）：对所选的多个对象快速创建坐标标注。

（5）半径（R）：对所选的多个对象快速创建半径标注，如图 6.53 所示。

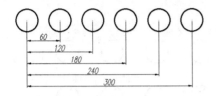

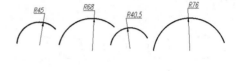

图 6.52　标注基线尺寸　　　　　　　　　图 6.53　标注半径尺寸

（6）直径（D）：对所选的多个对象快速创建直径标注。

（7）基准点（P）：为基线标注、连续标注等创建新的基准点。

（8）编辑（E）：用于对快速标注的选择集进行修改。可以选择对象，也可以选择以快速命令标注的尺寸。命令行提示：

指定要删除的标注点或[添加（A）/退出（X）]＜退出＞：标记点以"×"号表示，指定要删除的标注点，如图 6.54 所示的 1、2 点，删除点后按 Enter 键，显示编辑后的尺寸标注，如图 6.55 所示。

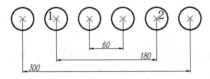

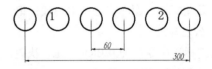

图 6.54　显示编辑标注点　　　　　　　　图 6.55　编辑后的尺寸标注

（9）设置（T）：用于设置关联标注的优先级。

【例 6.1】　用快速标注命令标注如图 6.56（a）所示的连续尺寸、基线尺寸、直径尺寸。

命令：Q↙

选择要标注的几何图形：选择最下边 4 个圆↙；

指定尺寸线位置或[连续（C）/并列（S）/基线（B）/坐标（O）/半径（R）/直径（D）/基准点（P）/编辑（E）/设置（T）]＜连续＞：↙默认连续标注，指定尺寸线的合适位置完成标注，如图 6.56（b）所示。

命令：Q↙，或直接按 Enter 键重复执行上一个命令；

选择要标注的几何图形：选择最右边 4 个圆↙；

指定尺寸线位置或[连续（C）/并列（S）/基线（B）/坐标（O）/半径（R）/直径（D）/基准

点（P）/编辑（E）/设置（T）]<连续>：B↙，选择基线标注；

指定尺寸线位置或[连续（C）/并列（S）/基线（B）/坐标（O）/半径（R）/直径（D）/基准点（P）/编辑（E）/设置（T）]<基线>：指定尺寸线的合适位置完成基线标注，如图 6.56（b）所示；

命令：Q↙

选择要标注的几何图形：所有 16 个圆↙，注意不要选择已标尺寸；

指定尺寸线位置或[连续（C）/并列（S）/基线（B）/坐标（O）/半径（R）/直径（D）/基准点（P）/编辑（E）/设置（T）]<基线>：D↙，选择直径标注；

指定尺寸线位置或[连续（C）/并列（S）/基线（B）/坐标（O）/半径（R）/直径（D）/基准点（P）/编辑（E）/设置（T）]<直径>：指定尺寸线的合适位置完成直径标注，如图 6.56（b）所示。

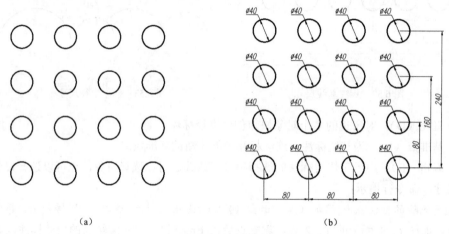

(a)　　　　　　　　　　　　　(b)

图 6.56　快速标注

6.3.3　公差标注、圆心标记、中心线标记

1. 公差标注

公差标注命令是 TOLERANCE，快捷命令为 TOL，启动公差标注命令有以下几种方式：

（1）命令行：输入 TOL 按 Enter 键。

（2）单击功能区"注释"选项卡→"标注"面板→下方折叠面板中的 ⊞ 按钮。

（3）单击"标注"菜单→"公差…"命令。

启动公差标注命令，屏幕显示"形位公差"对话框，从中创建形位公差标注，如图 6.57 所示。

【例 6.2】　创建与基准 A 平行的形位公差标注。

（1）命令行：输入 TOL 按 Enter 键，启动公差标注命令，屏幕显示图 6.57 所示"形位公差"对话框。

（2）单击对话框中的"符号"框，显示如图 6.58 所示"特征符号"；选择平行符号▤，返回"形位公差"对话框，符号框中显示平行符号。

（3）在"形位公差"对话框单击"公差 1"第一框，添加直径符号◌；在"公差 1"第二框输入公差值 0.005；单击"公差 1"第三框，显示图 6.59 所示"附加符号"，选择修饰符号（包容条件符号）▣，返回"形位公差"对话框，"公差 1"中显示修饰符号。

（4）在"形位公差"对话框 "基准 1"第一框中输入值 A，单击"确定"关闭对话框，十字光标下显示形位公差标注框，指定合适的位置，即完成公差标注，如图 6.60 所示。

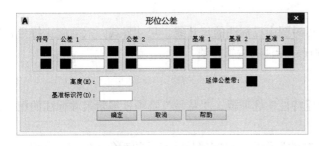

图 6.57 "形位公差"对话框

图 6.58 "特征符号"

图 6.59 "附加符号"

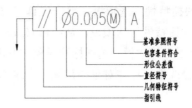

图 6.60 公差标注效果

2. 圆心标记

圆心标记的命令是 CENTERMARK，快捷命令为 CM，启动圆心标记命令有以下方式：

（1）命令行：输入 CM 按 Enter 键。

（2）单击功能区"注释"选项卡→"中心线"面板→⊕按钮。

启动圆心标记命令，命令行提示：

选择要添加圆心标记的圆或圆弧：选择圆或圆弧，自动以点划线标记出圆的中心线及圆弧圆心。

3. 中心线标记

创建与选定直线及多段线关联的中心线。

中心线标记的命令是 CENTERLINE，快捷命令为 CL，启动中心线标记命令有以下方式：

（1）命令行：输入 CL 按 Enter 键。

（2）单击功能区"注释"选项卡→"中心线"面板→ 按钮。

启动中心线记命令，命令行提示：

选择第一条直线：选择直线。

选择第二条直线：选择第二条直线。

系统自动在两条直线中添加中心线，如图 6.61 所示。

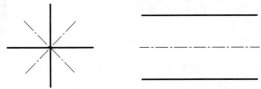

图 6.61 中心线标记

6.4 尺 寸 标 注 编 辑

利用尺寸编辑命令及方法，用户可对图中已标注的尺寸线、尺寸界线、尺寸起止符号和尺寸文字进行编辑。AutoCAD 提供了多种尺寸标注的编辑方法。

6.4.1 编辑尺寸特性

利用功能区"特性"面板、"快捷特性"选项板、"特性"选项板编辑尺寸标注的相关参数与内容，其步骤如下：

（1）"特性"面板。根据功能区"特性"面板，可编辑标注尺寸的颜色、线宽、线型、透明度等特性。

（2）"快捷特性"选项板。单击屏幕下方辅助工具中"快捷特性" 📰 按钮，当选择标注对象时，弹出"快捷特性"选项板，从中可修改标注样式、注释性、文字等特性，如图 6.62 所示。

（3）"特性"选项板。选择标注对象，右击弹出右键菜单，选择"特性"，弹出"特性"选项板，从中可修改选定标注对象的常规、直线和箭头、文字、调整等相关特性，如图 6.63 所示。

图 6.62 "快捷特性"选项板

图 6.63 "特性"选项板

6.4.2 标注打断、折弯标注、重新关联标注

1. 标注打断

当尺寸线或尺寸界线与其他对象交叉时，在交叉处打断或打断后恢复的标注。标注打断可以应用于线性、角度、坐标等标注。标注打断的命令是 DIMBREAK，启动标注打断命令有以下几种方式：

（1）命令行：输入 DIMBREAK 按 Enter 键。

（2）单击功能区"注释"选项卡→"标注"面板→ 按钮。

（3）单击"标注"菜单→"标注打断"。

启动标注打断命令，命令行提示：

选择要添加/删除折断的标注或[多个（M）]：选择要添加折断间距的尺寸对

象 1，如图 6.64 所示；如果要删除打断标注，则选择已添加了标注折断的尺寸。若输入 M 按 Enter

视频资源 6.8
尺寸标注例题

键，则一次可添加多个折断间距的尺寸；选择要折断标注的对象或[自动（A）/手动（M）/删除（R）]
<自动>：选择通过折断间距的对象2，同时对象1尺寸线则被打断，如图6.64所示；

选择[自动（A）/手动（M）/删除（R）]选项，确定自动打断、手动打断还是删除尺寸折断。

2. 折弯标注

图形简化画法中的断开画法，长条形体只画出形体的两端，中间断开处用折断线表示，尺寸标注时可采用折弯标注，尺寸数字标注实际工程尺寸，而不是折断后的测量距离。

折弯标注命令是DIMJOGLINE，快捷命令为DJL。启动折弯标注命令有以下几种方式：

（1）命令行：输入DJL按Enter键。

（2）单击功能区"注释"选项卡→"标注"面板→ 按钮。

（3）单击"标注"菜单→"折弯标注"。

启动折弯标注命令，命令行提示：

选择要添加折弯的标注或[删除（R）]：选择要添加折弯符号的尺寸标注，或输入R按Enter键删除已添加了的折弯符号；

指定折弯位置（或按Enter键）：指定折弯符号的位置，或按Enter键在默认位置放置折弯符号，显示结果如图6.65所示。

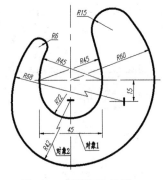

图6.64 打断标注效果

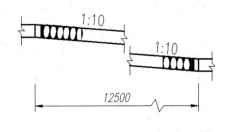

图6.65 折弯标注效果

3. 重新关联标注

当图形对象由于编辑修改发生改变时，原来标注的尺寸也发生了变化，这时需要将所标注的尺寸与修改后的图形重新关联。如图6.66（a）中的线性尺寸100，当图形以直线1为边界进行裁剪后，尺寸出现变化，如图6.66（b）所示，这时需要重新关联尺寸。重新关联标注命令是DIMREASSOCIATE，快捷命令为DRE。启动重新关联标注命令有以下几种方式：

（1）命令行：输入DRE按Enter键。

（2）单击功能区"注释"选项卡→"标注"面板→ 按钮。

（3）单击"标注"菜单→"重新关联标注"命令。

启动重新关联标注命令，命令行提示：

选择要重新关联的标注...选择对象或[解除关联（D）]：选择如图6.66（c）中的尺寸对象0并按Enter键，或选择要解除关联的尺寸；

指定第一个尺寸界线原点或[选择对象（S）]<下一个>：指定第一个尺寸界线的原点1（系统用方框提示第一点的位置）；

指定第二个尺寸界线原点 <下一个>：系统用方框提示第二点的位置，用户可不按系统提示，指定所关联尺寸的位置点 2,命令结束尺寸标注如图 6.66(d)所示。

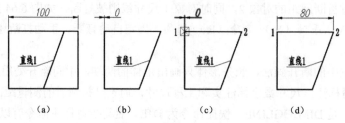

图 6.66　重新关联标注

6.4.3　尺寸标注夹点编辑

对已经完成标注的尺寸,还可以采用夹点命令进行编辑,可以修改尺寸线、尺寸界线、尺寸文字的位置及标注方式。

尺寸夹点编辑方法如下:选择尺寸对象,尺寸线上显示蓝色的夹点,如图 6.67(a)所示,当十字光标悬停于尺寸数字夹点处,夹点变成粉红色同时显示夹点编辑菜单,可按菜单选择要编辑的项目,如图 6.67(b)所示;当光标悬停于尺寸界线夹点处,夹点变成粉红色同时显示夹点编辑菜单,按菜单选择要编辑的项目,如图 6.67(c)所示。执行夹点命令时,命令行同步提示操作过程,可按步骤完成夹点编辑操作。

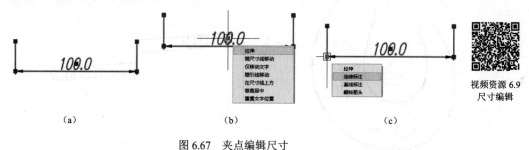

视频资源 6.9
尺寸编辑

图 6.67　夹点编辑尺寸

6.5　多重引线标注

6.5.1　多重引线样式

标注多重引线先要设置多重引线标注样式,设置和修改多重引线样式的命令是 MLEADERSTYLE,快捷命令为 MLEA,可以通过以下几种方式设置和修改多重引线样式:

(1)命令行:输入 MLEA 按 Enter 键。

(2)单击功能区"默认"选项卡→"注释"面板→下拉列表中的 ✍ 按钮。

(3)单击功能区"注释"选项卡→"引线"面板→右下角 ⟍ 按钮。

(4)单击"格式"菜单→"多重引线样式"。

启动多重引线样式命令,弹出如图 6.68 所示"多重引线样式管理器"对话框,其中一些设置内容、选项含义与"尺寸样式管理器"相同,不再重复介绍。

单击对话框中的"新建",显示图 6.69 所示的"创建新多重引线样式"对话框,在"新样式名"中输入新样式名"YX"并单击"继续",打开图 6.70 所示的"修改多重引线样式:YX"对话框,各含义如下:

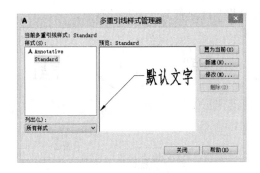

图 6.68 "多重引线样式管理器"对话框

图 6.69 "创建新多重引线样式"对话框

（1）"引线格式"选项卡（图 6.70）。

1）"常规"选项组：可设置引线的类型、颜色、线型和线宽。

2）"箭头"选项组：设定箭头的符号、大小。

3）"引线打断"：当引线与其他对象相交时，设定打断的间距。

（2）"引线结构"选项卡（图 6.71）。

视频资源 6.10
快速引线

1）"约束"选项组：设置在标注引线过程中，绘制引线折弯的点数和引线的角度。

2）"基线设置"选项组：设置引线的末端是否附着一段水平基线及水平基线的长度。

3）"比例"选项组：设置多重引线是否附加注释性比例、是否将缩放应用到布局及指定缩放比例（当不附加注释性比例时在此设定比例）。

图 6.70 "修改多重引线样式"对话框

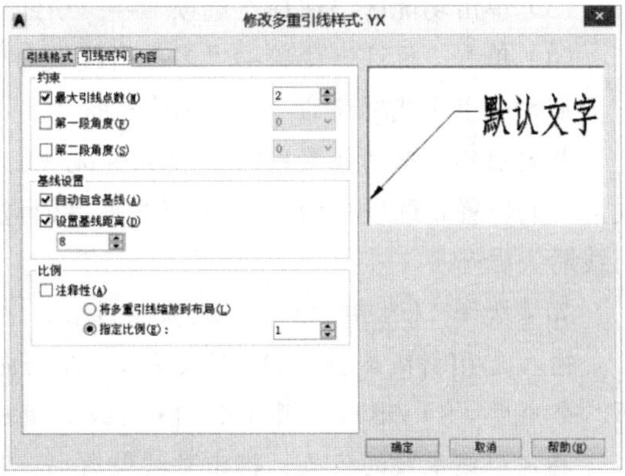

图 6.71 "引线结构"选项卡

（3）"内容"选项卡（图 6.72）。

1）"多重引线类型"：设置注释的类型，一般采用多行文字。

2）"文字选项"组：引线文字的相关设置。单击"默认文字" ··· 按钮，可打开多行文字编辑器，对所标注的引线文字进行设置。

3）"引线连接"选项组：设置多重引线的基线与文字的连接关系，可以水平连接也可以垂直连接。水平连接：控制文字在引线左侧或右侧时，基线与文字水平连接位置，如图 6.73（a）所示；垂直连接：控制文字在引线的上方或下方时，基线与文字上下连接位置，如图 6.73（b）所示；基线间距：指基线与文字之间的距离。

4)"将引线延伸至文字"复选框：当水平连线时将基线延伸到文字行的端点。

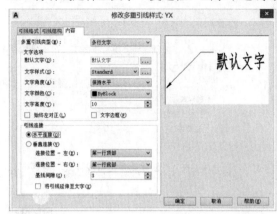

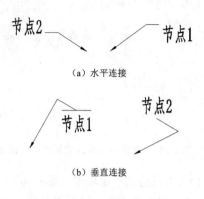

图 6.72　"内容"选项卡　　　　　　　　　图 6.73　引线连接效果

6.5.2　多重引线标注

1. 引线标注

多重引线标注命令是 MLEADER，快捷命令为 MLD，启动多重引线标注命令有以下几种方式：

（1）命令行：输入 MLD 按 Enter 键。

（2）单击功能区"默认"选项卡→"注释"面板→右侧下拉列表中的 引线 按钮。

（3）单击功能区"注释"选项卡→"引线"面板→ 按钮。

（4）单击"标注"菜单→"多重引线"命令。

启动多重引线标注命令后，命令行提示：

指定引线箭头的位置或[引线基线优先（L）/内容优先（C）/选项（O）]<选项>：单击指定引线箭头的位置。选项中的优先是指绘制引线标注时，引线、箭头、文字内容谁先绘制，一般默认引线箭头优先；

如果选择"[选项（O）]"选项，则命令行提示：

输入选项[引线类型（L）/引线基线（A）/内容类型（C）/最大节点数（M）/第一个角度（F）/第二个角度（S）/退出选项（X）]<引线类型>：可按各选项的命令行提示，完成引线标注设置；

指定引线基线的位置：指定基线位置后，显示多行文字对话框，完成文字的输入与编辑，结束引线标注命令，如图 6.74（a）所示。

2. 引线对齐

引线对齐命令是 MLEADERALIGN，快捷命令为 MLA，启动引线对齐命令有以下几种方式：

（1）命令行：输入 MLA 按 Enter 键。

（2）单击功能区"默认"选项卡→"注释"面板→右侧下拉列表中的 对齐 按钮。

（3）单击功能区"注释"选项卡→"引线"面板→ 按钮。

启动引线对齐命令，命令行提示：

选择多重引线：选择如图 6.74（a）中的 4 个需对齐的引线并按 Enter 键；

选择要对齐到的多重引线或[选项（O）]：选择引线 2 为对齐基准；

指定方向：指定垂直方向，命令结束完成引线对齐标注，如图6.74（b）所示。

如果选择"[选项（O）]"，则命令行提示：

输入选项[分布（D）/使引线线段平行（P）/指定间距（S）/使用当前间距（U）] <使用当前间距>：可选择各选项，按命令行提示完成引线布置设置。

3. 添加引线

添加引线命令是AIMLEADEREDITADD，启动添加引线命令有以下几种方式：

（1）命令行：输入AIMLEADEREDITADD按Enter键。

（2）单击功能区"默认"选项卡→"注释"面板→右侧下拉列表中的 添加引线 按钮。

（3）单击功能区"注释"选项卡→"引线"面板→ 添加引线 按钮。

启动添加引线命令，命令行提示：

选择多重引线：选择图6.74（b）中的引线2；

指定引线箭头位置或[删除引线（R）]：指定引线2中新添加的引线箭头位置，命令结束如图6.74（c）所示。也可选择[删除引线（R）]，从而删除多重引线中的引线。

4. 合并引线

执行合并引线命令，需在设置多重引线样式时，"引线类型"必须以块形式定义，而不是多行文字，如图6.75所示。

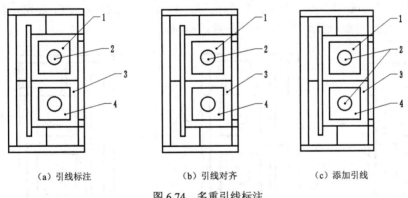

（a）引线标注　　　　　　　　（b）引线对齐　　　　　　　　（c）添加引线

图6.74　多重引线标注

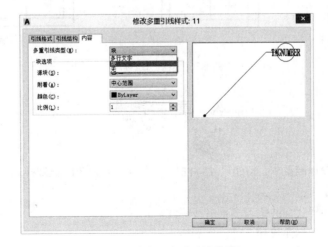

图6.75　定义"多重引线类型"

合并引线命令是 MLEADERCOLLECT，快捷命令为 MLC，启动合并引线命令有以下几种方式：

（1）命令行：输入 MLC 按 Enter 键。

（2）单击功能区"默认"选项卡→"注释"面板→右侧下拉列表中的 合并 按钮。

（3）单击功能区"注释"选项卡→"引线"面板→ 按钮。

启动合并引线命令后，命令行提示：

选择多重引线：选择图 6.76（a）中的引线 12、13、14；

指定收集的多重引线位置或[垂直（V）/水平（H）/缠绕（W）] <水平>：指定合并后引线的位置（以默认水平摆放），引线合并后效果如图 6.76（b）所示。

5. 删除引线

删除引线命令是 AIMLEADEREDITREMOVE，启动删除引线命令有以下几种方式：

（1）命令行：输入 AIMLEADEREDITREMOVE 按 Enter 键。

（2）单击功能区"默认"选项卡→"注释"面板→右侧下拉列表中的 删除引线 按钮。

（3）单击功能区"注释"选项卡→"引线"面板→ 删除引线 按钮。

启动删除引线命令，命令行提示：

选择多重引线：选择图 6.76（b）中的引线 11；

指定要删除的引线或[添加引线（A）]：指定引线 11 中的"2 线"并按 Enter 键，引线被删除，如图 6.76（c）所示。[添加引线（A）]选项与前述相同。

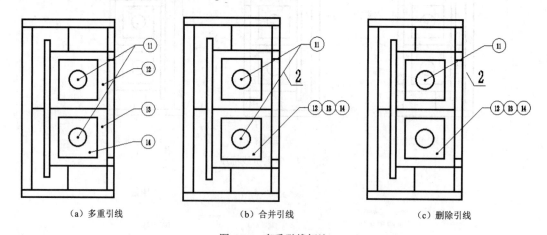

（a）多重引线　　　　　　　（b）合并引线　　　　　　　（c）删除引线

图 6.76　多重引线标注

本 章 习 题

一、绘图题

1. 按照工程制图标准要求，创建尺寸标注样式"wo"，并在此基础样式下创建"角度""直径""半径"子样式。

2. 创建多重引线样式，并练习多重引线标注。

3. 绘制下列图形并标注尺寸。

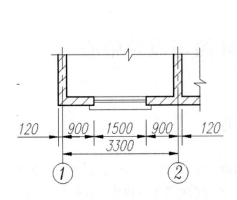

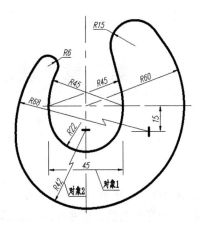

二、讨论题

1. 尺寸标注时，有哪几种方法可以使所标注的尺寸整齐排列为一行？

2. 快速标注能标注哪些尺寸？

第 7 章   块、外部参照与设计中心

7.1   块

AutoCAD 中的块是由多个对象组成并赋予名称的整体。尽管每个独立的对象都有其各自的图层、线型和颜色等特性，但系统总是将其作为单一、完整的对象进行操作，其特点如下：

（1）提高绘图速度：绘图时常会碰到反复出现的图形，如图例、标准件等。若将它们做成块并保存，当需要时再将其插入，就可以避免重复操作，提高工作效率。

（2）节省存储空间：用户在进行图形保存时，实质上是将图中所有对象的特征参数如类型、位置、 图层等全部保存在系统中。由于 AutoCAD 可以将块作为单一的图元，所以在每次插入时，系统只需记住该块的特征参数，如名称、属性、插入点和插入比例等，这样既可以满足绘图要求，又可节省存储空间，特别是当块的定义越复杂、插入的次数越多，这一特征就越明显。

（3）便于修改：在新产品设计、方案比较和技术改造中，用户常常需要反复修改图形。若在当前图形中修改的是块，那么只需重新定义块，插入到图中所有块都会自动修改。

（4）便于添加属性：属性是从属于图块的文字信息。AutoCAD 允许为块创建这些文字属性，如应用的材料、生产厂家、出厂日期等。用户可以控制在插入的块中是否显示或更改这些属性，还可以从图形中提取这些信息并转送到数据库。

7.1.1   块的定义

AutoCAD 可以把图层、颜色、线型和线宽等特性各不相同的图形对象定义为块，并在块中保持这些特性。这样在插入时，块中每个对象的图层、线型和线宽都可保持不变。

1. 块的创建

定义并命名块的命令是 BLOCK，快捷命令为 B，启动命令的方式有以下几种：

（1）命令行：输入 B 按 Enter 键。

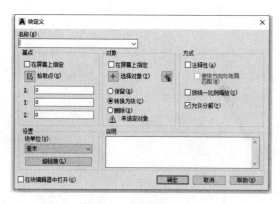

图 7.1   "块定义"对话框

（2）单击"插入"选项卡→"块"定义面板→"创建"按钮 。

（3）单击"绘图"菜单→"块"→"创建"。

启动命令都显示如图 7.1 所示"块定义"对话框，从中定义并命名块。各项功能如下：

（1）名称：指定块名，可以包括字母、数字、空格及汉字等字符，最多为 255 个字符。块名称及块定义保存在当前图形中。

（2）基点：指定块的插入点，可以在 X、Y、Z 数据框中输入点的坐标，也可以单击按

钮 ▣（拾取点）切换到绘图窗口中指定基点。

注意：为了方便起见，块的插入点一般多选块的对称中心、左下角点或其他特征点。

（3）对象：指定构成块的对象以及创建块后源对象是保留还是删除，或者是将其转换为图形中的块实例，并在其底部提示选定对象的数目。各项含义如下：

1）在屏幕上指定：完成块定义并在关闭对话框后，将提示用户指定构成块的对象。

2）选择对象：单击"选择对象"按钮，将切换到绘图窗口选择构成块的对象，也可单击右侧快速选择按钮 ▣，使用"快速选择"对话框选择满足特定条件的对象。选择完对象后，按 Enter 键可返回到该对话框。

3）保留：选择此项，创建块并将选定的源对象保留在图形中。

4）转换为块：选择此项，创建块并在绘图窗口将选定的源对象转化为块实例。

5）删除：选择此项，创建块并将选定的源对象从当前绘图窗口中删除。

（4）方式：指定块的行为。各项含义如下：

1）注释性：选择此项，指定块具有注释性特性；选择"使块方向与布局匹配"，指定图纸空间视口中块参照方向与布局方向匹配；若未选择"注释性"，则该项呈灰色不能用。

2）按统一比例缩放：指定块按统一比例缩放。

3）允许分解：选择此项，控制块在编辑时是否可以被分解。

（5）设置：指定块的设置。可以在"块单位"列表中指定块的插入单位，单击"超链接"，显示"插入超链接"对话框，从中将某个超链接与块定义相关联。

（6）在块编辑器中打开：选择此项，在块编辑器中可以打开当前的块定义。

块定义完成后，单击"确定"按钮并关闭对话框。如果新块名与已有的块重名，将提示用户"XX 已定义，是否重定义？"，用户应根据实际情况选择覆盖原有块或重新命名块。

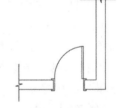

图 7.2　枢轴门

【例 7.1】　将图 7.2 所示的枢轴门定义为图块。

（1）命令行：输入 B 按 Enter 键，打开图 7.1"块定义"对话框。

（2）在"名称"文本框中输入"枢轴门"。

（3）在基点区，单击"拾取点"，在绘图区捕捉门套与墙体交点作为块的插入点。

（4）在"对象"区选择"转换为块"，再单击"选择对象"，在绘图区选择构成块的对象，该区下方显示"已选择 18 个对象"并在名称右侧显示其预览图像（图 7.3）。单击"确定"，结束块定义。

注意：在"说明"区可键入对该图块的说明。

2. 写块

在 AutoCAD 中，用块定义创建的块只能在当前图形文件中使用，为了使它能被其他文件所引用，可以采用写块的方式来定义块。

写块的命令是 WBLOCK，快捷命令为 W，一般通过命令行输入方法启动写块的命令：

命令行：输入 W 按 Enter 键。

启动命令会显示如图 7.4 所示的"写块"对话框，根据"源"区选定对象不同，对话框将显示不同的设置。各项的含义如下：

图 7.3　定义块名称

图 7.4　"写块"对话框

（1）源，指定创建和储存为块的源对象形式。各项含义如下：

1）块：从下拉列表中指定要另存为图块的现有块。

2）整个图形：将当前文件中的整个图形储存为块。

3）对象：从当前文件中选择要另存为图块的对象。

（2）基点，是指定块的插入点，其默认值是（0,0,0）。

（3）对象，是指定创建和储存块的源对象及创建后的效果。

注意：只有在"源"选了"对象"，才可以使用"基点"和"对象"。各选项的含义和操作均与"块定义"对话框中相同，不再赘述。

（4）目标，指定块保存的文件名和路径、位置及插入块时所用的测量单位。

1）文件名和路径：指定保存为块的文件名及路径。可按默认名（新块.dwg）和默认路径保存，也可单击按钮 ，从弹出的"浏览图形文件"对话框中重新指定文件名和路径。

2）插入单位：指定将块插入到使用不同单位的图形中时，自动缩放的单位值。如插入时不需缩放，应选择"无单位"。

【例 7.2】用写块命令将[例 7.1]中的枢轴门定义为其他图形文件可插入的图块。

（1）在命令行输入快捷命令 W 并按 Enter 键，打开"写块"对话框。

（2）在"源"中选择"对象"；若选择"块"，则块名称选择[例 7.1]中创建的"枢轴门"。

（3）在"目标"文件名和路径文本框中输入保存路径及名称。

（4）在基点区，单击"拾取点"，在绘图区捕捉门套与墙体交点作为插入点。

（5）在"对象"区选择"转换为块"，再单击"选择对象"，在绘图区选择构成块的对象，该区下方显示"已选择 18 个对象"（图 7.5）。单击"确定"，结束写块，新创建的"枢轴门"图块将以独立的图形文件形式保存至指定路径中，方便后期被其他文件调用。

3. 图块的编辑

CAD 允许用户对图形中定义的块进行编辑修改，以满足绘图要求。编辑块时会进入"块编辑器"选项卡，在该选项卡中可以对块进行编辑。

启动"块编辑器"的命令是 BEDIT，快捷方式为 BE，启动该命令的方式有以下几种：

（1）命令行：输入 BE 按 Enter 键。

（2）单击"插入"选项卡→"块"面板→ "编辑"按钮。

（3）双击要编辑的块对象。

启动命令都显示如图 7.6 所示"编辑块定义"对话框，从中定义并命名块。各项功能如下：

图 7.5 用写块命令定义外部图块

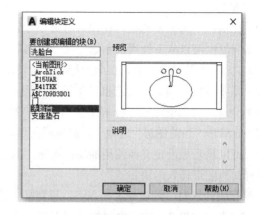

图 7.6 "编辑块定义"对话框

（1）要创建或编辑的块：当前文件中定义的块名，可从列表中选择。

（2）预览：显示所选择块的预览图。

（3）说明：显示关于块的附加说明。

在该对话框中选择要编辑的块，单击"确定"按钮，屏幕功能区添加"块编辑器"选项卡及相应的面板，如图 7.7 所示。此时绘图窗口变暗，进入块编辑状态，用户就可以利用基本的绘图与编辑命令对所选块进行相应的编辑。编辑完成后选择关闭"块编辑器"时，系统会提示用户进行相应的保存，编辑后的图块就可以得到保存，绘图窗口返回亮色。

图 7.7 "块编辑器"选择卡

7.1.2 图块的插入

定义以及创建图块的最终目的是要将图块插入文件中，从而提高绘图效率。CAD 为用户提供了多种插入图块的方式。

1. 基本插入方法

插入块的命令是 INSERT，快捷命令为 I，启动该命令的方式有以下几种：

（1）命令行：输入 I 按 Enter 键。

（2）单击"插入"选项卡→"块"面板→"插入"按钮。

（3）单击"插入"菜单→"块选项板（B）..."。

启动命令后都显示如图 7.8 所示的"插入块"选项板。插入块时可以在"当前图形""最近使用"以及"其他图形"

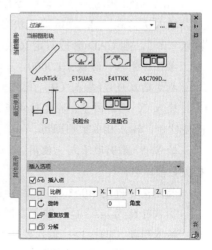

图 7.8 "插入块"选项板

中进行选择切换，选定块后在"插入选项"列表中进行相关设置。

（1）插入点：勾选该复选框，可在视图中捕捉一点进行插入；取消勾选，可以设置插入点的 X、Y、Z 坐标。

（2）比例：勾选该复选框，在插入时命令行输入比例；取消勾选，可以设置插入的 X、Y、Z 的缩放比例，也可以从下拉列表中选"统一比例"，并设置比例值。

（3）旋转：勾选该复选框，在命令行指定旋转角度；取消勾选，可以在数值框设置旋转角度。

（4）重复放置：勾选该复选框，可以连续插入多次取消勾选，只能插入一次。

（5）分解：勾选复选框，分解块并插入该块的各个部分；取消勾选，则作为整体插入。

另外，单击"当前图形"选项卡，则显示在当前图形文件中定义的块对象；单击"最近使用"选项卡，可以显示最近定义和使用的块；单击"其他图形"选项卡，可以单击 … 选择按钮，根据路径选择其他图形插入为块。

在执行块插入时，可以指定插入点，设置插入比例、旋转角度等。

【例 7.3】 将[例 7.1]中的块"枢轴门"旋转 90°并缩放 0.5 倍插入到当前图形中。

（1）在命令行输入快捷命令 I 并按 Enter 键，打开"插入块"对话框。

（2）单击"最近使用"选项卡，显示最近定义的块对象。

（3）勾选"插入点"，设置统一比例 0.5 及旋转角度 90°，右击并在菜单中选择插入，按命令行提示指定插入点，即完成图块插入，如图 7.9 所示。

注意：若指定插入的比值为 0～1，则缩小块；若指定插入的比值大于 1，则放大块。如果指定 X、Y 的缩放因子为负值，则插入块的镜像图像。

2. 图块的其他插入方法

为方便用户，除了基本插入外，还有其他几种插入块的方法。

（1）多重插入块。MINSERT 是集"插入""阵列"和"旋转"为一体的多重插入命令。它既不在功能区面板上，也不在"菜单栏"中，必须在命令行输入。

命令：MINSERT↙

启动 MINSERT 命令后，命令行提示：

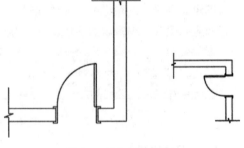

图 7.9　插入的块（右）

输入块名或[？]：直接输入块名称或"？"。若输入"？"，则 CAD 会搜索定义成功的块。

单位：毫米　转换：1.0000

指定插入点或[基点（B）/比例（S）/X/Y/Z/旋转（R）]：在屏幕上指定插入点。

输入 X 比例因子，指定对角点，或[角点（C）/xyz（XYZ）] <1>：默认比例因子为 1，若要改变比例，输入相关数值即可。

输入 Y 比例因子或 <使用 X 比例因子>：默认使用 X 方向比例因子，若要改变比例，输入相关数值即可。

指定旋转角度 <0>：输入要旋转的角度。

输入行数（---）<1>：输入要插入块对象的行数。

输入列数（|||）<1>：输入要插入块对象的列数。

输入行间距或指定单位单元（---）：输入行间距或者指定单位单元。

指定列间距（|||）：输入行间距。

（2）定数插入与定距插入。使用 DIVIDE（或 MEASURE）命令可在选定对象上定数或定距放置块。与多重插入类似，该命令也必须在命令行输入。

命令：DIVIDE✓

启动 DIVIDE 命令后，命令行提示：

选择要定距等分的对象：指定单个几何对象，例如直线、多段线、圆弧、圆、椭圆或样条曲线。

指定线段长度或[块（B）]：指定线段定距等分的距离，则按照命令定距等分线段，不再赘述。若输入选项"B"，将沿选定对象按指定间距放置块，命令行提示：

输入要插入的块名：输入块名。

是否对齐块和对象？[是（Y）/否（N）]<Y>：选择"Y"，将沿对象路径方向插入块，块的方向会随对象的角度而旋转；若选择"N"，则块的角度不随对象路径改变。

指定线段长度：沿选定对象按指定长度放置图块。

3. 图块创建及插入综合举例

【例 7.4】 图 7.10 所示为一园林长廊纵梁平面图，利用块定义横梁并定数插入到纵梁。

（1）在图中绘制横梁，尺寸：125×1500。

（2）命令行输入 B 按 Enter 键，将矩形横梁定义成块，如图 7.11 所示。

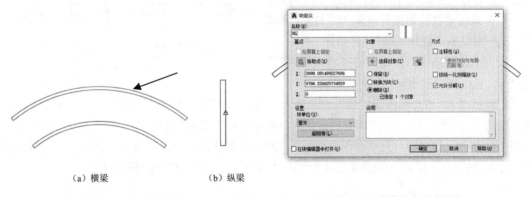

(a) 横梁	(b) 纵梁

图 7.10　长廊纵梁平面图　　　　　　图 7.11　将横梁定义为图块

（3）命令行输入 O 按 Enter 键，执行偏移命令，在提示指定距离时按住 Shift 键右击选择"两点之间的中点"，捕捉两纵梁内侧两点，再单击一纵梁内侧一点，选择一个弧向中间偏移，效果如图 7.12 所示。

（4）命令行：输入 DIV 按 Enter 键，选择要定数等分的对象为中间圆弧线，再定数等分插入块，指定需要插入的图块名称为"HL"，且对齐块和对象，设置块数目为 12，插入效果如图 7.13 所示。

选择要定数等分的对象：

输入线段数目或[块（B）]：B✓

输入要插入的块名：HL✓

是否对齐块和对象？[是（Y）/否（N）] <Y>：✓

输入线段数目：12✓

视频资源 7.1
例题 7.4 操作
步骤

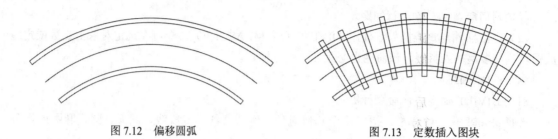

图 7.12　偏移圆弧　　　　　　　　图 7.13　定数插入图块

注意： 插入结束后，要按照实际工程图纸需要，删除路径并对重叠部分进行修剪。

7.1.3　替换块

在 CAD 中，如果要将图形文件中的块进行批量替换，可采用如下操作方式：

（1）双击要替换的图块，打开"编辑块定义"对话框，如图 7.6 所示。

（2）在对话框中选择要替换的块，单击"确定"进入块编辑器。

（3）删除要替换的块，然后按照前述插入块的方法插入正确的块，保存后完成替换。

【例 7.5】　将图形中方向错开的枢轴门图块用正确的枢轴门图块批量替换，如图 7.14 所示。

（1）双击要替换的错开枢轴门，打开"编辑块定义"对话框，选择"枢轴门-错开"。

（2）单击"确定"按钮，打开"块编辑器"选项卡，选中图块后删除。

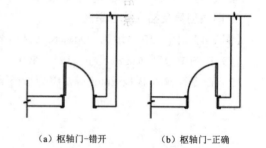

（a）枢轴门-错开　　　　（b）枢轴门-正确

图 7.14　枢轴门图块

（3）按 7.1.2 节介绍的图块插入方法插入名称为"枢轴门-正确"的图块，然后关闭"块编辑器"选项卡，在弹出的"块-未保存更改"对话框中选择"将更改保存到枢轴门-错开(S)"选项，如图 7.16 所示，这样即可完成图形中块的批量替换，替换后的效果如图 7.17 所示，可以发现，原来名称为"枢轴门-错开"的图块已经全部被"枢轴门-正确"的图块图形所替代。

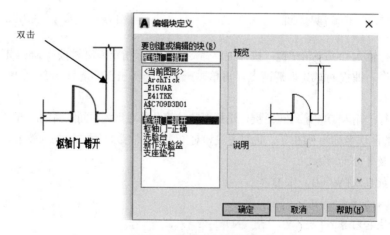

图 7.15　编辑要替换的图块

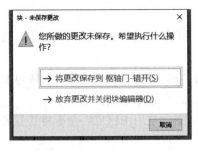

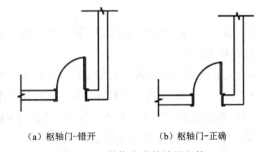

（a）枢轴门-错开	（b）枢轴门-正确

图 7.16　"块-未保存更改"对话框　　　　　图 7.17　替换完成的结果文件

注意：使用此方法后，被替换的块将不存在。

7.1.4　块属性及编辑

为了增强块的通用性，AutoCAD 允许用户为块附加可修改的文字信息作为块的属性值，该块被称为带属性的块。插入带属性的块时，命令行将依次显示该块全部属性值，以供用户修改。这样带属性的块使用起来更加方便，它既能在插入时按不同需要携带不同的属性值，也能从插入后的图形中进行修改，并将属性值提取出来供统计制表使用。

1. 属性块的创建与使用

一般的图块必须经过再创建（定义属性和重定义块），才能成为带属性的块。

（1）定义属性。定义属性的命令是 ATTDEF，快捷命令为 ATT，启动定义属性命令有以下几种方法：

1）命令行：输入 ATT 按 Enter 键。

2）单击"块"下拉面板 定义属性。

3）单击"绘图"菜单→"块"→"定义属性"。

启动命令后都会打开如图 7.18 所示的"属性定义"对话框，各选项含义如下：

1）模式：设置与块插入时关联的属性值。

a. 不可见：插入时不显示或不打印属性值。

b. 固定：插入时赋予块属性固定值。

c. 验证：插入时提示验证属性值是否正确。

d. 预设：插入时将预设属性值置为默认值。

图 7.18　"属性定义"对话框

e. 锁定位置：锁定块参照中属性的位置。解锁后，属性可随着夹点编辑块的其他部分移动，并且可以调整多行文字属性及大小。

注意：在动态块中，由于属性值的位置包含在动作的选择集中，因此插入时必须将其锁定。

f. 多行：指定属性值可包含多行文字。

2）属性：用于设置属性的标记、提示和默认值。

a. 标记：同类属性的统一字符标识。可插入除空格外的任何字符组合。插入时，小写字母会自动转换成大写字母。

b. 提示：在插入含有属性定义的块时，可显示与属性有关的提示，若不输入，属性标记将作为提示；"固定"模式的"属性提示"选项呈灰色，不能使用。

c. 默认：指定默认的属性初始值。插入时可根据命令提示进行修改。属性值可以是汉字、数字或字母等。

3）插入点：用于指定属性文字的起始位置。可直接在数值框中输入插入点的坐标值，也可选择"在屏幕上指定"。

4）文字设置：设置属性文字格式。可设置属性文字的样式、对正方式、高度、旋转角度等。

5）在上一个属性定义下对齐：勾选它，新属性直接位于之前定义属性的正下方。

（2）属性块的重定义及插入。定义了属性的图形或块，必须使用 BLOCK 命令将其与属性共同定义为块后，才能生成带属性的新块。

【例 7.6】　绘制"标高"符号并为其定义属性。

（1）命令行输入 POL 按 Enter 键，以"内接于圆"方式绘制一个正方形，半径为 3.5，然后旋转 45°，如图 7.19 所示。

（2）捕捉端点绘制一根水平线，然后分解、删除多余的线，如图 7.20 所示。

（3）命令行输入 ATT 按 Enter 键，在弹出的对话框进行如图 7.21 的设置，然后单击"确定"，指定属性标记的位置，如图 7.22 所示。

（4）命令行输入 B 按 Enter 键，打开如图 7.23 所示对话框，指定基点，选择对象（包括标高符号和属性 BG）创建图块。

图 7.19　绘制正方形

图 7.20　标高符号

图 7.21　定义图块属性

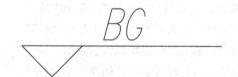

图 7.22　指定属性标记位置

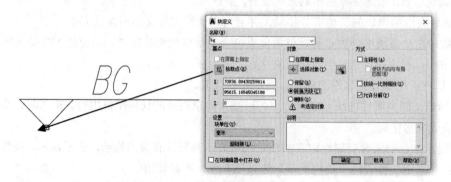

图 7.23　定义属性块

（5）单击"确定"按钮后弹出如图 7.24 所示的"编辑属性"对话框，再次单击"确认"按钮将标高属性块定义成功，如图 7.25 所示。用户可在插入 BG 属性块的时候根据实际需要输入标高属性值。

视频资源 7.2
块及其属性的
使用

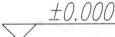

± 0.000

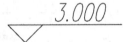

3.000

图 7.24 "编辑属性"对话框　　　图 7.25 根据实际需要输入其他标高值

2. 块属性的编辑

（1）编辑块属性的命令是 ATTEDIT，快捷命令为 ATE。

命令：ATE↙

启动 ATTEDIT 命令后，命令行提示：

选择块参照：选择块并显示如图 7.24 所示的"编辑属性"对话框，可对属性进行编辑，但不能编辑锁定图层中的属性值。

注意：若所选对象不是属性块，将显示"块不具有可编辑属性"，并继续提示"选择块参照"。

（2）用 EATTEDIT 命令编辑块属性。启动命令有以下几种方式：

1）命令行：输入 EATTEDIT 按 Enter 键。

2）单击"块"面板 🔲 编辑单个属性。

3）单击"修改"菜单→"对象"→"属性"→"单个…"。

启动 EATTEDIT 命令后，命令行提示：

选择块：选择块并显示如图 7.26 所示的"增强属性编辑器"对话框。框中各项含义如下：

1）"属性"选项卡，列出选定块的属性并显示每一属性的标记、提示和值，在"值"数值框中可修改属性值。

2）"文字选项"选项卡：单击选项卡，系统会弹出如图 7.27 所示选项板，从中设置用于定义属性文字在图形中显示的特性，如文字样式、对正、高度、旋转等。

3）"特性"选项卡。单击选项卡，显示如图 7.28 所示选项板，从中定义属性所在层及属性文字的线宽、线型和颜色等。

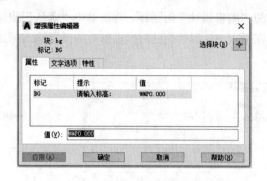

图 7.26　"增强属性编辑器"对话框

图 7.27　"文字选项"选项板

4）选择块 按钮，单击按钮将切换到绘图窗口选择要编辑的新块。

（3）保持每个属性当前可见性设置的命令是 ATTDISP，启动命令的方式有以下几种：

1）命令行：输入 ATTDISP 按 Enter 键。

2）单击"视图"菜单→"显示"→"属性显示"→"普通"。

3）通过"插入"选项卡→"块"面板下方的 按钮进行选择，可执行"保持属性显示""显示所有属性"或"隐藏所有属性"命令，如图 7.29 所示。

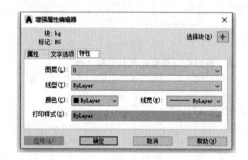

图 7.28　"特性"选项板

图 7.29　控制属性显示

启动 ATTDISP 命令后，命令行提示：

输入属性的可见性设置 [普通（N）/开（ON）/关（OFF）] <普通>：

各选项含义依次为：保持每个属性当前的可见性设置、显示所有属性或隐藏所有属性。

7.2　外　部　参　照

7.2.1　外部参照概述

外部参照与块的主要区别在于：块插入时，其关联的信息都存储在图形中，且永久成为图形的一部分；而外部参照进入图形时，外部参照的信息不直接进入到图形中，而只是记录了参照关系。

当对外部参照进行修改，系统会自动在所插入的源图形文件中做相应更新，所以作为外部参照插入的图形与原文件保持连接关系，总是反映外部参照的最新状况。通过外部参照引入图形中的参数，由于它们依赖于外部参照文件，系统使用一个依赖符"｜"重新命名这类对象。当图形

文件"D"中引入了外部参照"TA",那么,"TA"中的某一图层(cen),在主文件"D"的图层列表中,则被重命名为"TA|cen"。这样用户很容易根据对象的命名判别其来自哪一个外部参照文件,主图形与外部参照同名的对象也不会混淆。

附着的外部参照链接至另一图形文件中,并不是真正插入。并且外部参照的主要优点在于其不会显著增加文件的大小,可以随着源文件的更新而更新。同时,外部参照的图形与源文件直接关联,利用外部参照可以进行协同设计。以建筑设计为例,建筑设计除了建筑图纸外,还包括暖通、给排水、电气设计、水暖电等专业设计,可以将建筑底图作为外部参照,然后在此基础上绘制各自设计的内容,当建筑底图被建筑设计师更新后,下行专业的底图就可以自动更新,只需根据建筑图纸对自己绘制的部分进行相应调整即可。

1. 引入外部参照

将外部参照引入到当前图形的命令是 XATTACH,快捷命令是 XA,启动外部参照的命令有以下几种方式:

(1)命令行:输入 XA 按 Enter 键。

(2)单击"插入"选项卡→"参照"面板→附着██按钮。

(3)单击"插入"菜单→"DWG 参照..."。

启动命令后显示"选择参照文件"对话框,如图 7.30 所示。从中选择要被参照的文件并单击"打开",显示"附着外部参照"对话框,如图 7.31 所示,其中大多选项与前述块插入对话框类似,不再赘述,仅就特有选项说明如下。

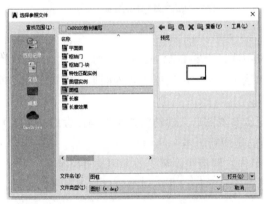

图 7.30 "选择参照文件"对话框　　　　图 7.31 "附着外部参照"对话框

(1)参照类型,指定引入的外部参照是附着型,还是覆盖型。若将带有附着型参照文件的图形附着到另外一个图形文件中,文件本身及其所附着的外部参照都将显示在图形中;若将带有覆盖型外部参照文件附着到另外一个图形时,它所带的外部参照被忽略不显示,显然,前者比后者更加灵活。附着型外部参照与块一样可以嵌套,而覆盖型外部参照不能被嵌套。

(2)路径类型,指定外部参照的保存路径是完整路径、相对路径,还是无路径。

注意: 对于嵌套外部参照而言,相对路径始终参照其在电脑存储系统中的位置,而不是当前打开的图形,故设置相对路径前必须保存该文件。若参照的图形位于另一本地驱动器或网络服务器上,则该路径将不可用。

2.　管理外部参照

管理参照的命令是 XREF，快捷命令为 XR，启动命令的方式有以下几种：

（1）命令行：输入 XR 按 Enter 键。

（2）单击"插入"选项卡→"参照"面板右下角 ↘ 箭头按钮。

（3）单击"插入"菜单→"外部参照…"。

启动命令后会显示如图 7.32（a）所示的"外部参照"选项板。各选项含义如下。

（a）"外部参照"选项板　　　　　　　　　　　　（b）"外部参照"右键菜单

图 7.32　管理外部参照

（1）附着 DWG ：单击右侧箭头，可从列表中选择附着 DWG、附着图像、附着 DWF、附着 DGN、附着 PDF、附着点云以及附着协调模型等选项，用户可根据需要为图形文件指定外部参照的文件类型。

（2）刷新 ：单击右侧箭头，在刷新（重新同步参照图形文件的状态数据与内存中的数据）和重载所有参照（更新所有文件参照，以确保使用的是最新版本）间切换。

（3）更改路径 ：选中列表中的参照文件，单击右侧箭头，可更改参照文件路径。

（4）文件参照以及详细信息栏里会列表显示已有参照文件，并在详细信息栏里显示其状态、大小、类型、日期以及路径等信息。

（5）在"参照名"下外部参照文件上右击显示右键菜单，如图 7.32（b）所示，用户也可在弹出菜单中选择重载、卸载、折离、绑定以及外部参照附着类型等操作。

7.2.2　外部参照编辑

AutoCAD 将块和外部参照均视为参照，使用在位编辑参照修改当前图形中的外部参照，或者重定义当前图形中的块。

1.　在位编辑参照

选择要编辑的外部参照或块的命令是 REFEDIT，启动命令的方式有以下几种：

（1）命令行：输入 REFEDIT 按 Enter 键。

（2）单击"插入"选项卡→"参照"面板→"编辑参照"按钮 。

（3）单击"工具"菜单→"外部参照和块在位编辑"→"在位编辑参照"。

启动 REFEDIT 命令后，命令行提示：

选择参照：选择参照图形，显示如图 7.33 所示的"参照编辑"对话框，各项含义如下：

（1）"标识参照"选项卡，为要编辑的参照提供视觉帮助并控制选择嵌套参照的方式。

1）参照名：显示选定要进行在位编辑的参照文件名，以及选定参照中嵌套的所有参照。

注意：只有选定对象是嵌套参照的一部分时，才会显示嵌套参照。一次只能在位编辑一个参照。

2）预览：显示当前选定参照的预览图像。

3）路径：显示选定参照的文件位置。如果选定参照是一个块，则不显示路径。

4）自动选择所有嵌套的对象：勾选此项，嵌套对象自动包含在参照编辑任务中。

5）提示选择嵌套的对象：在编辑状态下系统会提示用户在要编辑的参照中选择特定对象。

（2）"设置"选项卡，为参照编辑提供选项，如图 7.33（b）所示。

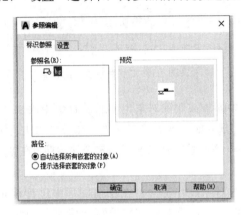

（a）"标识参照"选项卡

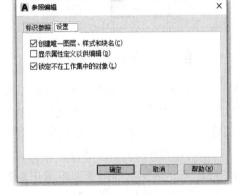

（b）"设置"选项卡

图 7.33 "参照编辑"对话框

1）创建唯一图层、样式和块名：勾选此项，外部参照中的命名对象将改为"名称前加前缀 $#$"，与绑定外部参照的方式类似。

2）显示属性定义以供编辑：勾选此项，属性（除固定属性）变得可见，且可与参照图形一起编辑属性定义。此选项对外部参照和没有定义属性的块参照不起作用，呈灰色。

3）锁定不在工作集中的对象：勾选此项，锁定所有不在工作集中的对象，从而避免在参照编辑状态时，意外地选择和编辑图形中的其他对象，这与锁定层上的对象类似。

2. "编辑参照"面板

当执行编辑命令后，进入到编辑状态，除所要编辑的参照图形外，文件中的其他图形颜色变淡，即可对插入的参照图形进行编辑修改。同时在"插入"选项卡中，增加了"编辑参照"面板，如图 7.34 所示。单击"参照编辑"工具栏相关图标，也可以进行"在位编辑参照""向工作集添加或删除对象""保存或放弃修改"等操作。

（1）保存参照编辑或关闭参照。保存或放弃在位编辑参照时所做的修改。

图 7.34 "编辑参照"面板

1）保存修改。单击"编辑参照"面板中的"保存修改"按钮或单击"工具"菜单→"外部参照和块在位编辑"→"保存参照编辑",可启动命令,显示如图 7.35 所示"AutoCAD"框并提示"所有参照编辑都将被保存",单击"确定",参照修改被保存。

2）放弃修改:单击"参照编辑"面板中的"放弃修改"或单击"工具"菜单→"外部参照和块在位编辑"→"关闭参照",都可启动命令,显示如图 7.36 所示"AutoCAD"框并提示"所有参照编辑都将被放弃",若单击"确定",放弃参照修改,且源图形或块定义将恢复至原来状态。

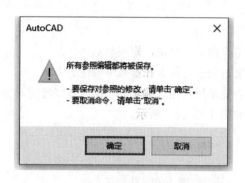

图 7.35　"保存修改"信息框

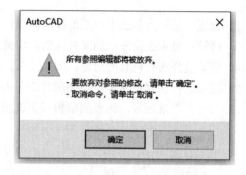

图 7.36　"放弃修改"信息框

（2）向工作集中添加或删除对象。向工作集中添加或删除对象也可通过命令 REFSET 来执行,可以使用在位参照编辑来修改当前图形中的外部参照,或者重定义当前图形中的块,块和外部参照都被视为参照。一般而言,每个图形都包含一个或多个外部参照和多个块参照。在使用"编辑参照"时,可以选择块并进行修改。

将临时提取从选定的外部参照或块中选择的对象,并使其可在当前图形中进行编辑。提取的对象集合称为工作集,可以对其进行修改并存回以更新外部参照或块定义。构成工作集的对象与图形中的其他对象明显不同。除工作集中的对象外,当前图形中的所有对象都淡入显示。

1）添加到工作集。单击"编辑参照"面板中的"添加到工作集"按钮或单击"工具"菜单→"外部参照和块在位编辑"→"添加到工集",启动 REFSET 命令后,命令行提示:

在参照编辑工作集和宿主图形之间传输对象…

输入选项[添加（A）/删除（R）]<添加>: ADD

选择对象:选择一个或多个参照并按 Enter 键,系统提示"X 个已添加到工作集"。

** X 个选定的对象在锁定的图层上。

** X 个选定对象已在工作集中 **。

2）从工作集删除。单击"工具"菜单→"外部参照和块在位编辑"→"从工作集删除",可启动命令并提示:

在参照编辑工作集和宿主图形之间传输对象…

输入选项[添加（A）/删除（R）]<添加>: _rem

选择对象:选择一个或多个参照并按 Enter 键,系统提示"X 个已从工作集中删除"。

【例 7.7】　为图 7.37 所示的房屋建筑图引入图 7.38 所示的图框作为外部参照。

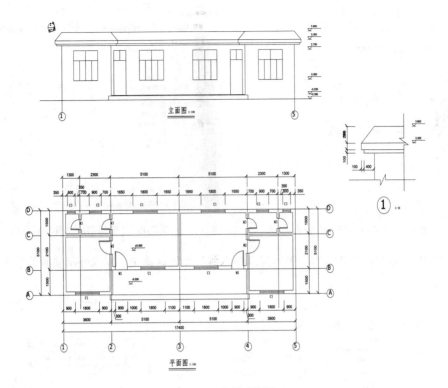

图 7.37 房屋建筑图

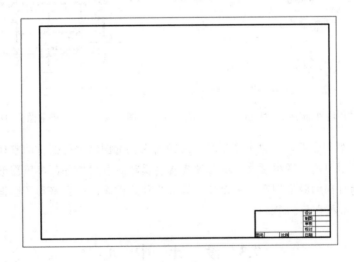

图 7.38 图框

分析：一般在工程图纸的绘制过程中图框经常作为外部参照被引用。

（1）打开房屋建筑图。

（2）插入"外部参照"。打开"外部参照"对话框，如图 7.39 所示。

（3）单击 下拉菜单，选择附着 DWG（G）…。

（4）在弹出的"选择参照文件"对话框中找到文件名为"图框"的文件，如图 7.40 所示，选中文件打开后弹出"附着外部参照"对话框，如图 7.41 所示。

视频资源 7.3
例题 7.7 操作
步骤

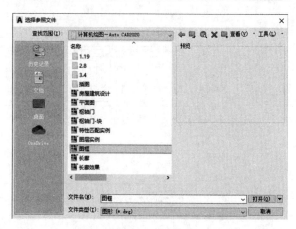

图 7.39　"外部参照"对话框　　　　　图 7.40　"选择参照文件"对话框

（5）单击"确定"，以合适的比例和基点插入到房屋建筑图中，完成外部参照的引入。效果如图 7.42 所示。

图 7.41　"附着外部参照"对话框

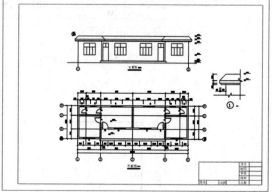

图 7.42　参照了外部图框的房屋建筑图

注意：引入了外部参照，可以方便用户在后期对大批量图纸进行图框的整体更新，图框是作为外部图形文件被引用的，图框源文件的修改直接会反映到引用的外部参照图形文件中；需要明确的是，图框作为外部的独立图形，一定要保证其路径的正确，一旦移动了图框文件在计算机中的存储位置，将不能被调用。

7.3　设 计 中 心

7.3.1　设计中心简介

在 AutoCAD 中，资源存储与管理的中心，称为设计中心。用户从中不仅可浏览、查找和管理 AutoCAD 的图形、图块、图案填充和其他内容（图层、布局和样式）的文件，而且在设计中心中只需简单地拖曳或复制、粘贴，就能将位于用户计算机、局域网或互联网上的符号、图层、样式、块、外部参照添加到当前图形中或工具选项板上，能快捷、高效地完善工程的设计项目。

启动"设计中心"的命令为 ADCENTER，快捷命令为 ADC，启动命令的方式有以下几种：

（1）命令行：输入 ADC 按 Enter 键。

（2）单击"视图"选项卡→"选项板"面板→"设计中心"按钮。

（3）单击"工具"菜单→"选项板"→"设计中心"。

启动命令后都会显示如图 7.43 所示的"设计中心"窗口。

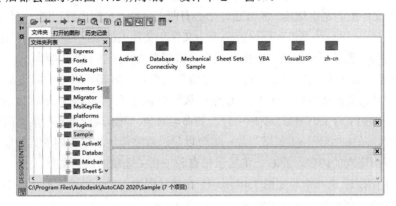

图 7.43 "设计中心"窗口

用户可以用光标控制设计中心窗口的大小、位置和外观。

（1）用光标拖曳标题栏，可使"设计中心"窗口在绘图区内浮动，还可将其拖至左（或右）固定区，并将其锚定在左（或右）侧。

（2）单击标题栏上 ◄ （自动隐藏），即变为 ►，当指针移出窗口，其树状图和内容区将自动隐藏，只留下标题栏，当指针返回标题栏，"设计中心"窗口则恢复显示。

（3）光标移至窗口的边框或左右窗格滚动条，当指针变为双向箭头时，按住并拖曳可以调整设计中心窗口和左右窗格的大小。

另外，右击标题栏显示快捷菜单，可移动、锚固、设置对话框的大小或关闭对话框。设计中心由工具栏和三个选项卡组成，现分述如下。

1. "设计中心"工具栏

工具栏控制树状图和内容区中信息的浏览和显示。工具栏中各按钮的含义如下：

（1）加载 ▷ ：单击按钮，显示"加载"对话框，从中选择内容并将其加载到内容区。

（2）上一页、下一页 ◄ ► ：可返回历史记录表中最近一次、下一次的位置。

（3）上一级 ▣ ：单击按钮，显示当前容器的上一级容器的内容。

（4）搜索 ◎ ：单击按钮，显示"搜索"对话框，可按指定条件在图形中查找内容。

（5）收藏夹 ▣ ：单击按钮，在内容区显示"收藏夹"文件夹的内容。

（6）主页 ⌂ ：单击按钮，设计中心返回到默认文件夹。

（7）树状图切换 ▣ ：显示或隐藏树状图。隐藏后可以直接使用内容区浏览容器查找和加载内容。

（8）预览 ▣ ：显示和隐藏内容区域窗格中选定项目的预览。

（9）说明 ▣ ：显示和隐藏内容区域窗格中选定项目的文字描述。

（10）视图 ▦▾ ：为加载到内容区域中的内容提供不同的显示格式。

另外，若需及时看到添加或删除后的效果，可右击内容区域的空白处，从弹出的快捷菜单中选择"刷新"命令，可及时更新所做的修改。

2.　"设计中心"选项卡

"设计中心"选项卡包括"文件夹""打开的图形"和"历史记录"三个选项卡。各选项卡的含义及功能如下：

（1）"文件夹"选项卡。该选项卡显示计算机或网络驱动器（包括"我的电脑"和"网上邻居"）中文件和文件夹的层次结构。通常设计中心有两个窗格，左侧为树状图，右侧为内容区域。

1）树状图：显示用户计算机和网络驱动器中文件与文件夹的层次结构、打开图形列表、自定义内容及上次访问位置的历史记录，选择某项目，以便在内容区显示其内容。

2）内容区域：显示树状图中当前选定"容器"的内容。容器可以是访问信息的网络、计算机、磁盘、文件夹、文件或网址（URL）。根据树状图中的选择，内容区域通常显示以下内容：含有图形或其他文件的文件夹、图形、图形中包含的命名对象、表示块或填充图案的图像或图标等。

在树状图中，单击加号（+）或减号（-）可以显示或隐藏层次结构中的其他层次，双击某项目可以显示其下一层次的内容，而右击将显示带有若干相关选项的快捷菜单。

（2）"打开的图形"选项卡。如图 7.44 所示，在树状图中，显示当前图形文件中的所有内容，单击文件中的某项内容将其加载到内容区。

视频资源 7.4
设计中心及样
板文件

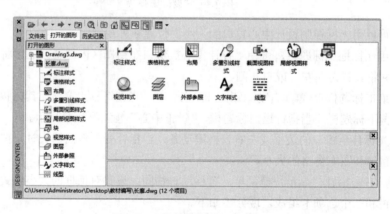

图 7.44　"打开的图形"选项卡

（3）"历史记录"选项卡。该选项卡显示最近在设计中心打开文件的列表。在某文件上右击可在树状视图中定位此图形文件并将其内容加载到内容区，若从右键快捷菜单中选择"删除"，可将其从"历史记录"表中清除。

7.3.2　设计中心的应用

设计中心实质上就是一个类似计算机系统的"资源管理器"，利用设计中心能够将其他文件的各种样式、图层、图块直接应用到当前文件中，大大提高工作效率，主要体现在以下几个方面：

（1）可以方便地浏览本地磁盘或局域网、所有打开的图形、最近编辑过的图形的内容或名称，并可通过工具栏进行加载文件、预览项目、显隐树状图等操作。

（2）可将其他文件中可用的样式或图块等内容，选择后直接拖入当前文件，也可以使用右键菜单，将选定的其他文件内容复制粘贴到当前文件中。

（3）可以利用设计中心应用图块库，一般而言，用户可专门在一文件中创建内置块库，然后在设计中心载入内置块文件，在绘图过程中就可将内置块拖入当前文件。

本 章 习 题

一、单项选择题

1. 删除块定义的命令是（　　）。

A. Erase　　　　　　　B. Purge　　　　　　　C. Explode　　　　　D. Attdef

2. 一个块是（　　）。

A. 可插入到图形中的矩形图案

B. 由 AutoCAD 创建的单一对象

C. 一个或多个对象作为单一的对象存储，便于日后的检索和插入

D. 以上都不是

3. 保存外部块的命令是（　　）。

A. WBLOCK　　　　　B. BLOCK　　　　　　C. INSERT　　　　　D. MINSERT

4. 用于将图块插入到当前图形的命令是（　　）。

A. Block　　　　　　　B. WBlock　　　　　　C. Insert　　　　　　D. Attdef

5. 多重插入图块到当前图形的命令是（　　）。

A. Block　　　　　　　B. WBlock　　　　　　C. Insert　　　　　　D. Minsert

6. 下述制作属性块操作过程正确的是（　　）。

A. 画好图形→使用 ATTEDEF 命令定义属性→使用 WBLODK 制成全局块

B. 画好图形→使用 ATTEDIT 命令定义属性→使用 WBLODK 制成全局块

C. 画好图形→使用 ATTEDIT 命令定义属性→使用 BLOCK 制成块

D. 以上都不对

二、多项选择题

1. 属于外部参照的是（　　）。

A. 把已有的图形文件插入到当前图形文件中

B. 插入外部参照后，该图形就永久性地插入到当前图形中

C. 被插入图形文件的信息并不直接加入到插入文件中

D. 对图形文件的操作会改变外部参照图形文件的内容

2. 将图块插入到当前图形时，可以对块进行（　　）。

A. 画图形　　　　　B. 改变比例　　　　　C. 定义属性　　　　D. 改变方向

3. 有关属性的定义不正确的是（　　）。

A. 块必须定义属性　　　　　　　　　　B. 一个块中最多只能定义一个属性

C. 多个块可以共用一个属性　　　　　　D. 一个块中可以定义多个属性

第8章 三维建模基础

常规的土建工程设计中通常以二维图纸来表达设计思想，如果想整体观察建筑物设计效果、制作渲染漫游动画等，就需创建三维模型。AutoCAD 软件可以在三个维度上精确地表示建筑物的形状、大小，使工程设计更加立体化、形象化。本章主要介绍三维建模空间、三维图形观察，以及创建基本三维模型的方法。

8.1 三维建模空间

在 AutoCAD 中创建三维模型之前，需要将工作空间切换到"三维建模"工作空间。打开三维建模空间的命令是 WSCURRENT，快捷命令为 WSC，执行三维建模空间命令有以下几种方法：

（1）命令行：输入 WSC 按 Enter 键。

（2）单击"状态栏"→ ⚙ ▾（切换工作空间）→"三维建模"。

（3）单击"工具"下拉菜单→"工作空间"→"三维建模"。

启动命令后，命令行提示：

输入 WSCURRENT 的新值 <"草图与注释">：

在命令行输入"三维建模"即可切换到"三维建模"工作空间。"三维建模"工作空间的界面除了提供三维建模与编辑等必要命令外，还包含了常用二维绘图与编辑命令，如图层、绘图、修改和特性等工具。AutoCAD"三维建模"工作空间包含"常用""实体""曲面""网格""可视化""参数化""插入""注释""视图""管理""输出""附加模块""协作""精选应用"等若干选项卡，如图 8.1 所示。每个选项卡包含一系列相关的命令面板。

图 8.1 "三维建模"工作空间

8.1.1 三维坐标系

熟练掌握三维坐标系是三维建模的基础。与二维空间一样，三维空间默认坐标系是世界坐标系（World Coordinate System，WCS）。为了方便作图，用户可以自定义可移动的坐标系，称为用户坐标系（User Coordinate System，UCS）。本节主要介绍确定坐标轴方向的右手法则、柱面坐标和球面坐标。

1. 坐标系基本知识

三维空间创建点的方法与创建二维点的方法类似，仅需要加上 Z 坐标值。如绝对坐标用：20,30,40，相对坐标用@20,30,40。如果状态栏动态输入按钮为打开状态，则系统自动在第二个点的输入坐标值前加上@，即采用相对坐标；若想要回到绝对坐标，需在坐标前加#，比如#20,30,40。

（1）右手法则。Z 轴正方向：右手大拇指指向 X 轴正方向，食指指向 Y 轴正方向，中指指向则为 Z 轴正方向，如图 8.2（a）所示。

轴旋转法则：右手拇指指向轴的正方向，其余四指弯曲所指的方向，即为轴的正旋转方向，如图 8.2（b）所示。

（2）柱面坐标。柱面坐标与二维极坐标类似，即通过指定某空间点与上一点连线在 XY 平面上的投影长度，投影与 X 轴正方向所成的

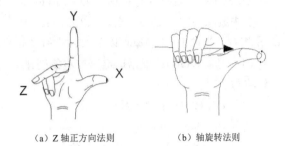

（a）Z 轴正方向法则　　　　（b）轴旋转法则

图 8.2　右手法则

角度以及 Z 坐标定位点。其绝对坐标格式为：10<45,20。该坐标表示在 XY 面上的投影长 10 个单位，与 X 轴正方向所成的角度为 45°，Z 坐标为 20 个单位。

（3）球面坐标。球面坐标也与二维极坐标类似，即通过指定空间点与上一点的距离、其连线在 XY 面上的投影与 X 轴正方向的夹角以及连线与 XY 平面的夹角确定。其绝对坐标格式为：10<45<20。该坐标表示空间点与上一点的距离为 10 个单位，与 X 轴正方向的角度为 45°，与 XY 平面的角度为 20°。

2. 用户坐标系的创建

创建用户坐标系的命令是 UCS，启动命令有以下几种方法：

（1）命令行：输入 UCS 按 Enter 键。

（2）单击"工具"下拉菜单→"新建 USC（W）"级联菜单。

（3）单击"常用"选项卡→"坐标"面板。

启动 UCS 命令后，命令行提示：

当前 UCS 名称：*世界*

指定 UCS 的原点或[面（F）/命名（NA）/对象（OB）/上一个（P）/视图（V）/世界（W）/X/Y/Z/Z 轴（ZA）]<世界>：用户可根据提示中任一方式定义新的坐标系。各项含义如下：

（1）指定 UCS 的原点：使用三点定义一个新的 UCS。若仅指定了一点，命令行则会出现如下提示：

指定 X 轴上的点或<接受>：选择新 UCS 的 X 轴方向；

指定 XY 平面上的点或<接受>：选择 XY 平面上的点，确定 XY 平面。

（2）面（F）：根据三维形体上的平面创建新的 UCS，即可将 UCS 附着于三维形体的一个面上。输入 F 按 Enter 键，命令行提示：

选择实体面、曲面或网格：

用户在面内拾取一点或单击面的边界，使该面亮显，新 UCS 附着于此面。命令行接着提示：

输入选项[下一个（N）/X 轴反向（X）/Y 轴反向（Y）]<接受>：

按 Enter 键接受新位置。若输入 N 按 Enter 键，则 UCS 定位于所选面的邻接面；若输入 X（或 Y）按 Enter 键，则 UCS 将绕 X（或 Y）轴旋转 180°。

图 8.3 为选择"面（F）"选项，新的 UCS 附着于涵洞进水口底板。

（3）命名（NA）：按名称保存并恢复常用的 UCS 方向。输入 NA 按 Enter 键，系统提示：

输入选项[恢复（R）保存（S）删除（D）?]：

选择 R 按 Enter 键，输入已保存过的 UCS 名称，使它成为当前 UCS；选择 S 按 Enter 键，将当前 UCS 按指定名称保存；选择 D 按 Enter 键，输入要删除的 USC 名称，从已保存的用户坐标系列表中删除指定的 UCS；若输入?按 Enter 键，列出用户所保存的所有坐标系名称，并列出每个 UCS 相对于当前 UCS 的原点以及 X、Y 和 Z 轴坐标。

（4）对象（OB）：根据选定三维对象创建 UCS，新的 UCS 的原点位于离指定点最近的端点，X 轴将与边对齐。

输入 OB 按 Enter 键，系统提示：

选择对齐 UCS 的对象：

此时选择对象即可完成 UCS 创建。

（5）上一个（P）：恢复到前一个 UCS，系统会逐步返回最近创建的 10 个 UCS。

（6）视图（V）：以当前视图（平行于屏幕）为 XY 平面。新建的 UCS 原点保持不变，且 X 轴指向当前视图的水平方向，这一命令方便在三维空间中标注文字。

（7）世界（W）：将当前用户坐标系设置为世界坐标系。

（8）X/Y/Z：绕指定坐标轴旋转当前 UCS。

（9）Z 轴（ZA）：用指定新的正 Z 轴来定义 UCS。

3. 管理用户坐标系

显示和修改已定义但未命名的用户坐标系的命令是 UCSMAN，快捷命令是 UC，该命令是利用对话框来管理和定义 UCS。启动用户坐标系有以下几种方法：

（1）命令行：输入 UC 按 Enter 键。

（2）单击"常用"选项卡或"可视化"选项卡→"坐标"面板→"UCSMAN"按钮 （或"对话框启动程序"按钮 ）。

执行命令，打开"UCS"对话框，如图 8.4 所示。

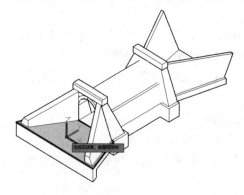

图 8.3 "面（F）"选项创建 UCS

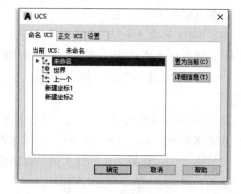

图 8.4 "UCS"对话框

（1）"命名 UCS"选项卡。"命名 UCS"选项卡用于列出用户坐标系并设置当前 UCS。主要包含以下内容：

1）当前 UCS：显示当前 UCS 名称，如果该 UCS 未被保存和命名，则显示为"未命名"。

2）UCS 名称列表：列出当前图形中定义的坐标系。若当前 UCS 未被命名，则"未命名"排位第一，表中始终包含"世界"坐标系，它既不能被重命名，也不能被删除。如果新建立了 UCS，列表中会列出"上一个"，选择"上一个"并"确定"，系统则回到上一个坐标系。要向表中添加 UCS 名称，可用 UCS 命令的"保存"项。要重命名或删除自定义 UCS，可以在列表中右击其名称，并从右键快捷菜单中选择"重命名"或"删除"。图 8.4 中列出了四个坐标系：三个新建坐标系和世界坐标系。

3）置为当前：将所选择的 UCS 设置为当前坐标系。在当前 UCS 名前显示小三角图标。

4）详细信息：单击该按钮或在选定坐标系上右击，从快捷菜单中选择"详细信息"，显示如图 8.5 所示"UCS 详细信息"对话框，从中可以查看该坐标系的详细信息。

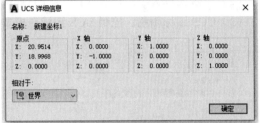

图 8.5 "UCS 详细信息"对话框

（2）"正交 UCS"选项卡。"正交 UCS"选项卡用于将 UCS 设置成某一正交形式，如图 8.6 所示，正交 UCS 选项卡列出常见的 6 种正交 UCS 形式。在"深度"中列出正交 UCS 与基准 UCS 原点的平行平面间的距离。"相对于"是指定用于定义正交 UCS 的基准坐标系，默认基准坐标系为 WCS。

（3）"设置"选项卡。"设置"选项卡用于设置 UCS 图标显示和保存，如图 8.7 所示。各选项功能如下：

1）UCS 图标设置：指定当前视口 UCS 图标显示的设置。选择"开"，显示 UCS 图标；选择"显示于 UCS 原点"，图标始终显示在当前坐标系的原点处，否则将在视口的左下角显示；选择"应用到所有活动视口"，图标设置将应用到当前图形中的所有活动视口。

2）UCS 设置：选择"UCS 与视口一起保存"，将坐标系设置与视口一起保存，否则视口将反映当前视口的 UCS。若选择"修改 UCS 时更新平面视图"，修改视口的坐标系时恢复平面视图。

图 8.6 "正交 UCS"选项卡

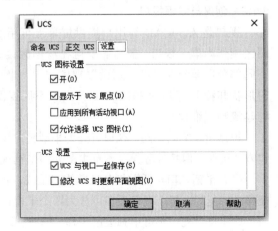

图 8.7 "设置"选项卡

4. 控制 UCS 图标显示

控制 UCS 图标显示特性的命令是 UCSICON，快捷命令为 UCSI，有如下几种方法启动命令：

（1）命令行：输入 UCSI 按 Enter 键。

（2）单击"常用"选项卡→"坐标"面板→UCS 图标显示特性按钮 。

（3）单击"视图"菜单→"显示"→"UCS 图标"→"特性（P）…"。

弹出如图 8.8 所示"UCS 图标"对话框，各项含义如下：

（1）UCS 图标样式：指定二维或三维 UCS 图标的显示及其外观，并在预览区显示。

（2）UCS 图标大小：按照视口大小的百分比控制 UCS 图标的大小。

（3）UCS 图标颜色：控制 UCS 图标在模型空间视口和布局选项卡中的颜色。

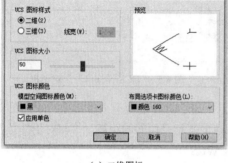
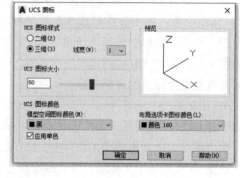

（a）二维图标　　　　　　　　　　　　　　（b）三维图标

图 8.8　"UCS 图标"对话框

5. 动态 UCS

动态 UCS 是指在创建对象时，将 UCS 捕捉到活动实体平面，UCS 的 XY 平面自动与实体平面临时对齐，该命令结束后，UCS 将自动恢复到上一个坐标系，通过动态 UCS 能大量减少设置 UCS 的频率，从而提高绘图效率。

8.1.2　创建与编辑视口

视口是 AutoCAD 为用户提供屏幕上可用于绘制、显示图形的区域。默认情况下，整个绘图区域作为单一视口。根据需要可在绘图区设置多个视口，每个视口中可以显示同一张图形的不同部分，每个视口可分别设置视图方向、坐标系和视觉样式等，以便更清楚地描绘三维对象的形状和特征。图 8.9 和图 8.10 分别以不同视图和不同视觉样式在四个视口中观察输水涵洞工程建筑物三维模型。

根据所处空间不同，视口可分为平铺视口（模型空间）和布局视口（图纸空间）。两类视口创建方法类似，但特性各异。本章主要介绍平铺视口，其特点如下：

（1）平铺视口是通过划分当前视口生成，创建的视口将充满整个绘图区且相互间不重叠，不能移动或复制。每个视口最多可分为四个子视口，而每个子视口还可再细分。

（2）每个视口都可单独运用平移、缩放、设置捕捉栅格和 UCS 图标样式，运用 VIEW 命令对其命名保存，还可将命名视图应用到任一选定的视口。

（3）图层可见性设置对所有视口中的图层都有效，不能单独关闭某视口的图层。

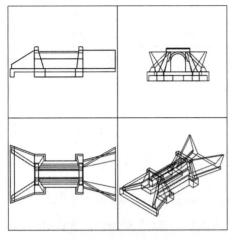

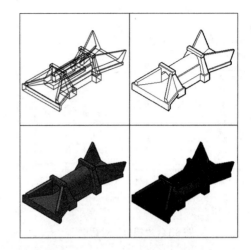

图 8.9　以不同视图样式观察对象　　　　图 8.10　以不同视觉样式观察对象

虽然用户可创建多个视口，但每次只能在一个视口中操作，称为当前视口。要将选定视口设置为当前视口，只需双击该视口的任一位置，则被选视口的边界加粗显示，且位于该视口中的光标呈现十字形。由于多个视口显示的是同一张图形的不同部分，若修改某一视口中的图形对象，其余视口图形相应变化。

1. 创建平铺视口

模型空间中创建多个平铺视口的命令是 VPORTS。启动命令有如下几种方法：

（1）命令行：输入 VPORTS 按 Enter 键。

（2）单击"可视化"选项卡→"模型视口"面板→"命名视口"按钮 。

（3）单击"视图"菜单→"视口"级联菜单→"新建视口"。

可打开如图 8.11 所示"视口"对话框。

（1）"新建视口"选项卡。该选项卡显示标准视口配置列表并命名配置当前模型空间视口。各项含义如下：

1）新名称：为新建的模型空间视口配置指定名称。若不输入名称，新建视口配置只能应用而不保存；若视口配置未保存将不能在布局中使用。

2）标准视口：列出并设定标准的视口配置样式，包括 Current（当前配置）。

3）预览：显示选定视口配置的预览图像，以及指定给每个单独视口的默认视图。

4）应用于：将模型空间视口配置应用到整个显示窗口或当前视口。默认是应用到整个显示窗口。

5）设置：指定二维或三维设置。若选择二维，新视口配置将通过当前视口中的视图来创建新视口视图；若选择三维，新视口将配置标准正交及三维视图。

6）修改视图：可从列表中选择的视图替换选定视口中的视图。

7）视觉样式：将视觉样式应用到视口。

（2）"命名视口"选项卡。该选项卡用于显示图形中命名保存的视口配置，如图 8.12 所示。

2. 保存、恢复和合并视口

没有命名的视口只能应用而不能保存，为此，常需要用命令中的某些选项来设置。

在命令行输入-VPORTS 按 Enter 键，启动命令并提示：

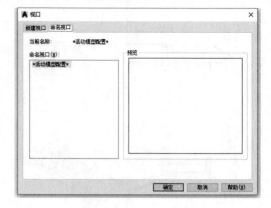

图 8.11　"视口"对话框　　　　图 8.12　"视口"对话框中"命名视口"选项卡

输入选项[保存（S）/恢复（R）/删除（D）/合并（J）/单一（SI）/?/2/3/4/切换（T）/模式（MO）]
<3>：多数选项的功能与对话框方式相同，下面只介绍常用的保存、恢复、合并和单一各项的含义：

（1）保存（S）：使用指定的名称保存当前视口配置。输入 S 按 Enter 键，命令行提示：

输入新视口配置的名称或[?]：可输入名称并将其保存；也可输入"?"，在文本窗口列出当前
图形中所保存的视口配置。

（2）恢复（R）：恢复以前保存的视口配置。输入 R 按 Enter 键，命令行提示：

输入要恢复的视口配置名或[?]：输入名称将其恢复，也可输入"?"列出保存的视口配置。

（3）合并（J）：将两邻接视口合并为一个较大视口，输入 J 按 Enter 键，命令行提示：

选择主视口 <当前视口>：可用鼠标指定需要合并的视口，也可按 Enter 键接受当前视口。

（4）单一（SI）：屏幕返回到单一视口，单一视口的视图将继承当前视口的视图。

8.1.3　三维视图

AutoCAD 提供了强大的视图功能，便于用户创建视图窗口、控制视图显示、对视图进行平移
和缩放等。

1. 命名视图

在绘图过程中，将某显示画面及状态信息（如缩放比例、观察位置及角度和 UCS 等）命名并
保存，称为命名视图，需要时再令其恢复显示，以提高绘图速度。

命名视图的命令是 VIEW，快捷命令为 V。有以下几种启动方式：

（1）命令行：输入 V 按 Enter 键。

（2）单击"可视化"选项卡→"命名视图"面板→"视图管理器"按钮 。

（3）单击"视图"下拉菜单→"命名视图"。

可打开如图 8.13 所示"视图管理器"对话框。

用户可以将 AutoCAD 中预定义的基本视图和等轴测视图设置为当前视口中的视图。预设视图
包括俯视、仰视、左视、右视、前视和后视六个基本视图，以及西南等轴测、东南等轴测、东北
等轴测和西北等轴测四个视图方向。

用户还可以使用下列方法快速设置当前视口中图形的视图方向：

（1）"常用"选项卡→"视图"面板→"未保存的当前视图"下拉列表。

（2）"视图"菜单→"三维视图"级联菜单→相应基本视图或轴测图选项。

（3）模型空间左上角视图控件按钮，如图 8.14 所示。

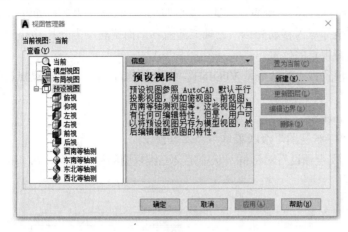

图 8.13 "视图管理器"对话框   图 8.14 视图控件按钮

2. 视点设置

视点是指观察者观察图形的空间点（X，Y，Z），该点至当前坐标系原点的矢量方向为观察方向。在二维绘图中视点是固定的，但在三维绘图时，需从不同角度来观察形体，因此，需要随时变化视点。图 8.15 所示为水工建筑物输水涵洞三维模型在平面坐标系和三维西南等轴测视图中不同的显示效果。

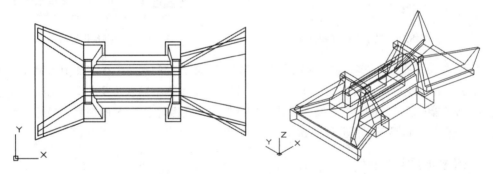

图 8.15 三维模型在平面坐标系和三维西南等轴测视图中不同的显示效果

（1）用命令设置视点。设置图形的三维观察方向的命令是-VPOINT。启动观察方向有以下几种方法：

1）命令行：输入-VPOINT 按 Enter 键。

2）单击"视图"菜单→"三维视图"→"视点"。

执行命令后，命令行提示：

当前视图方向：VIEWDIR=-1.0000,-1.0000,1.0000（当前值表示西南等轴测方向）

指定视点或[旋转（R）]<显示坐标球和三轴架>：

1）视点：输入视点坐标（X,Y,Z），创建定义观察视图的方向矢量。

2）旋转（R）：使用两个角度指定新的观察方向。输入 R 按 Enter 键，命令行接着提示：

输入 XY 平面中与 X 轴的夹角 <当前>:观察方向在 XY 平面上的投影与 X 轴正向的夹角；

输入与 XY 平面的夹角 <当前>：观察方向与其在 XY 平面的投影之间的夹角。

3）显示坐标球和三轴架：显示如图 8.16 所示的坐标球和三轴架，用来定义视口中的观察方向，可直观地设置视点。指南针是球体的二维表现方式，圆心为北极（0,0,n），内环是赤道（n,n,0），整个外环是南极（0,0,-n）。在坐标球内移动光标，三轴架随着移动而旋转，当光标移动到合适位置并单击，光标所在位置就是新视点的位置。

（2）用对话框设置视点。预置视点的命令是 VPOINT，快捷命令为 VP。启动设置视点命令有以下几种方法：

1）命令行：输入 VP 按 Enter 键。

2）单击"视图"菜单→"三维视图"级联菜单→"视点预设"。

可打开如图 8.17 所示的"视点预设"对话框，从中定义三维视图的视点设置。

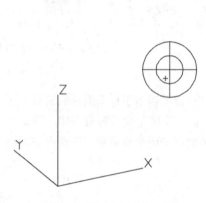

图 8.16 显示坐标球和三轴架

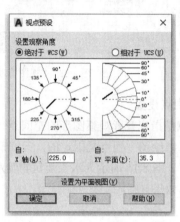

图 8.17 "视点预设"对话框

对话框左图中指定视图方向在 XY 面的投影与 X 轴正向的夹角，在右图中指定视图方向与 XY 平面的夹角，也可在"自 X 轴"和"自 XY 平面"文本框中输入角度。默认视图查看方向都是相对于 WCS 的视点，也可以选择"相对于 UCS"，设置相对于 UCS 的视点。另外，单击"设置为平面视图"，可显示其平面视图。

8.1.4 三维视觉样式

为了凸显三维图形整体或某些细部的视觉效果，可创建和修改不同的视觉样式。一旦应用了视觉样式或更改了其设置，就可以在视口中查看效果。AutoCAD 对于三维实体提供了"二维线框""概念""隐藏""真实""着色""带边缘着色""灰度""勾画""线框""X 射线"10 种视觉样式，如图 8.18 所示。

1. 选择视觉样式

更改视觉样式的命令是 VSCURRENT，快捷命令为 VS，启动更改视觉样式有以下几种方法：

（1）命令行：输入 VS 按 Enter 键。

（2）单击"常用"选项卡→"视图"面板→"二维线框"下拉列表框→各视觉样式按钮。

（3）单击"可视化"选项卡→"视觉样式"面板→"二维线框"下拉列表框→各视觉样式按钮。

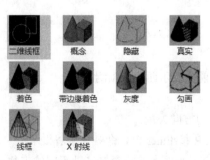

图 8.18 不同效果的视觉样式

启动命令后，命令行提示：

输入选项[二维线框（2）/线框（W）/隐藏（H）/真实（R）/概念（C）/着色（S）/带边缘着色（E）/灰度（G）/勾画（SK）/X 射线（X）/其他（O）] <二维线框>：输入选项中的命令即可得到对应视觉样式下的显示效果。

图 8.19 所示为水工建筑物输水涵洞三维模型在不同视觉样式下的显示效果。各视觉样式含义如下：

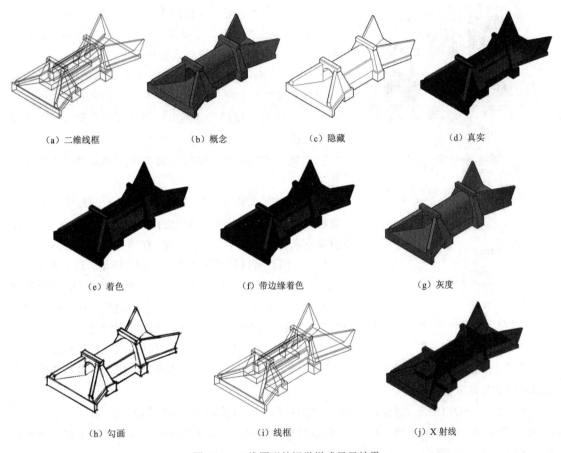

（a）二维线框　　　　　（b）概念　　　　　（c）隐藏　　　　　（d）真实

（e）着色　　　　　　（f）带边缘着色　　　　　（g）灰度

（h）勾画　　　　　　（i）线框　　　　　　（j）X 射线

图 8.19　三维图形的视觉样式显示效果

（1）二维线框（2）：用直线和曲线表示对象的边界。光栅图像和 OLE 对象、线型和线宽都可以设置为可见状态。

（2）概念（C）：着色多边形平面间的对象，并使对象的边平滑化。着色使用冷色和暖色之间过渡而不是从深色到浅色的过渡。效果缺乏真实感，但是可以更方便地查看模型的细节。

（3）隐藏（H）：显示用三维线框表示的对象并隐藏后面被遮挡的线。该命令和消除隐藏线命令 HIDE 的功能相似，但三维隐藏样式下的 UCS 显示为着色的三维图标。

（4）真实（R）：着色多边形平面间的对象，使对象的边平滑化，并显示已附着材质的对象。

（5）着色（S）：显示平滑的着色模型。

（6）带边缘着色（E）：显示平滑、带有可见边的着色模型。

（7）灰度（G）：使用单色颜色模式可以产生灰色效果。

（8）勾画（SK）：使模型线条产生外伸和抖动，出现手绘效果。

（9）线框（W）：显示用直线和曲线表示边界的模型。

（10）X 射线（X）：改变面的不透明度使整个模型变成部分透明。

2. 视觉样式管理器

VISUALSTYLES 命令用于创建和修改视觉样式，并将视觉样式应用于视口。有以下几种启动方式：

（1）命令行：输入 VISUALSTYLES 按 Enter 键。

（2）单击"常用"选项卡→"视图"面板→"二维线框"下拉列表框→"视觉样式管理器"。

（3）单击"可视化"选项卡→"视觉样式"面板→"二维线框"下拉列表框→"视觉样式管理器"选项。

（4）单击"视图"选项卡→"选项板"面板→"视觉样式"按钮 。

上述方式都可打开如图 8.20 所示"视觉样式管理器"选项板。

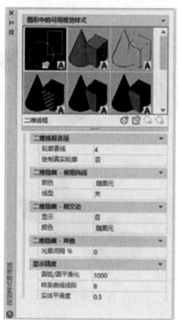

图 8.20 "视觉样式管理器"选项板

"视觉样式管理器"选项板中将显示图形中可用的视觉样式的样例图像。选定的视觉样式用黄色边框表示，其设置显示在样例图像下方的面板中。在"视觉样式管理器"选项板中，用户可以设置选中样式的面、环境、边、光源等参数信息，以进一步定制视觉样式。也可以单击"创建新的视觉样式"按钮来创建视觉样式，并在参数选项区中设置相关参数。选中一个视觉样式以后，单击样例图像右下方"将选定的视觉样式应用于当前视口"按钮，可以将该样式应用到当前视口；单击样例图像右下方"将选定的视觉样式输出到工具选项板"按钮，可以将选中的样式添加到工具选项板。

系统变量 ISOLINES 控制曲面轮廓素线的数量，它直接影响三维实体的显示效果，初始值为 4，有效值是 0～2047 的整数。图 8.21 表示变量值的变化对显示的影响，增加素线使实体更加逼真，但运行速度变慢。在命令行输入 ISOLINES 按 Enter 键，输入新值即可更改素线数量。修改变量 ISOLINES 值后需要执行"视图"菜单中"重生成"命令才能更新显示。

8.1.5 三维小控件

AutoCAD 有三种类型的三维小控件：三维移动小控件、三维旋转小控件和三维缩放小控件，如图 8.22 所示。分别可以帮助用户沿三维轴或平面移动、旋转或缩放对象。默认情况下，选择视图中具有三维视觉样式的对象或子对象时，会自动显示小控件，且位

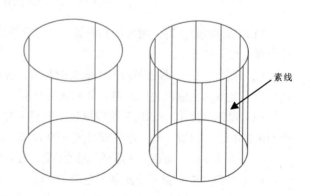

素线

图 8.21 ISOLINES 变量设置

于选择集的中心位置。

依次单击"常用"选项卡→"选择"面板→"小控件"下拉列表，可以指定选择对象后要显示的小控件，也可以禁止显示小控件。

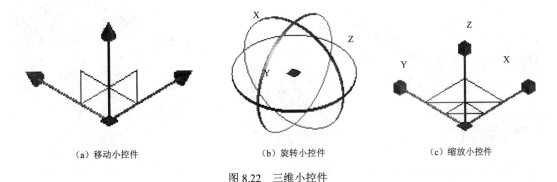

（a）移动小控件　　　　　　　（b）旋转小控件　　　　　　　（c）缩放小控件

图 8.22　三维小控件

1. 移动小控件

移动小控件与三维移动命令功能相似，用户可以将对象和子对象的移动约束到轴或平面上。调用方式为：单击"常用"选项卡→"选择"面板→"移动小控件"。小控件的中心框所在位置为移动的基点。将光标悬停在小控件的中心框时，中心框将变为黄色，单击中心框，拖动光标可重新设定移动的基点。

（1）将移动约束到轴上。用户可以使用三维移动小控件将移动约束到轴上，如图 8.23（a）所示。将光标悬停在小控件上的轴控制柄上时，将显示与轴对齐的矢量，且指定轴将变为黄色。单击轴控制柄，拖动光标时，选定的对象和子对象的移动将约束到亮显的轴上。可以单击或输入值以指定距基点的移动距离。如果输入值，对象的移动方向将沿光标移动的方向。图 8.23（a）表示三维对象只能在 Z 轴方向移动。

（2）将移动约束到平面上。用户可以使用三维移动小控件将移动约束到平面上，如图 8.23（b）所示。每个平面是由轴控制柄开始延伸的矩形标识表示，可以将光标移动到该矩形标识上来指定约束移动的平面。矩形变为黄色后，单击该矩形并拖动光标，选定的对象和子对象将仅沿亮显的平面移动。单击或输入值可以指定距基点的移动距离。图 8.23（b）表示三维对象只能在 YZ 平面内移动。

2. 旋转小控件

旋转小控件将三维对象和子对象的旋转约束到轴上。调用方式为：单击"常用"选项卡→"选择"面板→"旋转小控件"。将光标悬停在小控件的中心框时，中心框变为黄色，单击中心框，拖动光标可重新设定旋转的基点。

将光标移动到三维旋转小控件的旋转路径上时，将显示表示旋转轴的矢量线。旋转路径变为黄色时单击该路径，可以指定旋转轴。拖动光标时，选定的对象和子对象将沿指定的轴绕基点旋转。小控件将显示对象移动时从对象的原始位置旋转的度数。可以单击或输入值以指定旋转的角度。图 8.24 表示三维对象绕 Z 轴旋转。

3. 缩放小控件

缩放小控件可以统一更改三维对象的大小，也可以沿指定轴或平面进行更改。调用方式为：单击"常用"选项卡→"选择"面板→"缩放小控件"。如果不按统一比例缩放（沿轴或平面），仅适用于三维网格而不适用于实体和三维曲面。这里以网格长方体为例，介绍沿轴、沿平面和统一缩放三维对象。

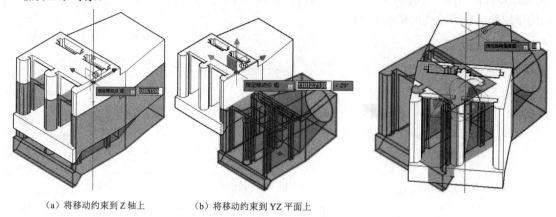

（a）将移动约束到 Z 轴上　　　（b）将移动约束到 YZ 平面上

图 8.23　三维移动小控件

图 8.24　三维旋转小控件

（1）沿轴缩放三维对象。将光标移动到三维缩放小控件的轴上时，将显示表示缩放轴的矢量线。当轴变为黄色时单击该轴，即可确定缩放方向。拖动光标时，选定的对象和子对象将沿指定的轴调整大小。单击或输入值确定缩放比例。图 8.25（a）表示网格长方体沿 Y 轴缩放。

（2）沿平面缩放三维对象。用户可以将网格对象缩放约束到指定平面。每个平面是由各自轴控制柄的外端开始延伸的条形标识，将光标移动到一个条形上来指定缩放平面。条变为黄色后，单击该条并拖动光标，选定的对象和子对象将仅沿亮显的平面缩放。单击或输入值确定缩放比例。图 8.25（b）表示网格长方体在 XZ 平面缩放。

（3）统一缩放三维对象。用户沿所有轴按统一比例缩放实体、曲面和网格对象。当光标向小控件的中心点移动时，三角形区域亮显，单击拖动光标可沿全部三条轴统一缩放选定的对象和子对象。单击或输入值确定缩放比例。图 8.25（c）表示网格长方体沿所有轴按统一比例缩放。

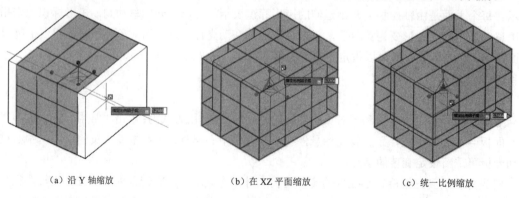

（a）沿 Y 轴缩放　　　　（b）在 XZ 平面缩放　　　　（c）统一比例缩放

图 8.25　三维缩放小控件

小控件的使用可以帮助用户快速执行三维移动、旋转和缩放命令，如果正在执行小控件操作，还可以重复按空格键以在其他小控件之间循环，从而省去大量重复调用这些命令的步骤。移动和缩放小控件能将操作约束到轴或平面上，帮助用户快速实现建模需求，是三维建模过程中常用的操作方式。

8.2 三 维 图 形 观 察

AutoCAD 提供了三种"动态观察"工具,即受约束动态观察、自由动态观察和连续动态观察。通过单击和拖动鼠标旋转三维视图,可以使用户从不同的角度、高度和距离查看图形中的对象。

8.2.1 受约束动态观察

受约束动态观察的命令是 3DORBIT,快捷命令为 3DO,有以下几种启动方式:

(1) 命令行:输入 3DO 按 Enter 键。

(2) 单击"导航栏"→"受约束动态观察"按钮 ⊕。

(3) 单击"视图"菜单→"动态观察"→"受约束动态观察"。

这几种方式都可执行图 8.26 所示受约束动态观察命令。

若水平拖动光标,视点将沿平行于世界坐标系的 XY 平面绕 Z 轴做任意角度的旋转;而上下拖动光标,视点将绕水平轴做 180°旋转。若要终止受约束的动态观察,按 Enter 键或按 Esc 键退出,也可在绘图区右击,从显示的快捷菜单中依次单击"其他导航模式"→"自由动态观察"或"连续动态观察"切换模式。

8.2.2 自由动态观察

自由动态观察的命令是 3DFORBIT,快捷命令为 3DF,有以下几种启动方式:

(1) 命令行:输入 3DF 按 Enter 键。

(2) 单击"导航栏"→"自由动态观察"按钮 ⟳。

(3) 单击"视图"菜单→"动态观察"→"自由动态观察"。

这几种方式都可执行自由动态观察命令,如图 8.27 所示。

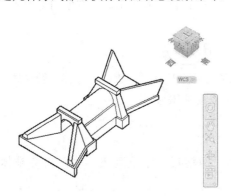
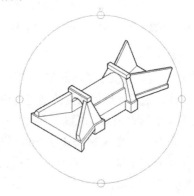

图 8.26 受约束动态观察   图 8.27 自由动态观察

导航球被小圆分成四个象限,当拖动光标进行观察时,目标点是导航球的中心,而不是图形对象的中心,而视点将绕目标移动。

查看方向的旋转与光标所在位置有关。具体如下:

(1) 在导航球内按住鼠标左键移动光标,可围绕对象自由旋转。

(2) 在导航球外按住鼠标左键移动光标,将使视图绕通过导航球中心且垂直于屏幕的轴旋转,也称"卷动"。

（3）在导航球左右两个小圆内按住鼠标左键移动光标，将使视图绕通过导航球中心的垂直轴旋转。

（4）在导航球上下两个小圆内按住鼠标左键移动光标，将使视图绕通过导航球中心的水平轴旋转。

若要终止自由动态观察，方法同上。

8.2.3　连续动态观察

连续动态观察的命令是 3DCORBIT，快捷命令为 3DC，有以下几种启动方式：

（1）命令行：输入 3DC 按 Enter 键。

（2）单击"导航栏"→"连续动态观察"按钮 。

（3）单击"视图"菜单→"动态观察"→"连续动态观察"。

可执行连续动态观察命令，如图 8.28 所示。

在绘图区单击并沿任意方向拖动鼠标，使对象沿拖动方向移动，松开鼠标，对象在指定方向继续沿其轨迹移动，光标的拖动速度决定了对象旋转的速度；若要改变观察方向，可再按住鼠标并沿新方向拖动；若要终止连续观察，方法同上。

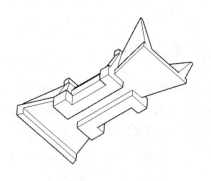

图 8.28　连续动态观察

8.3　创 建 基 本 三 维 模 型

本节重点讲解创建网格、曲面和基本三维实体的命令及适用条件。AutoCAD 虽然可创建网格、曲面和基本三维实体等多种类型的三维模型，但都默认以线框形式显示，只有使用特定的视觉样式命令，各类模型的属性方可显示出来。

8.3.1　网格

CAD 给用户提供了常用的基本形体网格，包括长方体、楔体、圆锥体、球体、圆柱体、圆环体和棱锥体。各基本形体网格的创建方法类似，这里以棱锥体为例。

网格命令为 MESH，有以下几种启动方式：

（1）命令行：输入 MESH 按 Enter 键。

（2）单击"网格"选项卡→"图元"面板→"网格形"下拉列表→"网格棱锥体"按钮 。

（3）单击"绘图"菜单→"建模"→"网格"→"图元"→"棱锥体"。

启动命令并提示：

输入选项[长方体（B）/圆锥体（C）/圆柱体（CY）/棱锥体（P）/球体（S）/楔体（W）/圆环体（T）/设置（SE）]＜长方体＞：P↙

指定底面的中心点或[边（E）/侧面（S）]：鼠标点击的点为棱锥底面的中心点；输入 E 按 Enter 键，改为通过指定底面边长确定底面；输入 S 按 Enter 键可改变棱锥体的侧面数量，默认侧面数量为 4。图 8.29（a）所示为指定底面的中心点。

指定底面半径或[内接（I）]：默认为指定外切半径确定底面；输入 I 按 Enter 键，改为指定内接半径确定底面。图 8.29（b）所示为指定外切半径确定底面。

　　指定高度或[两点（2P）/轴端点（A）/顶面半径（T）] <26.3562>：输入高度值确定网格棱锥体高度；输入 2P 按 Enter 键，通过指定两点确定网格棱锥体高度；输入 A 按 Enter 键，通过指定轴端点确定网格棱锥体高度；输入 T 按 Enter 键，可以改变顶面半径大小，默认为 0。图 8.29（c）所示为指定高度后的网格棱锥体。

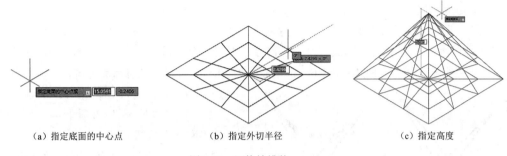

（a）指定底面的中心点　　　　　　（b）指定外切半径　　　　　　　（c）指定高度

图 8.29　网格棱锥体

　　生成网格的密度由 SURFTAB1 和 SURFTAB2 系统变量控制。SURFTAB1 指定在旋转方向上绘制的网格线数目。如果路径曲线是直线、圆弧、圆或样条曲线拟合多段线，SURFTAB2 将指定绘制的网格线数目以等分分布。如果路径曲线是尚未进行样条曲线拟合的多段线，网格线将绘制在直线段的端点处，并且每个圆弧段都被等分为 SURFTAB2 所指定的段数。其初始值为 6，该值越大，网格密度越大越光滑。

　　除了基本的图元网格，AutoCAD 还为用户提供了四种创建复杂网格的方法，分别为旋转网格、边界网格、直纹网格、平移网格。

1. 旋转网格

　　旋转网格是绕指定轴旋转对象创建的网格。旋转的对象可以是直线、圆弧、圆、样条曲线、二维/三维多段线等。

　　旋转网格的命令是 REVSURF，快捷命令为 REVS。有以下几种启动方式：

　　（1）命令行：输入 REVS 按 Enter 键。

　　（2）单击"网格"选项卡→"图元"面板→"旋转网格"按钮 ▥ 。

　　（3）单击"绘图"下拉菜单→"建模"→"网格"→"旋转网格"。

　　启动命令并提示：

　　选择要旋转的对象：可选择如图 8.30（a）所示的样条曲线；

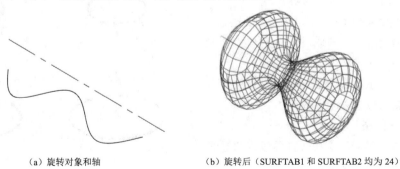

（a）旋转对象和轴　　　　　　（b）旋转后（SURFTAB1 和 SURFTAB2 均为 24）

图 8.30　旋转网格

选择定义旋转轴的对象：轴线可以是直线或开放的多段线。若选择多段线，由第一顶点到最后顶点的矢量确定旋转轴，中间的顶点将被忽略，图 8.30（a）中选择点划线为旋转轴；

指定起点角度 <0>：↙，接受默认值 0°，也可设置非零起始角；

指定夹角（+=逆时针，−=顺时针）<360>：↙，接受默认值 360°，生成闭合旋转网格，也可设置非整圆包含角，生成非闭合的旋转网格。

2. 边界网格

在多条彼此相连的边或曲线之间创建网格。边可以是直线、圆弧、样条曲线或开放的多段线。这些边必须在端点处相交以形成一个闭合路径，否则命令行提示"边 n 未接触其他边界"。

边界网格的命令是 EDGESURF，快捷命令为 EDG。有以下几种启动方式：

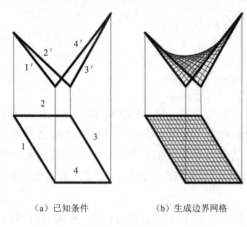

（1）命令行：输入 EDG 按 Enter 键。

（2）单击"网格"选项卡→"图元"面板→"边界网格"按钮。

（3）单击"绘图"下拉菜单→"建模"→"网格"→"边界网格"。

启动命令并提示：

选择用作曲面边界的对象 1：

选择用作曲面边界的对象 2：

选择用作曲面边界的对象 3：

选择用作曲面边界的对象 4：

根据提示依次选择如图 8.31 所示 4 条邻接边即可生成边界网格。

（a）已知条件　　（b）生成边界网格

图 8.31　边界网格

3. 直纹网格

在两条直线或曲线之间创建曲面网格。边可以是直线、圆弧、样条曲线、圆或多段线。如果有一条边是闭合的，那么另一条边必须也是闭合的。也可以将点用作开放曲线或闭合曲线的一条边。

直纹网格的命令是 RULESURF，快捷命令为 RU。有以下几种启动方式：

（1）命令行：输入 RU 按 Enter 键。

（2）单击"网格"选项卡→"图元"面板→"直纹网格"按钮。

（3）单击"绘图"下拉菜单→"建模"→"网格"→"直纹网格"。

启动命令并提示：

选择第一条定义曲线：

选择第二条定义曲线：

根据提示依次选择 2 条边界即可生成直纹网格，如图 8.32 所示。

4. 平移网格

以直母线沿着轮廓线（直导线或曲导线）运动的方式创建网格曲面。选择直线、圆弧、圆、椭圆或多段线为轮廓线；选择直线或开放

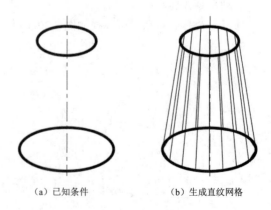

（a）已知条件　　　（b）生成直纹网格

图 8.32　直纹网格

的多段线作为母线，以确定矢量的方向和长度。

平移网格的命令是 TABSURF，快捷命令为 TABS。有以下几种启动方式：

（1）命令行：输入 TABS 按 Enter 键。

（2）单击"网格"选项卡→"图元"面板→"平移网格"按钮 。

（3）单击"绘图"下拉菜单→"建模"→"网格"→"平移网格"。

启动命令并提示：

选择用作轮廓曲线的对象：

选择用作方向矢量的对象：其方向由距拾取点最近一端指向另一端。

根据提示依次选择轮廓线和方向矢量即可生成平移网格，如图 8.33 所示。

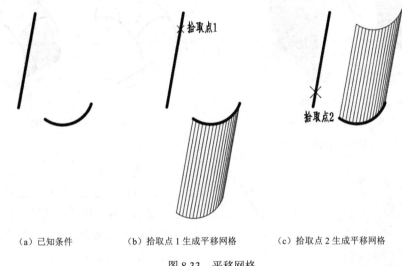

　　（a）已知条件　　　　（b）拾取点 1 生成平移网格　　　（c）拾取点 2 生成平移网格

图 8.33　平移网格

8.3.2　曲面

曲面是无限薄的壳体三维对象。AutoCAD 提供以下两种类型的曲面：程序曲面和 NURBS 曲面。程序曲面可以是关联曲面，即保持与其他对象间的关联关系，以便将它们作为一个组进行处理。NURBS 曲面是非关联曲面，可通过控制点来控制造型功能。建模顺序为：使用网格、实体和程序曲面创建基本模型，再将它们转换为 NURBS 曲面，以便构建复杂曲面形状。图 8.34（a）显示了程序曲面，（b）显示了 NURBS 曲面。

1. 创建程序曲面

AutoCAD 为用户提供了平面曲面、网格曲面、曲面过渡、曲面修补、曲面偏移、曲面圆角 6 种创建程序曲面的方式。这里以网格曲面为例进行介绍。

（1）网格曲面。是在多条曲线之间的空间创建三维曲面。也可以在曲线网格之间或在其他三维曲面或实体的边之间创建网络曲面。

网格曲面的命令是 SURFNETWORK，快捷命令为 SURFN。有以下几种启动方式：

1）命令行：输入 SURFN 按 Enter 键。

2）单击"曲面"选项卡→"创建"面板→"网格"按钮 。

3）单击"绘图"下拉菜单→"建模"→"曲面"→"网格"。

启动命令并提示：

沿第一个方向选择曲线或曲面边：选取第一个方向的第一条边。图 8.35 中选择边 1。

沿第一个方向选择曲线或曲面边：选取第一个方向的第二条边，按 Enter 键结束第一个方向上边的选取。图 8.35 中选择边 2。

沿第二个方向选择曲线或曲面边：选取第二个方向的第一条边。图 8.35 中选择边 3。

沿第二个方向选择曲线或曲面边：选取第二个方向的第二条边，按 Enter 键结束命令。图 8.35 中选择边 4 完成曲面 1 的创建。

采用同样的方法可以创建图 8.35 中的曲面 2。

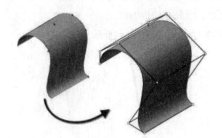

（a）程序曲面　　　（b）NURBS 曲面

图 8.34　程序曲面和 NURBS 曲面

（引自 AutoCAD 帮助文件）

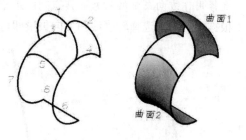

图 8.35　网格曲面创建

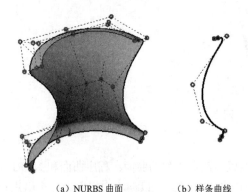

（a）NURBS 曲面　　　（b）样条曲线

图 8.36　NURBS 曲面和样条曲线的控制点

（引自 AutoCAD 帮助文件）

（2）通过拉伸、扫掠、旋转和放样创建曲面。执行拉伸、扫掠、旋转和放样命令，根据命令行提示选择"模式"选项，设定为曲面，即可完成相应曲面的创建。这些命令将在第 9 章详细介绍，这里不再赘述。

2. 创建 NURBS 曲面

当用户需要根据实际需求灵活雕刻曲面形状时，可创建 NURBS 曲面。NURBS 曲面以 Bezier 曲线或样条曲线为基础。因此，诸如拟合点、控制点、线宽和节点参数化等设置对于定义 NURBS 曲面或曲线很重要，样条曲线经过优化可创建 NURBS 曲面。图 8.36 显示了当选择 NURBS 曲面或样条曲线时显示的控制点。

8.3.3　基本实体模型

三维实体对象可以从基本图元开始，通过使用布尔运算将它们组合起来，形成复杂的组合实体。也可以使用拉伸、扫掠、旋转或放样轮廓创建复杂的三维实体模型。本节主要介绍三维基本形体和布尔运算。

1. 创建三维基本形体

三维基本形体包括：长方体、圆柱体、楔体、圆锥体、球体、圆环体、棱锥体、多段体。这些三维基本形体在 AutoCAD 中也称为实体图元。下面以圆柱体和多段体为例详细介绍三维基本形体的创建。

（1）圆柱体。圆柱体的命令是 CYLINDER，快捷命令为 CYL。有以下几种启动方式：

1）命令行：输入 CYL 按 Enter 键。

2）单击"常用"选项卡→"建模"面板→"长方体"三角展开按钮→"圆柱体"按钮🫗。

3）单击"实体"选项卡→"图元"面板→"圆柱体"按钮🫗。

4）单击"绘图"下拉菜单→"建模"→"圆柱体"。

启动命令并提示：

指定底面的中心点或[三点（3P）/两点（2P）/切点、切点、半径（T）/椭圆（E）]：

1）指定底面的中心点：在绘图区指定中心点后，命令行进一步提示：

指定底面半径或[直径（D）] <2979.4697>：

输入底面圆的半径，或者输入 D 按 Enter 键，输入底面圆的直径，命令行进一步提示：

指定高度或[两点（2P）/轴端点（A）] <8778.0297>：

输入圆柱高度值，或者输入 2P 按 Enter 键，根据高度值或两点距离确定圆柱高度。生成如图 8.37（a）所示的正圆柱体。也可以输入 A，指定顶面圆心的位置，生成如图 8.37（b）所示的斜圆柱体。

2）椭圆（E）：该选项用于创建椭圆柱体。输入 E 按 Enter 键，命令行进一步提示：

指定第一个轴的端点或[中心（C）]：绘制底面椭圆（椭圆绘制方法详见第 2 章）；

指定高度或[两点（2P）/轴端点（A）] <6000.0000>：

输入椭圆柱高度值，或者输入 2P 根据两点确定圆柱高度，结束命令生成如图 8.37（c）所示的正椭圆柱体。也可以输入 A 指定顶面圆心的位置，生成如图 8.37（d）所示的斜椭圆柱体。

3）三点（3P）/两点（2P）/切点、切点、半径（T）：这三项是为了确定底面圆，方法与第 2 章圆命令相同，不再赘述。

（2）多段体。多段体的命令是 POLYSOLID，快捷命令为 PSOLID。有以下几种启动方式：

1）命令行：输入 PSOLID 按 Enter 键。

2）单击"常用"选项卡→"建模"面板→"多段体"按钮🗐。

3）单击"实体"选项卡→"图元"面板→"多段体"按钮🗐。

4）单击"绘图"下拉菜单→"建模"→"多段体"。

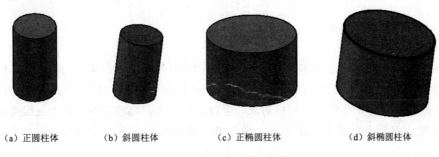

(a) 正圆柱体　　　(b) 斜圆柱体　　　(c) 正椭圆柱体　　　(d) 斜椭圆柱体

图 8.37　圆柱体与椭圆柱体

启动命令并提示：

高度 = 300.0000，宽度 = 20.0000，对正 = 居中

指定起点或[对象（O）/高度（H）/宽度（W）/对正（J）] <对象>：

1）指定起点：如图 8.38（a）中点 1 为多段体起点，命令行进一步提示：

指定下一个点或[圆弧（A）/放弃（U）]：

指定多段体的第二点，如图 8.38（a）中点 2，命令行进一步提示：

指定下一个点或[圆弧（A）/放弃（U）]：

输入 A 按 Enter 键绘制圆弧段，命令行进一步提示：

指定圆弧的端点或[闭合（C）/方向（D）/直线（L）/第二个点（S）/放弃（U）]：

指定多段体的第三点，如图 8.38（a）中点 3，命令行进一步提示：

指定下一个点或[圆弧（A）/闭合（C）/放弃（U）]：指定圆弧的端点或[闭合（C）/方向（D）/直线（L）/第二个点（S）/放弃（U）]：

输入 L 按 Enter 键绘制直线段，命令行进一步提示：

指定下一个点或[圆弧（A）/闭合（C）/放弃（U）]：

指定多段体的第四点，如图 8.38（a）中点 4，命令行进一步提示：

指定下一个点或[圆弧（A）/闭合（C）/放弃（U）]：

按 Enter 键结束命令，完成如图 8.38（a）所示的多段体。

2）对象（O）：该选项可将选定的直线、圆、圆弧、二维多段线转换为多段体。输入 O 按 Enter 键，命令行进一步提示：

选择对象：

选择如图 8.38（b）所示的多段线，完成多段体创建。

3）高度（H）/宽度（W）/对正（J）：这三个选项用于更改当前多段体的高度值、宽度值和对正方式。

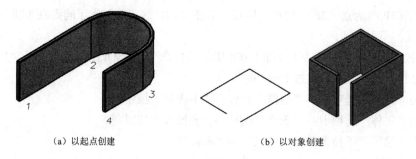

（a）以起点创建　　　　　　　　　　（b）以对象创建

图 8.38　创建多段体

2. 布尔运算

在三维绘图中，可以通过布尔运算将多个基本图元结合在一起形成新的组合体。CAD 有三种布尔运算：并集、差集和交集，这三种布尔运算的操作既可用于实体对象也可用于面域对象，但不能用于网格对象。如果选择了网格对象，系统将提示用户将该对象转换为三维实体。

（1）并集。将两个或多个三维实体、曲面或二维面域合并为一个复合三维实体、曲面或面域。

并集的命令是 UNION，快捷命令为 UNI。有以下几种启动方式：

1）命令行：输入 UNI 按 Enter 键。

2）单击"常用"选项卡→"实体编辑"面板→"并集"按钮 ▥。

3）单击"实体"选项卡→"布尔值"面板→"并集"按钮 ▥。

4）单击"修改"下拉菜单→"实体编辑"→"并集（U）"。

启动命令并提示：

选择对象：

选择图 8.39（a）所示的两个圆柱体，按 Enter 键，即可生成图 8.39（b）所示的组合体。

（2）差集。通过从一个对象中减去另一个对象来创建新的对象。

差集的命令是 SUBTRACT，快捷命令为 SU。有以下几种启动方式：

1）命令行：输入 SU 按 Enter 键。

2）单击"常用"选项卡→"实体编辑"面板→"差集"按钮⌘。

3）单击"实体"选项卡→"布尔值"面板→"差集"按钮⌘。

4）单击"修改"下拉菜单→"实体编辑"→"差集（U）"。

启动命令并提示：

选择对象：选择要从中减去的实体、曲面和面域…

用户可以选择一个或多个对象作为源对象，如果选择多个对象，会自动将对它们进行合并。选择如图 8.39（a）所示的左边圆柱体，按 Enter 键，命令行进一步提示：

选择对象：选择要减去的实体、曲面和面域…

用户可以选择一个或多个要减去的对象。选择如图 8.39（a）所示的右边圆柱体，按 Enter 键，即可生成图 8.39（c）所示的复合实体。

（3）交集。通过重叠部分创建三维实体、曲面或二维面域。

交集的命令是 INTERSECT，快捷命令为 IN，有以下几种启动方式：

1）命令行：输入 IN 按 Enter 键。

2）单击"修改"下拉菜单→"实体编辑"→"交集（U）"。

3）单击"常用"选项卡→"实体编辑"面板→"交集"按钮⌘。

4）单击"实体"选项卡→"布尔值"面板→"交集"按钮⌘。

视频资源 8.1
布尔运算

启动命令并提示：

选择对象：

选择如图 8.39（a）所示的两个圆柱体，按 Enter 键，即可生成图 8.39（d）所示的组合体。

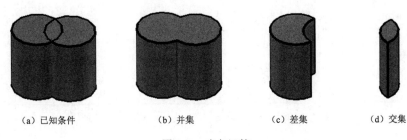

（a）已知条件　　　（b）并集　　　（c）差集　　　（d）交集

图 8.39　布尔运算

本 章 习 题

一、选择题（单项选择或多项选择）

1. 以下三维坐标输入方式不正确的是（　　）。

A. 20,30,40　　　　　B. 20,30<40　　　　　C. 20<30<40　　　　　D. 20<30,40

2. 布尔运算的对象是（　　）。

A. 三维实体　　　　　B. 曲面　　　　　　　C. 网格　　　　　　　D. 二维面域

二、绘图题（根据视图和尺寸创建三维实体）

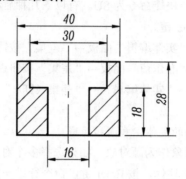

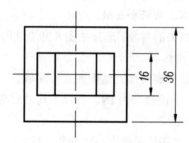

第9章 三维建模与编辑

本章重点介绍如何通过拉伸、旋转、扫掠、放样、按住并拖动等命令创建复杂的工程实体模型。同时还将介绍三维实体、网格和曲面的编辑方法。

9.1 创建复杂实体模型

对于复杂的实体模型，第8章所述的创建三维基本模型的方法将不能满足工程建筑物建模需求。在 AutoCAD 中，可以通过对二维几何图形进行拉伸、扫掠、放样和旋转来构造复杂三维实体。二维几何图形可充当复杂三维实体的轮廓和导向线。能够作为三维实体轮廓和导向线的对象包括：开放或闭合的曲线、单个对象（使用 JOIN 命令合并的）、单个面域（使用 REGION 命令创建的面域对象）。开放曲线一般用于创建曲面，而闭合曲线将用于创建实体或曲面。本节以实体为例进行介绍，若要创建曲面，仅需将命令中"模式"选项设置为"曲面"即可。

9.1.1 拉伸

拉伸是指将二维图形通过拉伸创建三维实体或曲面。拉伸一般适用于断面不发生变化的三维实体，如图 9.1 所示水闸的底板、边墙、中墩、边墩等，以底板为例介绍拉伸命令。

拉伸的命令是 EXTRUDE，快捷命令为 EXT。有以下几种启动方式：

（1）命令行：输入 EXT 按 Enter 键。

（2）单击"常用"选项卡→"建模"面板→"拉伸"按钮 。

（3）单击"实体"选项卡→"实体"面板→"拉伸"按钮 。

（4）单击"绘图"菜单→"建模"→"拉伸"。

启动命令并提示：

选择要拉伸的对象或[模式（MO）]：输入 MO 按
Enter 键，命令行提示：

闭合轮廓创建模式[实体（SO）/曲面（SU）] <实体>：
可以更改创建的对象为实体还是曲面，本节均以实体
为例。

图 9.2（a）所示的底板断面图在新建 UCS 之后采用
二维绘图命令完成，这里不再赘述。选择该断面，按 Enter
键，命令行进一步提示：

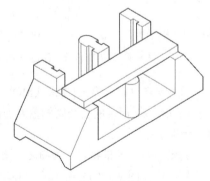

图 9.1 水闸

指定拉伸的高度或[方向（D）/路径（P）/倾斜角（T）/表达式（E）]：

拉伸命令的默认拉伸方向为被拉伸断面的法线方向，正负分别表示向坐标轴的正方向或负方向拉伸。图 9.2（b）所示水闸的底板方向与当前默认方向相同，输入底板长度即可完成底板的创建。命令行输入 D 按 Enter 键，可以设定新的拉伸方向；命令行输入 P 按 Enter 键，可以沿着某个

指定的路径进行拉伸，此时类似于本章后面将介绍的扫掠命令；命令行输入 T 按 Enter 键，可以沿着某个指定的倾斜角进行拉伸，此时类似于本章后面将介绍的放样命令。除底板外，图 9.1 所示水闸的边墙、中墩、边墩等结构均可以在绘制二维断面的基础上采用拉伸命令完成，这里不再赘述。

除了对二维图形进行拉伸，拉伸命令还可以对三维实体的面进行拉伸，如图 9.3 所示。执行拉伸命令后，按住 Ctrl 键移动十字光标至所需拉伸面，待所选拉伸面亮显后[图 9.3（a）]，单击即可完成拉伸面的选取[图 9.3（b）]，此后命令行提示与前述相同，不再赘述。

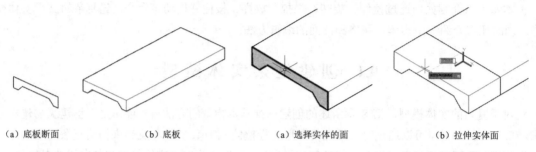

（a）底板断面　　　　　　（b）底板　　　　　　（a）选择实体的面　　　　　　（b）拉伸实体面

图 9.2　使用拉伸命令创建水闸底板　　　　图 9.3　对三维实体面使用拉伸命令

9.1.2　旋转

旋转是指通过绕轴旋转二维对象来创建三维对象。旋转命令一般用于创建回转体。此命令中可以使用的二维对象包括封闭的多段线、多边形、圆、椭圆、封闭的样条曲线、面域和圆环等。这里以图 9.4 所示的安全阀阀盖为例介绍旋转命令。

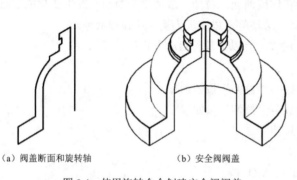

（a）阀盖断面和旋转轴　　　（b）安全阀阀盖

图 9.4　使用旋转命令创建安全阀阀盖

旋转的命令是 REVOLVE，快捷命令为 REV。有以下几种启动方式：

（1）命令行：输入 REV 按 Enter 键。

（2）单击"常用"选项卡→"建模"面板→"旋转"按钮🔄。

（3）单击"实体"选项卡→"实体"面板→"旋转"按钮🔄。

（4）单击"绘图"菜单→"建模"→"旋转"。

启动命令并提示：

选择要旋转的对象或[模式（MO）]：

图 9.4（a）所示的安全阀阀盖断面由二维多段线命令完成。选择该断面，按 Enter 键，命令行进一步提示：

指定轴起点或根据以下选项之一定义轴[对象（O）/X/Y/Z] <对象>：

依次选择图 9.4（a）所示的中心轴的两个端点；或者输入 O 按 Enter 键，命令行提示"选择对象"，选择图 9.4（a）所示的中心轴，命令行进一步提示：

指定旋转角度或[起点角度（ST）/反转（R）/表达式（EX）] <360>：

默认旋转角度为 360°，即旋转一周。这里为了展示效果，输入-270°，按 Enter 键结束命令，即可创建图 9.4（b）所示的安全阀阀盖。输入 ST 按 Enter 键，可以改变旋转的起始角度。输入 R 按 Enter 键，可以改变旋转方向。输入 EX 按 Enter 键，可以用表达式的方式输入旋转角度。

9.1.3 扫掠

扫掠是指通过沿指定路径延伸轮廓形状（被扫掠的对象）来创建实体。这里以图 9.5 所示的螺旋楼梯的梯板为例介绍扫掠命令。

扫掠的命令是 SWEEP，快捷命令为 SW，有以下几种启动方式：

（1）命令行：输入 SW 按 Enter 键。

（2）单击"常用"选项卡→"建模"面板→"扫掠"按钮🗗。

（3）单击"实体"选项卡→"实体"面板→"扫掠"按钮🗗。

（4）单击"绘图"菜单→"建模"→"扫掠"。

启动命令并提示：

选择要扫掠的对象或[模式（MO）]：_MO 闭合轮廓创建模式[实体（SO）/曲面（SU）]＜实体＞：_so

选择图 9.6（a）中的矩形断面，按 Enter 键，命令行进一步提示：

选择扫掠路径或[对齐（A）/基点（B）/比例（S）/扭曲（T）]：

在选择扫掠路径前，一般需要先进行扫掠命令相关的对齐、基点、比例和扭曲设置。

[对齐（A）]：是否对齐轮廓断面以使其作为扫掠路径切向的法向。如果轮廓断面与路径起点的切向不垂直，则轮廓将自动对齐。输入 A 按 Enter 键，命令行进一步提示：

扫掠前对齐垂直于路径的扫掠对象[是（Y）/否（N）] ＜是＞：本例需要保持轮廓断面为铅垂面，故不对齐。输入 N 按 Enter 键，命令行进一步提示：

选择扫掠路径或[对齐（A）/基点（B）/比例（S）/扭曲（T）]：

[基点（B）]：是指定要扫掠对象的基点。输入 B 按 Enter 键，命令行进一步提示：

指定基点：选择图 9.6（a）中的矩形断面右下角的端点，命令行进一步提示：

选择扫掠路径或[对齐（A）/基点（B）/比例（S）/扭曲（T）]：选择图 9.6（a）中的三维螺旋线，即可生成图 9.6（b）中的螺旋梯板。

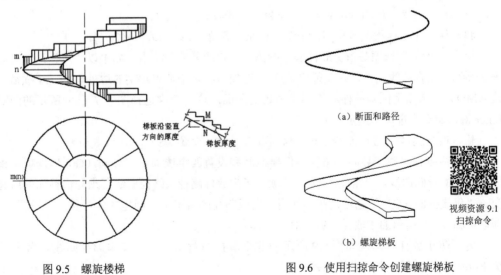

图 9.5　螺旋楼梯　　　　　图 9.6　使用扫掠命令创建螺旋梯板

此外，还可以输入 S 按 Enter 键，指定比例因子以进行扫掠操作。如输入比例因子为 2，则断面逐渐放大到 2 倍。

若输入 T 按 Enter 键，则可以设置被扫掠对象的扭曲角度。扭曲角度指定沿扫掠路径全部长度的旋转量。在设置扭曲角度时，命令行出现倾斜选项，可指定将扫掠的曲线是否沿三维扫掠路径自然倾斜（旋转）。

9.1.4　放样

放样是指在若干个变化横截面之间光滑过渡，创建成为三维实体或曲面。一般至少指定两个横截面，横截面确定了实体或曲面的形状。通常，开放的横截面创建曲面，闭合的横截面创建实体或曲面。这里以图 9.7 所示的扭面段为例介绍放样命令。

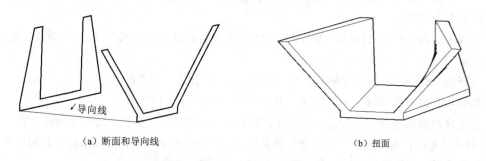

（a）断面和导向线　　　　　　　　　　　　　　　（b）扭面

图 9.7　矩形闸门与梯形渠道过渡段

放样命令是 LOFT，快捷命令为 LOF。有以下几种启动方式：

（1）命令行：输入 LOF 按 Enter 键。

（2）单击"常用"选项卡→"建模"面板→"放样"按钮 。

（3）单击"实体"选项卡→"实体"面板→"放样"按钮 。

（4）单击"绘图"菜单→"建模"→"放样"。

启动命令并提示：

当前线框密度：ISOLINES=4，闭合轮廓创建模式 = 实体

按放样次序选择横截面或[点（PO）/合并多条边（J）/模式（MO）]：

"点（PO）"选项是指定放样操作的第一个点或最后一个点。如果以"点"选项开始，接下来必须选择闭合曲线。"合并多条边（J）"选项是将多个端点相交的边处理为一个横截面。"模式（MO）"选项是控制放样对象为实体还是曲面。这里依次选择图 9.7（a）所示的两断面，按 Enter 键，命令行进一步提示：

输入选项[导向（G）/路径（P）/仅横截面（C）/设置（S）]<仅横截面>：

此时命令行出现了导向、路径、仅横截面和设置四个选项。"导向（G）"选项是指定控制放样形状的导向曲线。"路径（P）"选项是指定放样路径，路径曲线必须与横截面的所有平面相交。"仅横截面（C）"选项是在不使用导向或路径的情况下，创建放样对象。"设置（S）"选项显示如图 9.8 所示的"放样设置"对话框。

为了防止放样时出现如图 9.9 所示的非平滑扭面背水面，需要添加导向线。命令行输入 G 按 Enter 键，命令行进一步提示：

选择导向轮廓或[合并多条边（J）]：

选择图 9.7（a）中的导向线按 Enter 键，即可完成图 9.7（b）所示的扭面。

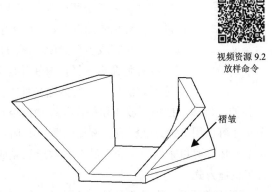

视频资源 9.2
放样命令

褶皱

图 9.8 "放样设置"对话框   图 9.9 放样时未选择导向线产生的褶皱

9.1.5 按住并拖动

按住并拖动命令用于按住并拖动有界区域。该命令与拉伸命令类似，但更适合断面复杂的实体，尤其是断面不规则且存在孔洞的情况。按住并拖动命令会自动检测当前光标所在的封闭区域，并亮显获取视觉反馈，所选择的对象以创建拉伸和偏移。按住并拖动命令相比于拉伸命令可以省去大量的布尔运算操作，直接生成目标实体。这里以图 9.10（a）所示的实体为例介绍按住并拖动命令。由于按住并拖动仅识别 XY 平面上的封闭区域，因此首先创建图 9.10（b）所示的二维平面对象，其次新建 UCS 将 XY 平面置于二维平面对象上，如图 9.10（c）所示。

执行按住并拖动的命令是 PRESSPULL，快捷命令为 PRES。有以下几种方式：

（1）命令行：输入 PRES 按 Enter 键。

（2）单击"常用"选项卡→"建模"面板→"按住并拖动"按钮 。

（3）单击"实体"选项卡→"实体"面板→"按住并拖动"按钮 。

启动命令并提示：

选择对象或边界区域：

将光标移至需要拉升的封闭区域，自动识别并亮显该区域，如图 9.10（c）所示，单击，命令行进一步提示：

指定拉伸高度或[多个（M）]：

命令行输入指定高度即可完成该区域拉伸，如图 9.10（d）所示。此时命令行进一步提示：

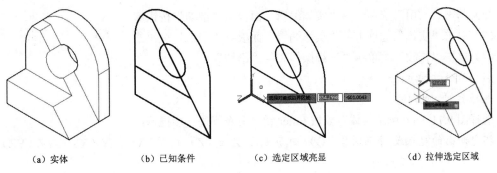

（a）实体   （b）已知条件   （c）选定区域亮显   （d）拉伸选定区域

图 9.10 使用按住并拖动命令创建实体

视频资源 9.3
按住并拖动
命令

选择对象或边界区域：

依次重复以上步骤即可完成如图 9.10（a）所示的实体。如果需要拉伸的封闭区域具有相同的高度，在命令行提示指定高度时，可以输入 M，选择"多个（M）"选项，一次完成多个封闭区域的拉伸。

与拉伸命令一样，按住并拖动命令还可以对三维实体的面进行拉伸。三维面的选取方法与前述实体面拉伸方法相同。

拉伸、旋转、扫掠、放样和按住并拖动命令存在共同之处，但又具有各自的特点和优势。同一个实体可以用多种方法完成。例如，图 9.1 所示的水闸也可以用按住并拖动命令完成，图 9.10 所示的实体也可以采用拉伸命令结合布尔运算完成。因此，在建模过程中应根据实际情况选择最适合最快捷方式。

需要注意的是：在使用拉伸、旋转、扫掠和放样命令时，二维轮廓断面不能存在自交现象，即线条不能重合，否则无法完成实体构造。如果出现"不能扫掠或拉伸自交的曲线"的错误提示，可以使用删除重复对象（OVERKILL）命令删除轮廓边界的重叠对象或线段。

9.2　三　维　编　辑

本节主要介绍三维编辑相关内容，包括实体编辑、曲面编辑、网格编辑，以及实体、曲面和网格相互转换。

9.2.1　实体编辑

AutoCAD 给用户提供了大量的三维实体编辑命令。大致可以分成与体相关、与面相关和与边相关的编辑命令。与体相关的编辑命令包括剖切、截面平面、加厚、清除、分割、抽壳、检查、干涉检查等；与面相关的编辑命令包括拉伸面、移动面、偏移面、删除面、旋转面、倾斜面、着色面、复制面等；与边相关的编辑命令包括压印边、圆角边、倒角边、着色边、复制边、提取边、提取素线等。下面仅介绍几种常用的实体编辑命令。

1. 剖切

剖切命令通过定义截面剖切实体或曲面对象。下面以图 9.11 所示底座实体为例介绍剖切命令各个选项。

剖切命令是 SLICE，快捷命令为 SL。有以下几种启动方式：

（1）命令行：输入 SL 按 Enter 键。

（2）单击"常用"选项卡→"实体编辑"面板→"剖切"按钮 。

（3）单击"实体"选项卡→"实体编辑"面板→"剖切"按钮 。

（4）单击"修改"菜单→"三维操作"→"剖切"。

启动命令并提示：

选择要剖切的对象：

选择图 9.11（a）所示实体对象按 Enter 键，命令行进一步提示：

指定切面的起点或[平面对象（O）/曲面（S）/Z 轴（Z）/视图（V）/XY（XY）/YZ（YZ）/ZX（ZX）/三点（3）] <三点>：

剖切命令默认为根据两点确定的铅垂面进行剖切。选择图 9.11（a）中的 P1，命令行进一步提示：

指定平面上的第二个点：

选择 P2，命令行进一步提示：

在所需的侧面上指定点或[保留两个侧面（B）] <保留两个侧面>：

指定实体右侧，即可得到图 9.11（b）所示底座实体。

除了默认两点确定的铅垂面剖面，其他选项的含义分别是：平面对象（O）和曲面（S）选项是指选择已知平面或者曲面作为剖切面进行剖切。Z 轴（Z）选项是指根据指定轴的法向面进行剖切。

命令行输入 Z 按 Enter 键，命令行进一步提示：

指定剖面上的点：

选择图 9.11（a）中的 P3 按 Enter 键，命令行进一步提示：

指定平面 Z 轴（法向）上的点：

选择图 9.11（a）中的 P2 按 Enter 键，根据命令行提示选择被剖切实体右侧部分，即可得到图 9.11（c）所示的实体。

视图（V）选项是将截平面与当前视口的视图平面平行对齐，然后通过指定一点定义剖切平面的位置。例如在西南等轴测视图下，选择图 9.11（a）中的 P4 点，即可得到图 9.11（d）所示的实体。

XY（XY）选项是将截平面与当前 UCS 的 XY 平面对齐，然后通过指定一个点以定义剖切平面的位置。例如在世界坐标系下，选择图 9.11（a）中的 P5 点，即可得到图 9.11（e）所示的实体。YZ（YZ）和 ZX（ZX）选项与之类似。

三点（3）选项即是通过 3 点确定的平面为剖切平面。

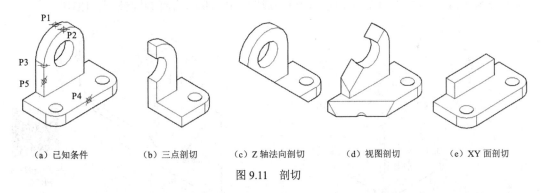

(a) 已知条件　　　(b) 三点剖切　　　(c) Z轴法向剖切　　　(d) 视图剖切　　　(e) XY 面剖切

图 9.11 剖切

但在实际工程，还经常需要沿特殊曲面剖切已知对象，以更好地观察已知对象的内部结构。如图 9.12 所示，沿着特殊曲面剖开输水涵洞进水口，可以更方便地观察胸墙、闸门槽、方圆渐变段等构造。下面以图 9.12 输水涵洞进水口为例，详细介绍如何沿特殊曲面剖切已知三维实体。

首先，需要创建一个用于剖切输水涵洞进水口的曲面，如图 9.13（b）所示。由于该曲面是由一个平面和一个曲面构成的特殊曲面，直接采用曲面绘制命令很难完成，可以采用拉伸边界线的方法完成该特殊曲面的创建。边界线绘制需要先将用户坐标系 XY 平面建立在涵洞进水口的顶面，分别用直线和样条曲线命令绘制，再使用合并命令将直线和样条曲线合并成图 9.13（a）所示的边界线。对该边界线执行拉伸命令，即可完成如图 9.13（b）所示剖切曲面的创建。

完成剖切曲面创建后，执行剖切命令，命令行提示：

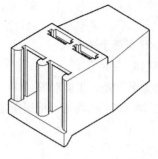
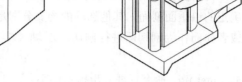

(a) 已知条件　　　　　　　　　(b) 剖切后

图 9.12　沿特殊曲面剖切输水涵洞进水口

命令：SL↙

选择要剖切的对象：

选择图 9.13（b）所示涵洞进水口，按 Enter 键，命令行进一步提示：

指定切面的起点或[平面对象（O）/曲面（S）/Z 轴（Z）/视图（V）/XY（XY）/YZ（YZ）/ZX（ZX）/三点（3）] <三点>：

命令行输入 S 按 Enter 键，命令行进一步提示：

选择曲面：

选择图 9.13（b）中的剖切曲面按 Enter 键，命令行进一步提示：

选择要保留的剖切对象或[保留两个侧面（B）] <保留两个侧面>：

选择图 9.13（b）中剖切面的左侧，即可完成图 9.12（b）所示的涵洞进水口剖切。

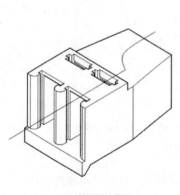
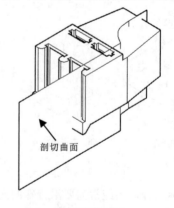

剖切曲面

视频资源 9.4
剖切命令

(a) 创建剖切曲面　　　　　　　　　(b) 创建剖切曲面

图 9.13　创建输水涵洞进水口剖切曲面

2. 截面平面

截面平面命令用来创建用作穿过实体、曲面、网格或面域的剖切平面，三维对象本身不会因为剖切而发生改变。这里以图 9.14 所示的输水涵洞进水口为例介绍截面平面命令。

截面平面命令是 SECTIONPLANE，快捷命令为 SECT，有以下几种启动方式：

（1）命令行：输入 SECT 按 Enter 键。

（2）单击"常用"选项卡→"截面"面板→"截面平面"按钮 .

（3）单击"实体"选项卡→"截面"面板→"截面平面"按钮。

启动命令并提示：

选择面或任意点以定位截面线或[绘制截面（D）/正交（O）/类型（T）]：

这里以最常用的"绘制截面"方式介绍，输入 D 按 Enter 键，命令行进一步提示：

指定起点：

指定下一个点或按 Enter 键完成：

依次指定图 9.14 所示的截面路径，按 Enter 键，命令行提示：

按截面视图的方向指定点：

指定截面左侧实体对象的任一点，即可得到图 9.15 所示的截面平面。单击截面平面，功能区新增如图 9.16 所示的"截面平面"选项卡，用于编辑该截面平面。下面以常用的生成截面块为例介绍。

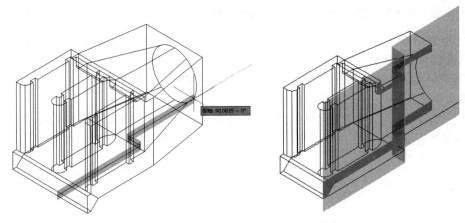

图 9.14　绘制输水涵洞进水口截面　　　　图 9.15　输水涵洞进水口截面平面

图 9.16　"截面平面"选项卡

单击"生成"面板→"生成截面块"按钮，弹出如图 9.17 所示的"生成截面/立面"对话框，单击"创建"，即生成图 9.18 所示的输水涵洞进水口阶梯剖视图。可根据制图规范进一步完善该截面块的线型、线框、图案填充等属性，使其符合工程制图标准。

图 9.17　"生成截面/立面"对话框

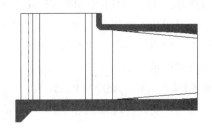

图 9.18　默认设置生成的输水涵洞进水口阶梯剖视图

　　AutoCAD 还允许用户以选择面或任意点来定位截面线的形式创建截面平面，也可以在命令行选择"正交（O）"的方式完成。若命令行选择"类型（T）"则可以更改截面平面类型，包括"平面（P）""切片（S）""边界（B）"和"体积（V）"四个选项，可根据实际需要指定。

3. 加厚

　　加厚命令是以指定的厚度将曲面转换为三维实体，加厚命令仅对曲面有效，对平面和网格无效。首先创建一个曲面，然后通过加厚将其转换为三维实体，以图 9.19 所示涵洞拱顶为例介绍加厚命令。

　　加厚命令是 THICKEN，快捷命令为 THI。有以下几种启动方式：

　　（1）命令行：输入 THI 按 Enter 键。

　　（2）单击"常用"选项卡→"实体编辑"面板→"加厚"按钮 。

　　（3）单击"实体"选项卡→"实体编辑"面板→"加厚"按钮 。

　　（4）单击"修改"菜单→"三维操作"→"加厚"。

　　启动命令并提示：

　　选择要加厚的曲面：

　　选择图 9.19（b）所示的拱顶曲面，按 Enter 键，命令行进一步提示：

　　选择要加厚的曲面：指定厚度 <0.0000>：

　　输入正值向外加厚，输入负值向内加厚。这里需要向外加厚，输入 100 按 Enter 键即可得到图 9.19（c）所示涵洞的拱顶。

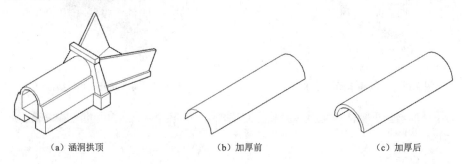

(a) 涵洞拱顶　　　　　　　　(b) 加厚前　　　　　　　　(c) 加厚后

图 9.19　使用加厚命令创建涵洞拱顶

4. 拉伸面

　　拉伸面是指在 X、Y、Z 方向或任一指定路径上延伸三维实体面，从而更改对象的形状。这里以图 9.20 所示涵洞端墙面为例介绍拉伸面命令。

　　拉伸面命令包含于 SOLIDEDIT。有以下几种启动方式：

　　（1）命令行：输入 SOLIDEDIT→F→E 分别按 Enter 键。

　　（2）单击"实体"选项卡→"实体编辑"面板→"倾斜面"展开按钮→"拉伸面"按钮 。

　　（3）单击"修改"菜单→"实体编辑"→"拉伸面"。

　　启动命令并提示：

　　选择面或[放弃（U）/删除（R）]：

　　按住 Ctrl 键，将光标移动到图 9.20（b）所示的断面，亮显后单击，按 Enter 键，命令行进一步提示：

　　指定拉伸高度或[路径（P）]：

图 9.20 中需要将端墙面由 800 更改为 1000，鼠标拉向左侧并输入 200 按 Enter 键，命令行进一步提示：

指定拉伸的倾斜角度 <0>：

不需要修改倾斜角度，直接按 Enter 键，即可得到图 9.20（c）所示的涵洞端墙。

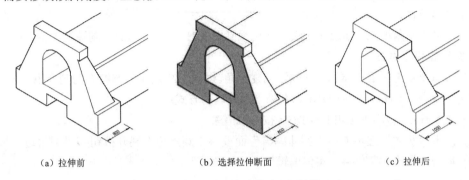

| （a）拉伸前 | （b）选择拉伸断面 | （c）拉伸后 |

图 9.20　利用拉伸面命令修改涵洞端墙尺寸

图 9.20 所示涵洞端墙面的修改还可以利用移动面和偏移面等实体编辑命令完成，其操作与拉伸面类似。

5. 倾斜面

倾斜面是以指定的角度倾斜三维实体上的面。倾斜角的旋转方向由选择基点和第二点（沿选定矢量）的顺序决定。正角度将向里倾斜面，负角度将向外倾斜面。以图 9.21 所示的涵洞端墙背面为例介绍倾斜面命令。

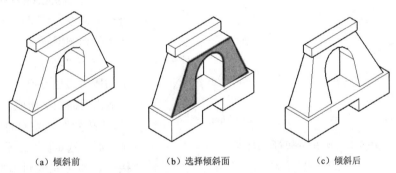

| （a）倾斜前 | （b）选择倾斜面 | （c）倾斜后 |

图 9.21　利用倾斜面命令修改涵洞端墙背面

倾斜面命令是 SOLIDEDIT。有以下几种启动方式：

（1）命令行：输入 SOLIDEDIT→F→T 分别按 Enter 键。

（2）单击"实体"选项卡→"实体编辑"面板→"倾斜面"展开按钮→"倾斜面"按钮 。

（3）单击"修改"菜单→"实体编辑"→"倾斜面"。

启动命令并提示：

选择面或[放弃（U）/删除（R）]：

按住 Ctrl 键，将光标移动到图 9.21（b）所示的断面，亮显后单击，按 Enter 键，命令行进一步提示：

指定基点：

倾斜角的旋转方向是由选择基点和第二点的顺序决定，故先选择图 9.21（b）亮显面底部任一角点，命令行进一步提示：

指定沿倾斜轴的另一个点：

垂直向上移动光标，出现 Z 轴方向示踪线，在任一位置单击，命令行进一步提示：

指定倾斜角度：

输入所需倾斜角度 15°按 Enter 键，即可得到图 9.21（c）所示的涵洞端墙倾斜背面。

6. 倒角边和圆角边

倒角边命令是为三维实体边和曲面边创建倒角。以图 9.22 所示涵洞帽石为例介绍倒角边命令。

倒角边命令是 CHAMFEREDGE。有以下几种启动方式：

（1）命令行：输入 CHAMFEREDGE 按 Enter 键。

（2）单击"实体"选项卡→"实体编辑"面板→"圆角边"展开按钮→"倒角边"按钮 。

（3）单击"修改"菜单→"实体编辑"→"倒角边"。

启动命令并提示：

选择一条边或[环（L）/距离（D）]：

在选择倒角边之前，需要先进行倒角距离设置。输入 D 按 Enter 键，命令行进一步提示：

指定距离 1 或[表达式（E）] <1>：50

指定距离 2 或[表达式（E）] <1>：50

倒角距离设置完成后，命令行进一步提示：

选择一条边或[环（L）/距离（D）]：

选择图 9.22（a）左侧边，按 Enter 键结束命令，即可得到图 9.22（b）所示的涵洞帽石。

选项"环（L）"是指对一个面上的所有边建立倒角。对于任何边，一般由两面相交而成。选择"环（L）"后，"接受"亮显的面或选择"下一个"面。选定循环边后，按 Enter 键接受，即可完成对该面上的所有边倒角。

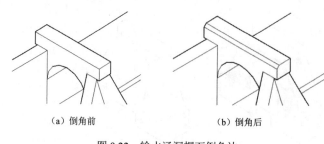

（a）倒角前 　　　　　（b）倒角后

图 9.22 输水涵洞帽石倒角边

圆角边命令是为实体对象边创建圆角，在对三维对象边创建圆角之前，一般需要先设置圆角半径值。圆角边命令允许用户同时选择多条边，也可在实体的面上指定边的环，其操作过程与倒角边命令一致。

三维编辑命令还包括许多其他三维操作命令，如三维移动、三维旋转、三维对齐、三维镜像、三维阵列等，其操作与二维编辑命令类似，这里不再赘述。

9.2.2　曲面编辑

曲面编辑主要包括曲面过渡、修补、延伸、圆角和偏移，以构成新的曲面。

曲面过渡是指在两个现有曲面之间创建连续的过渡曲面；曲面修补是指通过在形成闭环的曲面边上拟合一个封口来创建新曲面，也可以通过闭环添加其他曲线以约束和引导修补曲面；曲面延伸是通过将曲面延伸到与另一对象的边相交或指定延伸长度来创建新曲面；曲面圆角是在两个其他曲面之间创建圆角曲面，圆角曲面具有固定半径轮廓且与原始曲面相切，并且会自动修剪原始曲面，以连接圆角曲面的边；曲面偏移是创建与原始曲面相距指定距离的平行曲面。

执行过渡和修补命令将两个曲面融合在一起时，可以指定曲面连续性和凸度幅值。执行延伸命令时，由于附加曲面会生成接缝，此类曲面具有连续性和凸度幅值特性。这里以图9.23所示曲面过渡为例介绍曲面编辑操作。

曲面过渡命令是SURFBLEND，快捷命令为SURFB。有以下几种启动方式：

（1）命令行：输入SURFB按Enter键。

（2）单击"曲面"选项卡→"创建"面板→"过渡"按钮👈。

（3）单击"绘图"菜单→"建模"→"曲面"→"过渡"。

启动命令并提示：

选择要过渡的第一个曲面的边或[链（CH）]：选取要过渡的第一个曲面的边，如图9.23（a）中的边1按Enter键。

选择要过渡的第二个曲面的边或[链（CH）]：选取要过渡的第二个曲面的边，如图9.23（a）中的边2按Enter键。

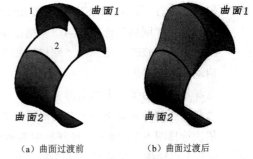

（a）曲面过渡前　　　　（b）曲面过渡后

图9.23　曲面过渡

按Enter键接受过渡曲面或[连续性（CON）/凸度幅值（B）]：按Enter键完成曲面过渡；也可以输入CON修改连续性或输入B修改凸度幅值，默认的连续性=G1即相切、凸度幅值=0.5。即可得到图9.23（b）所示的过渡曲面。

曲面修补、延伸、圆角和偏移等命令与过渡命令操作过程大同小异，可根据命令行提示逐步完成。

9.2.3　网格编辑

AutoCAD提供了多个网格编辑命令，主要包括分割面、拉伸面、合并面、旋转三角面、闭合孔、收拢面或边等。

分割面是将一个网格面拆分为两个面；拉伸面是将网格面延伸到三维空间；合并面是将相邻两个面合并为一个面；旋转三角面是旋转两个三角形网格面的相邻边；闭合孔是创建用于连接开放边的网格面；收拢面或边是用于合并选定网格面或边的顶点。

下面以图9.24所示的分割面和旋转三角面为例，介绍网格编辑命令。

网格编辑命令是MESHSPLIT。有以下几种启动方式：

（1）命令行：输入MESHSPLIT按Enter键。

（2）单击"网格"选项卡→"网格编辑"→"分割面"按钮▨。

（3）单击"修改"菜单→"网格编辑"→"分割面"。

启动命令并提示：

选择要分割的网格面：

选择图9.24（a）所示的亮显网格，命令行进一步提示：

指定面边缘上的第一个分割点或[顶点（V）]：

为了在分割位置中获得更高的精度，可以指定分割点在某个顶点。"顶点（V）"选项对于从一个矩形面创建两个三角形面非常有用。该选项为用户提供了以后想使用旋转三角面（MESHSPIN）旋转新边时所需的精度。因此这里输入 V 按 Enter 键，命令行进一步提示：

选择第一个分割顶点：

选择第二个分割顶点或[面边缘上的点（P）]：

依次选择亮显网格的对角点，即可得到图 9.24（b）所示的分割面。完成三个亮显网格的分割后，执行旋转三角面命令。

旋转三角面命令是 MESHSPIN。有以下几种启动方式：

（1）命令行：输入 MESHSPIN 按 Enter 键。

（2）单击"网格"选项卡→"网格编辑"→"旋转三角面"按钮。

（3）单击"修改"菜单→"网格编辑"→"旋转三角面"。

启动命令并提示：

选择要旋转的第一个三角形网格面：

选择要旋转的第二个相邻三角形网格面：

依次选择图 9.24（b）亮显网格中的两个相邻三角面，即可得到图 9.24（c）所示的旋转三角面。重复上述操作，完成亮显网格的三角面旋转。

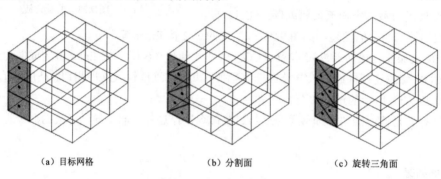

（a）目标网格   （b）分割面   （c）旋转三角面

图 9.24 分割面和旋转三角面

9.2.4 实体、曲面和网格相互转换

实体、曲面和网格是可以相互转换的，可以根据需求转换。将封闭曲面转换为实体的命令是 SURFSCULPT；也可以将网格转换为三维实体，方法是先将它们转换为曲面，然后再将其加厚；将实体转换成曲面的命令是 CONVTOSURFACE。无法将某些对象（例如网格对象）直接转换为 NURBS 曲面时，可先将对象转换为程序曲面，然后再转换为 NURBS 曲面，命令是 CONVTONURBS。将三维曲面和实体转换成网格的命令是 MESHSMOOTH。用户可以根据实际需求进行实体、曲面和网格转换。

本 章 习 题

一、选择题（单项选择或多项选择）

1. 不能拉伸为三维实体的对象是（　　）。

A. 圆弧　　　　　　B. 圆　　　　　　C. 面域　　　　　　D. 合并的二维封闭区域

2. 以下哪些命令可以编辑实体对象（　　）。

A. 移动面　　　　　　B. 拉伸面　　　　　　C. 复制面　　　　　　D. 偏移面

二、作图题

按照下列三视图完成三维实体的创建（图纸来源于"高教杯"第五届全国大学生先进成图技术与产品信息建模创新大赛试题）。

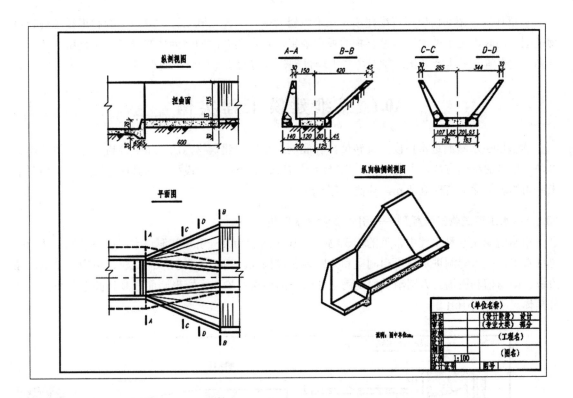

第10章 工程实体建模

本章详细介绍如何应用三维建模及三维编辑命令，创建水利工程、建筑工程和道桥工程建筑物模型。同时，为了增加工程建筑物的视觉效果，本章还介绍如何为建筑模型赋予材质、色彩、灯光、配景等，并进行效果渲染，由三维场景创建具有真实感的渲染效果图。

10.1 三维建模工程实例

本节以引水隧洞进水口段、旋转楼梯和涵洞三个工程建筑物为例，重点分析工程实体建模的思路，模型的构建方法，各种二维、三维绘图与编辑命令在工程模型中的具体应用。文中和图中未注明的单位除了高程值是 m，其他都是 mm。

10.1.1 水工建筑物三维模型——引水隧洞进水口段

引水隧洞是水利工程中常见的建筑物。图 10.1 所示为某一引水隧洞进水口段三视图。从图中可以看出，引水隧洞进水口段由闸室和方圆渐变段构成。闸室主要包括：底板、边墩、中墩、导流板、闸门槽和胸墙。方圆渐变段是闸室和隧洞的衔接结构，由矩形断面过渡到圆形断面。各部分具体尺寸见图 10.1。

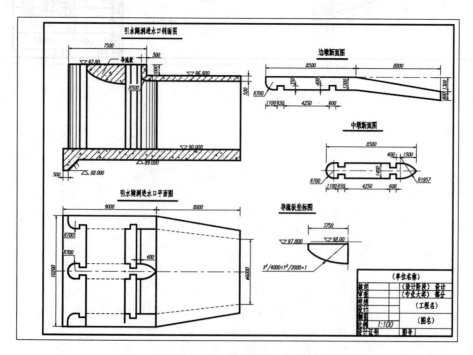

图纸资源 10.1
隧洞进口段视图

视频资源 10.2
隧洞进口段建模

图 10.1 引水隧洞进水口段三视图

（引自第四届"高教杯"全国大学生先进成图技术与产品信息建模创新大赛试题）

图 10.1 所示引水隧洞进水口段两部分结构形状不同，可分别对其建模。闸室为对称结构，对于对称结构，在建模过程中一般先创建一半，然后用三维镜像命令创建另一半。底板、边墩、中墩、导流板、闸门槽和胸墙都具有相同的特征，即等断面结构，这种结构一般采用拉伸或者扫掠命令完成。方圆渐变段与闸室的结构特征不同，其断面沿着纵向延伸时发生变化，可以采用放样命令完成。方圆渐变段外部和内部需要两次放样，然后进行布尔运算求差集。

根据以上建模思路，下面将详细介绍闸室底板、边墩、中墩、导流板和胸墙及方圆渐变段的建模过程。

首先在 AutoCAD 中调整绘图环境：将工作空间切换到"三维建模"，视图设定为"西南等轴测"，视觉样式调整为"线框"。

1. 创建闸室

（1）底板。先绘制闸室底板断面。新建 UCS，调整坐标轴方向，如图 10.2（a）所示。命令行输入 PL 按 Enter 键执行多段线命令，具体绘制步骤如下：

指定起点：0,0✓

指定下一个点或[圆弧（A）/半宽（H）/长度（L）/放弃（U）/宽度（W）]：@0,2000✓

指定下一点或[圆弧（A）/闭合（C）/半宽（H）/长度（L）/放弃（U）/宽度（W）]：@9000,0✓

指定下一点或[圆弧（A）/闭合（C）/半宽（H）/长度（L）/放弃（U）/宽度（W）]：@0,-1000✓

指定下一点或[圆弧（A）/闭合（C）/半宽（H）/长度（L）/放弃（U）/宽度（W）]：from✓

基点：<偏移>：1500 或者输入@-7500,0✓

指定下一点或[圆弧（A）/闭合（C）/半宽（H）/长度（L）/放弃（U）/宽度（W）]：from✓

基点：<偏移>：500 或者输入@-1000,-1000✓

指定下一点或[圆弧（A）/闭合（C）/半宽（H）/长度（L）/放弃（U）/宽度（W）]：C✓

命令行输入 EXTRUDE 按 Enter 键执行拉伸命令，完成底板一半的创建，具体操作步骤如下：

选择要拉伸的对象或[模式（MO）]：找到 1 个

指定拉伸的高度或[方向（D）/路径（P）/倾斜角（T）/表达式（E）]：5100✓

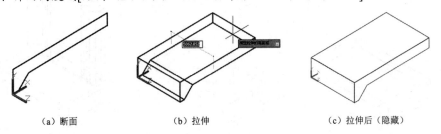

（a）断面   （b）拉伸   （c）拉伸后（隐藏）

图 10.2 闸室底板创建过程

（2）边墩。首先绘制边墩断面。新建 UCS，如图 10.3（a）所示。命令行输入 PLINE 按 Enter 键执行多段线命令，具体绘制步骤如下：

指定起点：500,0✓

指定下一个点或[圆弧（A）/半宽（H）/长度（L）/放弃（U）/宽度（W）]：@8500,0✓

指定下一点或[圆弧（A）/闭合（C）/半宽（H）/长度（L）/放弃（U）/宽度（W）]：@0,-1200✓

指定下一点或[圆弧（A）/闭合（C）/半宽（H）/长度（L）/放弃（U）/宽度（W）]：@-1900,0✓

指定下一点或[圆弧（A）/闭合（C）/半宽（H）/长度（L）/放弃（U）/宽度（W）]：@0,400✓

指定下一点或[圆弧（A）/闭合（C）/半宽（H）/长度（L）/放弃（U）/宽度（W）]：@-600,0✓

指定下一点或[圆弧（A）/闭合（C）/半宽（H）/长度（L）/放弃（U）/宽度（W）]：@0,-400✓

指定下一点或[圆弧（A）/闭合（C）/半宽（H）/长度（L）/放弃（U）/宽度（W）]：@-4250,0✓

指定下一点或[圆弧（A）/闭合（C）/半宽（H）/长度（L）/放弃（U）/宽度（W）]：@0,350✓

指定下一点或[圆弧（A）/闭合（C）/半宽（H）/长度（L）/放弃（U）/宽度（W）]：@-650,0✓

指定下一点或[圆弧（A）/闭合（C）/半宽（H）/长度（L）/放弃（U）/宽度（W）]：@0,-350✓

指定下一点或[圆弧（A）/闭合（C）/半宽（H）/长度（L）/放弃（U）/宽度（W）]：@-400,0✓

指定下一点或[圆弧（A）/闭合（C）/半宽（H）/长度（L）/放弃（U）/宽度（W）]：A✓

指定圆弧的端点（按住 Ctrl 键以切换方向）或

[角度（A）/圆心（CE）/闭合（CL）/方向（D）/半宽（H）/直线（L）/半径（R）/第二个点（S）/放弃（U）/宽度（W）]：CE✓

指定圆弧的圆心：@0,700✓

指定圆弧的端点（按住 Ctrl 键以切换方向）或[角度（A）/长度（L）]：

指定圆弧的端点（按住 Ctrl 键以切换方向）或

[角度（A）/圆心（CE）/闭合（CL）/方向（D）/半宽（H）/直线（L）/半径（R）/第二个点（S）/放弃（U）/宽度（W）]：L✓

指定下一点或[圆弧（A）/闭合（C）/半宽（H）/长度（L）/放弃（U）/宽度（W）]：C✓

边墩断面如图 10.3（b）所示。命令行输入 EXTRUDE 按 Enter 键执行拉伸命令：

选择要拉伸的对象或[模式（MO）]：找到 1 个

指定拉伸的高度或[方向（D）/路径（P）/倾斜角（T）/表达式（E）]：7800✓

值得注意的是，在创建边墩断面过程中绘制了闸门槽和检修闸门槽断面，因此拉伸之后的边墩带有闸门槽和检修闸门槽，这样做的好处是减少布尔运算，节省建模工作量。

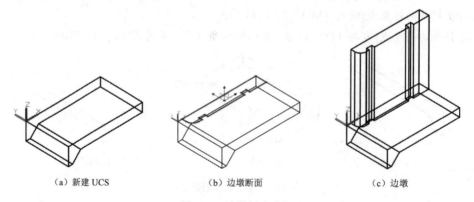

（a）新建 UCS　　　　　（b）边墩断面　　　　　（c）边墩

图 10.3　边墩创建过程

（3）中墩。中墩和边墩断面存在相似性，为节省工作量，采用复制并编辑边墩断面的方法，具体绘制步骤如下：

执行"复制面"命令，命令行输入 SOLIDEDIT 按 Enter 键后选择面（F）再选择复制（C），按住 Ctrl 键，移动十字光标至边墩顶面，如图 10.4（a）所示，亮显后单击，按 Enter 键，指定该面任一角点为基点位置，指定位移的第二点，如图 10.4（b）所示。

接下来对该复制面进行编辑，使之符合中墩断面的要求。将视图改为"俯视"。选中该复制面，命令行输入 EXPLODE 按 Enter 键执行分解命令，并依据图 10.1 所示中墩断面示意图所给尺寸修改。圆弧段的修改如下：

命令：ARC↙

指定圆弧的起点或[圆心（C）]：C↙

指定圆弧的圆心：from↙，采用"捕捉自"模式寻找圆弧圆心；

基点：<偏移>：@400,-1957↙，圆弧圆心相对于闸门槽 A 点，见图 10.4（b）；

指定圆弧的起点：

指定圆弧的端点（按住 Ctrl 键以切换方向）或[角度（A）/弦长（L）]：

修改完后，命令行输入 MI↙执行镜像命令，并将镜像之后中墩的一半断面移动到图 10.4（c）所示位置。命令行输入 EXTRUDE↙执行拉伸命令，得到图 10.4（d）所示中墩。

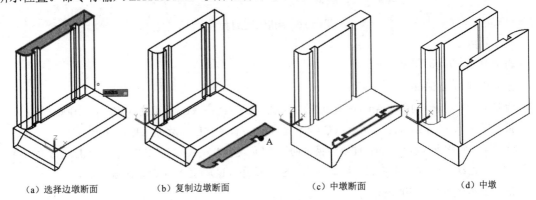

（a）选择边墩断面　　　　（b）复制边墩断面　　　　（c）中墩断面　　　　（d）中墩

图 10.4　中墩创建过程

（4）导流板。导流板断面由椭圆弧和直线组成。先找到椭圆弧圆心所在位置，并将用户坐标系放在该位置，如图 10.5 所示。椭圆弧创建过程如下：

命令：EL↙

指定椭圆的轴端点或[圆弧（A）/中心点（C）]：A↙

指定椭圆弧的轴端点或[中心点

（C）]：C↙

指定椭圆弧的中心点：

指定轴的端点：4000↙

指定另一条半轴长度或[旋转（R）]：

2000↙

指定起点角度或[参数（P）]：0↙

指定端点角度或[参数（P）/夹角

（I）]：90↙

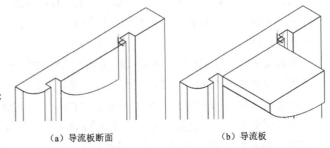

（a）导流板断面　　　　（b）导流板

图 10.5　导流板创建过程

然后绘制直线，并合并成图 10.5（a）所示导流板断面边界。拉伸断面，即可得到图 10.5（b）所示导流板。具体操作如下：

命令：EXT↙

当前线框密度：ISOLINES=4，闭合轮廓创建模式 = 实体

选择要拉伸的对象或[模式（MO）]：找到 1 个

指定拉伸的高度或[方向（D）/路径（P）/倾斜角（T）/表达式（E）]<-500.0000>：3200↙

（5）胸墙。胸墙断面为 L 形，可以采用直线和圆弧命令完成，也可以采用多段线和偏移命令完成。这里介绍后者。距闸门槽 400 的位置新建 UCS，如图 10.6（a）所示。然后绘制 L 形断面的一条边，具体操作如下：

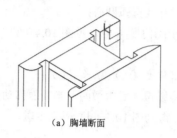
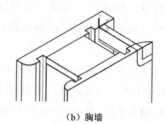

（a）胸墙断面　　　　　　　　　　　　　　　（b）胸墙

图 10.6　胸墙创建过程

命令：PL↙

指定起点：0,0↙

当前线宽为 0.0000↙

指定下一个点或[圆弧（A）/半宽（H）/长度（L）/放弃（U）/宽度（W）]：1000↙

指定下一点或[圆弧（A）/闭合（C）/半宽（H）/长度（L）/放弃（U）/宽度（W）]：A↙

指定圆弧的端点（按住 Ctrl 键以切换方向）或[角度（A）/圆心（CE）/闭合（CL）/方向（D）/半宽（H）/直线（L）/半径（R）/第二个点（S）/放弃（U）/宽度（W）]：R↙

指定圆弧的半径：500↙

指定圆弧的端点（按住 Ctrl 键以切换方向）或[角度（A）]：A↙

指定夹角：90↙

指定圆弧的弦方向（按住 Ctrl 键以切换方向）<270>：-45↙

指定圆弧的端点（按住 Ctrl 键以切换方向）或[角度（A）/圆心（CE）/闭合（CL）/方向（D）/半宽（H）/直线（L）/半径（R）/第二个点（S）/放弃（U）/宽度（W）]：L↙

指定下一点或[圆弧（A）/闭合（C）/半宽（H）/长度（L）/放弃（U）/宽度（W）]：1000↙

对该多段线执行偏移命令，具体操作如下：

命令：O↙

当前设置：删除源=否　图层=源　OFFSETGAPTYPE=0

指定偏移距离或[通过（T）/删除（E）/图层（L）]<通过>：500↙

指定要偏移的那一侧上的点，或[退出（E）/多个（M）/放弃（U）]<退出>：

补齐剩余直线段，使用合并命令生成图 10.6（a）所示胸墙断面。对该断面执行拉伸命令，即可得到图 10.6（b）所示胸墙，具体操作如下：

命令：EXT↙

当前线框密度：ISOLINES=4，闭合轮廓创建模式 = 实体

找到 1 个

指定拉伸的高度或[方向（D）/路径（P）/倾斜角（T）/表达式（E）]<1>：3900↙

至此，闸室所有组成要素均创建完毕。去除胸墙上方中墩和边墩多余部分，一般有两种方法：①新建一个辅助长方体，使用布尔运算作差集去掉多余部分；②使用删除面的方法去掉多余部分。

这里介绍后者，具体操作如下：

将闸室所有组成要素求并集：

命令：UNI↙

选择对象：指定对角点：找到 4 个

然后执行"删除面"命令，同时删除图 10.7（a）所示的面 1 和面 2，即可得到图 10.7（b）所示的闸室，具体操作如下：

命令：SOLIDEDIT↙

输入实体编辑选项[面（F）/边（E）/体（B）/放弃（U）/退出（X）]<退出>：F↙

输入面编辑选项

[拉伸（E）/移动（M）/旋转（R）/偏移（O）/倾斜（T）/删除（D）/复制（C）/颜色（L）/材质（A）/放弃（U）/退出（X）]

<退出>：D↙

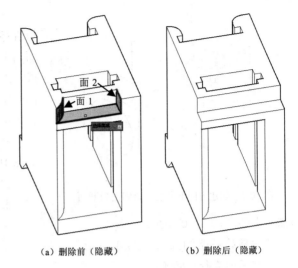

（a）删除前（隐藏）　　　（b）删除后（隐藏）

图 10.7　删除面（东南等轴测视图）

选择面或[放弃（U）/删除（R）]：找到一个面

选择面或[放弃（U）/删除（R）/全部（ALL）]：找到一个面

对图 10.7（b）所示实体进行三维镜像，然后采用布尔运算求并集，即可得到图 10.8 所示的完整的闸室三维模型，具体操作步骤如下：

命令：MIRROR3D↙

选择对象：找到 1 个

选择对象：

指定镜像平面（三点）的第一个点或[对象（O）/最近的（L）/Z 轴（Z）/视图（V）/XY 平面（XY）/YZ 平面（YZ）/ZX 平面（ZX）/三点（3）]<三点>：3

在镜像平面上指定第一点：在镜像平面上指定第二点：在镜像平面上指定第三点：

是否删除源对象？[是（Y）/否（N）]<否>：N↙

命令：UNI↙

选择对象：指定对角点：找到 2 个

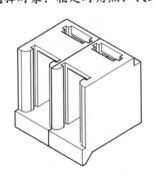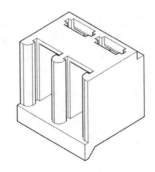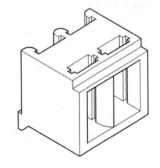

（a）三维镜像　　　　（b）合并后（西南等轴测视图）　　　　（c）合并后（东南等轴测视图）

图 10.8　闸室三维模型（隐藏）

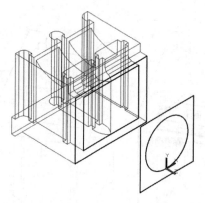

图 10.9　创建方圆渐变段入口和出口断面

2. 创建方圆渐变段

根据前述建模思路，方圆渐变段通过两次放样，再进行布尔运算求差集完成。首先创建两个放样断面，图 10.1 所示方圆渐变段入口断面由两个矩形组成，出口断面由圆和矩形组成。前者可以在已完成的闸室出口捕捉特征点完成，后者需要新建用户坐标系单独绘制。具体步骤如下：

在距离中墩底端角点 8000 位置处新建 UCS，如图 10.9 所示。在 XY 平面上依次绘制圆和矩形。

命令：C✓

指定圆的圆心或[三点（3P）/两点（2P）/切点、

切点、半径（T）]：0,3000✓

指定圆的半径或[直径（D）]：D✓

指定圆的直径：6000✓

命令：REC✓

指定第一个角点或[倒角（C）/标高（E）/圆角（F）/厚度（T）/宽度（W）]：-3800,-1000✓

指定另一个角点或[面积（A）/尺寸（D）/旋转（R）]：@7600,7800✓

完成断面创建后，执行放样命令 LOF。分别对内部矩形和圆放样，结果如图 10.10（a）所示；对外部两个矩形放样，结果如图 10.10（b）所示；将放样的两实体求差集，结果如图 10.10（c）所示。

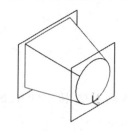 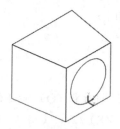 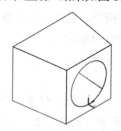

（a）内部矩形和圆放样　　　　　（b）外部矩形和矩形放样　　　　　（c）布尔运算求差集

图 10.10　方圆渐变段

将图 10.8 所示的闸室和图 10.10 所示的方圆渐变段求并集，即可得到如图 10.11 所示完整的引水隧洞进水口段。

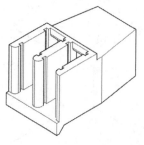 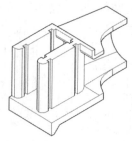

（a）剖切前　　　　　　　　　　　　　（b）剖切后

图 10.11　引水隧洞进水口段三维西南等轴测视图

10.1.2　建筑工程三维模型——旋转楼梯

旋转楼梯是建筑工程中常见的建筑物。图 10.12 所示为某旋转楼梯的二维工程图。从图中可以看出该旋转楼梯由中心圆立柱、踏步、护栏和角钢支撑组成。

旋转楼梯三维建模要点分析如下：

楼梯直径为 2000，导距为 3200，由 16 级踏步、护栏和角钢支撑组成。采用先创建踏步和角钢支撑，再创建护栏，最后创建中心圆立柱的建模方法。

16 级结构相同的踏步采用三维阵列命令创建。踏步的踏面为圆弧和直线组成的扇形断面，且断面沿垂向不发生改变，采用拉伸命令创建。踏步的踢面板为长方体结构，可用长方体命令创建。

角钢支撑结构，可根据踢面板和踏面板的轮廓形状，采用等边角钢焊接而成。由三根等边角钢构成稳固三角形受力结构，固定在中心圆立柱上。可以采用扫掠命令创建。

中心圆立柱直径为 690，壁厚为 15 的空心圆柱。可以通过绘制两个半径相差 15mm 的同心圆柱，通过布尔运算求差集完成；也可以采用绘制横截面，用拉伸或者扫掠命令创建；还可以通过先绘制圆柱曲面，采用加厚命令创建。

护栏包括栏杆、扶手和横向支撑。扶手和横向支撑为三维螺旋结构，可以先绘制三维螺旋线，再绘制横截面扫掠创建。栏杆为圆柱体，采用圆柱体命令或者绘制横截面拉伸创建。

根据以上建模思路，下面将详细介绍中心圆立柱、踏步、角钢支撑和护栏的建模步骤。

首先调整绘图环境：将模型空间切换到"三维建模"，视图设定为"西南等轴测"，视觉样式调整为"线框"。然后分别建模。

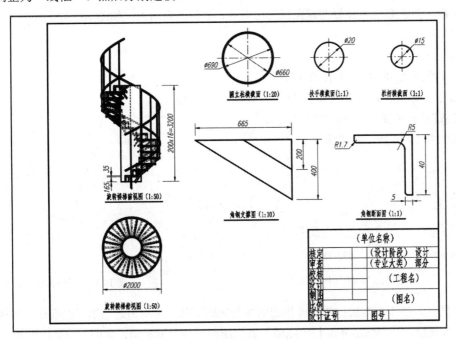

图纸资源 10.3
旋转楼梯视图

视频资源 10.4
旋转楼梯

图 10.12　旋转楼梯三维模型图

1. 踏步

踏步由踏面板和踢面板组成，角钢连接构成踏步框架。

（1）踏面板。踏面板横截面由三条直线和一段圆弧组成，如图 10.13（a）所示。

绘制正十六边形：

命令：POL↙

输入侧面数 <4>：16↙

指定正多边形的中心点或[边（E）]：

输入选项[内接于圆（I）/外切于圆（C）] <I>：I↙

指定圆的半径：1000↙

以正十六边形几何中心为圆心绘制直径为 700 的圆：

命令：C↙

指定圆的圆心或[三点（3P）/两点（2P）/切点、切点、半径（T）]：

指定圆的半径或[直径（D）]：D↙

指定圆的直径：700↙

以圆心为起点，十六边形角点为终点，绘制两条直线。对 10.13（b）所示亮显区域执行"按住并拖动"命令：

命令：PRES↙

选择对象或边界区域：

指定拉伸高度或[多个（M）]：35↙

已创建 1 个拉伸

即可得到图 10.13（c）所示踏面板。

（2）踢面板。新建 UCS，X 轴与踏面板的边对齐，Y 轴垂直向上，如图 10.14 所示。

绘制长方体：

命令：BOX↙

指定第一个角点或[中心（C）]：0,0,5↙

指定其他角点或[立方体（C）/长度（L）]：@650,-165,0↙

指定高度或[两点（2P）] <298.1695>：10↙

即可得到如图 10.14 所示的踢面板。

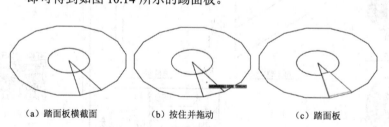

（a）踏面板横截面　　　　　（b）按住并拖动　　　　　（c）踏面板

图 10.13　踏面板创建过程

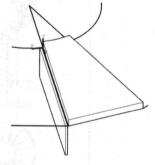

图 10.14　踢面板创建过程

（3）踏步框架。踏步框架根据踢面板和踏面板的轮廓形状，采用等边角钢焊接而成，建模时可以采用复制外轮廓，绘制角钢断面扫掠完成。首先绘制等边角钢断面，如图 10.15（a）所示。

命令：PL↙

指定起点：0,0↙

当前线宽为 0.0000↙

指定下一个点或[圆弧（A）/半宽（H）/长度（L）/放弃（U）/宽度（W）]：@40,0↙

指定下一点或[圆弧（A）/闭合（C）/半宽（H）/长度（L）/放弃（U）/宽度（W）]: @0,-40↙

指定下一点或[圆弧（A）/闭合（C）/半宽（H）/长度（L）/放弃（U）/宽度（W）]: @-5,0↙

指定下一点或[圆弧（A）/闭合（C）/半宽（H）/长度（L）/放弃（U）/宽度（W）]: @0,35↙

指定下一点或[圆弧（A）/闭合（C）/半宽（H）/长度（L）/放弃（U）/宽度（W）]: @-35,0↙

指定下一点或[圆弧（A）/闭合（C）/半宽（H）/长度（L）/放弃（U）/宽度（W）]: C↙

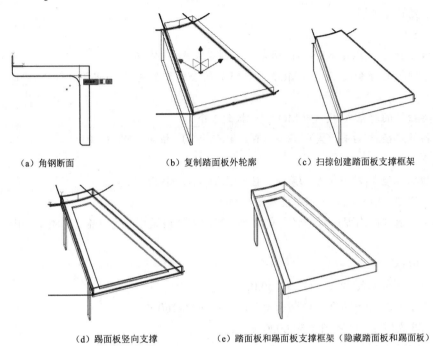

（a）角钢断面　　　　　（b）复制踏面板外轮廓　　　　　（c）扫掠创建踏面板支撑框架

（d）踢面板竖向支撑　　　　　（e）踏面板和踢面板支撑框架（隐藏踏面板和踢面板）

图 10.15　踏步框架创建过程

本例采用普通碳素钢甲类 3 号镇静钢，其参数 b、d、r 和 r1 分别为 40、5、5 和 1.7（见 GB/T 706—2016《热轧型钢》）。角钢断面操作步骤如下：

命令：F↙

选择第一个对象或[放弃（U）/多段线（P）/半径（R）/修剪（T）/多个（M）]: R↙

指定圆角半径 <1>: 5↙

选择第一个对象或[放弃（U）/多段线（P）/半径（R）/修剪（T）/多个（M）]:

选择第二个对象，或按住 Shift 键选择对象以应用角点或[半径（R）]:

命令：F↙

选择第一个对象或[放弃（U）/多段线（P）/半径（R）/修剪（T）/多个（M）]: R↙

指定圆角半径 <1>: 1.7↙

选择第一个对象或[放弃（U）/多段线（P）/半径（R）/修剪（T）/多个（M）]: M↙

选择第一个对象或[放弃（U）/多段线（P）/半径（R）/修剪（T）/多个（M）]:

选择第二个对象，或按住 Shift 键选择对象以应用角点或[半径（R）]:

选择第一个对象或[放弃（U）/多段线（P）/半径（R）/修剪（T）/多个（M）]:

选择第二个对象，或按住 Shift 键选择对象以应用角点或[半径（R）]:

接下来创建扫掠轮廓，对图 10.15 (b) 所示亮显轮廓执行复制边命令：

命令：SOLIDEDIT↙

输入实体编辑选项[面 (F) /边 (E) /体 (B) /放弃 (U) /退出 (X)]<退出>：E↙

输入边编辑选项[复制 (C) /着色 (L) /放弃 (U) /退出 (X)]<退出>：C↙

对复制边执行合并命令。以图 10.15 (a) 所示角钢断面内边交点为基点，将该断面沿着图 10.15 (b) 所示的亮显轮廓扫掠。

命令：SW↙

当前线框密度：ISOLINES=4，闭合轮廓创建模式 = 实体

选择要扫掠的对象或[模式 (MO)]：_MO 闭合轮廓创建模式[实体 (SO) /曲面 (SU)]<实体>：SO↙

选择要扫掠的对象或[模式 (MO)]：找到 1 个

选择扫掠路径或[对齐 (A) /基点 (B) /比例 (S) /扭曲 (T)]：B↙

指定基点：

选择扫掠路径或[对齐 (A) /基点 (B) /比例 (S) /扭曲 (T)]：

即可得到图 10.15 (c) 所示踏面板支撑框架。

踢面板采用螺栓锚固在两个竖向支撑上，竖向支撑板采用长方体命令建模，如图 10.15 (d) 所示。

命令：BOX↙

指定第一个角点或[中心 (C)]：50,0↙

指定其他角点或[立方体 (C) /长度 (L)]：@40,-160↙

指定高度或[两点 (2P)]<-50.0000>：5↙

命令：COPY↙

选择对象：找到 1 个

指定基点或[位移 (D) /模式 (O)]<位移>：

指定第二个点或[阵列 (A)]<使用第一个点作为位移>：@500,0↙

完整的踏面板和踢面板支撑框架如图 10.15 (e) 所示。

2. 角钢支撑

角钢支撑由角钢横断面沿支撑路径扫掠创建，先绘制图 10.16 (a) 亮显的扫掠路径。

绘制向下的辅助线，如图 10.16 (a) 所示虚线：

命令：L↙

指定第一个点：0,0↙

指定下一点或[放弃 (U)]：@0,0,-400↙

然后执行直线命令，依次连接绘制框架底边中点，框架底边端点和辅助线端点，框架底边中点和辅助线中点，完成三条扫掠路径绘制，如图 10.16 (a) 亮显粗实线。

将图 10.15 (a) 所示角钢断面沿图 10.16 (a) 亮显粗实线扫掠，基点选择为角钢断面外边中点：

命令：SW↙

选择要扫掠的对象或[模式 (MO)]：_MO 闭合轮廓创建模式[实体 (SO) /曲面 (SU)]<实体>：SO↙

选择要扫掠的对象或[模式（MO）]：指定对角点：找到 1 个

选择扫掠路径或[对齐（A）/基点（B）/比例（S）/扭曲（T）]：B✓

指定基点：

选择扫掠路径或[对齐（A）/基点（B）/比例（S）/扭曲（T）]：

由于扫掠命令没有指定方向的选项，在执行扫掠时，经常会出现图 10.16（b）所示的情况，需要采用三维镜像命令进一步编辑，如图 10.16（c）所示。

命令：MIRROR3D✓

选择对象：找到 1 个

选择对象：

指定镜像平面（三点）的第一个点或[对象（O）/最近的（L）/Z 轴（Z）/视图（V）/XY 平面（XY）/YZ 平面（YZ）/ZX 平面（ZX）/三点（3）] <三点>：在镜像平面上指定第二点：在镜像平面上指定第三点：

是否删除源对象？[是（Y）/否（N）] <否>：Y✓

另外两根角钢支撑重复上述方法创建。为了节省建模工作量，使用复制和拉伸命令。对上述扫掠并镜像的角钢执行复制命令，以角钢断面外边中点为基点，复制至其余两条路径的端点。

然后对复制角钢进行拉伸（夹点编辑），如图 10.16（d）所示，即可得到图 10.16（e）所示的角钢支撑。需要注意的是，在复制和拉伸（夹点编辑）操作过程中需确保基点的正确选择，以使三根角钢处于同一平面。

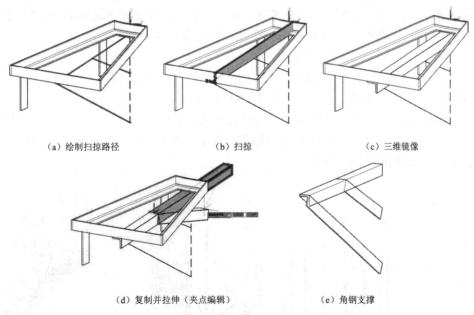

（a）绘制扫掠路径　　　　　　　　（b）扫掠　　　　　　　　（c）三维镜像

（d）复制并拉伸（夹点编辑）　　　　　　　　（e）角钢支撑

图 10.16　角钢支撑创建过程

3. 栏杆

栏杆采用圆柱体命令创建。新建 UCS 如图 10.17 所示，然后执行圆柱体命令：

命令：CYL✓

指定底面的中心点或[三点（3P）/两点（2P）/切点、切点、半径（T）/椭圆（E）]：0,8.5✓

指定底面半径或[直径（D）]：8.5↙

指定高度或[两点（2P）/轴端点（A）] <-5.0000>：1500↙

4. 螺旋台阶

旋转楼梯每个梯段由 16 级台阶螺旋上升而成，首先在平面上创建项目数为 16 的环形阵列，然后每一级台阶在竖向上依次上移。踏步框架、角钢支撑和栏杆为焊接结构，但为方便后续操作，将其合并成一个整体，执行布尔运算求并集 UNI 命令。

踢面板和踏面板与踏步框架、角钢支撑和栏杆属于不同的材质，为方便下节介绍材质和渲染相关命令，故不将踢面板和踏面板与支撑组合体合并。选中踢面板和踏面板与支撑组合体，如图 10.18（a）所示，执行环形阵列命令：

命令：ARRAYPOLAR↙

选择对象：找到 1 个

选择对象：找到 1 个，总计 2 个

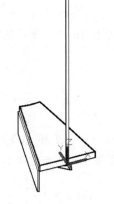

图 10.17　栏杆创建过程

选择对象：找到 1 个，总计 3 个

选择对象：

类型 = 极轴　关联 = 是

指定阵列的中心点或[基点（B）/旋转轴（A）]：0,0↙

选择夹点以编辑阵列或[关联（AS）/基点（B）/项目（I）/项目间角度（A）/填充角度（F）/行（ROW）/层（L）/旋转项目（ROT）/退出（X）] <退出>：I↙

输入阵列中的项目数或[表达式（E）] <6>：16↙

选择夹点以编辑阵列或[关联（AS）/基点（B）/项目（I）/项目间角度（A）/填充角度（F）/行（ROW）/层（L）/旋转项目（ROT）/退出（X）] <退出>：

即可得到图 10.18（b）所示环形结构。对该结构执行分解命令，并依次向上等距移动，每级台阶向上移动的距离累加，在向上移动过程中，为确保对象不发生水平位移，可以使用三维移动小控件操作，如图 10.18（c）所示。

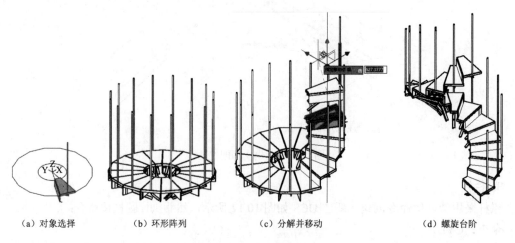

（a）对象选择　　　　（b）环形阵列　　　　（c）分解并移动　　　　（d）螺旋台阶

图 10.18　台阶创建过程

命令: M↙

指定移动点 或[基点（B）/复制（C）/放弃（U）/退出（X）]: 200↙

重复上述操作，即可得到图 10.18（d）所示螺旋台阶。

5. 扶手和横支撑

根据前述建模思路，扶手和横支撑为三维螺旋结构。首先绘制三维螺旋线，新建 UCS，如图 10.19（a）所示。

命令: HEL↙

圈数 = 1.0000　　　扭曲=CCW

指定底面的中心点: 0,0↙

指定底面半径或[直径（D）] <1000.0000>: @990,0↙

指定顶面半径或[直径（D）] <992.5000>: 990↙

指定螺旋高度或[轴端点（A）/圈数（T）/圈高（H）/扭曲（W）] <3200.0000>: T↙

输入圈数 <1.0000>: 1↙

指定螺旋高度或[轴端点（A）/圈数（T）/圈高（H）/扭曲（W）] <3200.0000>: 3200↙

绘制横支撑截面:

命令: CIRCLE↙

指定圆的圆心或[三点（3P）/两点（2P）/切点、切点、半径（T）]:

指定圆的半径或[直径（D）]: D↙

指定圆的直径: 35↙

将该截面沿三维螺旋线扫掠，以圆心为基点:

命令: SW↙

当前线框密度: ISOLINES=4，闭合轮廓创建模式 = 实体

选择要扫掠的对象或[模式（MO）]: MO

闭合轮廓创建模式[实体（SO）/曲面（SU）] <实体>: SO↙

选择要扫掠的对象或[模式（MO）]: 指定对角点: 找到 1 个

选择扫掠路径或[对齐（A）/基点（B）/比例（S）/扭曲（T）]: B↙

指定基点:

选择扫掠路径或[对齐（A）/基点（B）/比例（S）/扭曲（T）]:

横支撑向上移动 200 至合适位置，如图 10.19（a）所示。复制横支撑并向上移动 1200 创建扶手，如图 10.19（b）所示。

6. 中心圆立柱

中心圆立柱为空心圆柱体，可采用绘制圆柱曲面再加厚的方法创建。绘制半径为 345 的圆，如图 10.20（a）所示。

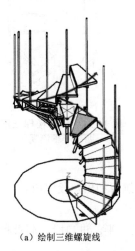

（a）绘制三维螺旋线　　　（b）扫掠

图 10.19　扶手和横支撑创建过程

将圆拉伸成圆柱曲面：

命令：EXT✓

当前线框密度：ISOLINES=4，闭合轮廓创建模式 = 实体

选择要拉伸的对象或[模式（MO）]：MO✓

闭合轮廓创建模式[实体（SO）/曲面（SU）]<实体>：SU✓

选择要拉伸的对象或[模式（MO）]：找到 1 个

选择要拉伸的对象或[模式（MO）]：✓

指定拉伸的高度或[方向（D）/路径（P）/倾斜角（T）/表达式（E）]<1500.0000>：3200✓

向下移动圆柱曲面至合适位置：

命令：M✓

指定移动点或[基点（B）/复制（C）/放弃（U）/退出（X）]：165✓

加厚圆柱曲面：

命令：THI✓

选择要加厚的曲面：找到 1 个

选择要加厚的曲面：指定厚度 <0.0000>：-15✓

中心圆立柱为空心圆柱体，实际工程中需要在顶部加盖防护，这里在顶部绘制圆形面域遮盖。至此，这个旋转楼梯建模完成，如图 10.21 所示。

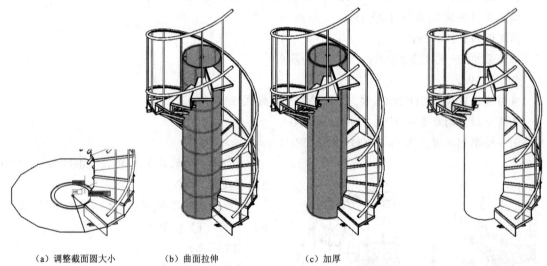

（a）调整截面圆大小　　　（b）曲面拉伸　　　（c）加厚

图 10.20　中心圆立柱创建过程

图 10.21　旋转楼梯三维
西南等轴测视图

10.1.3　道桥工程三维模型——涵洞

图 10.22 为某涵洞的二维工程图，从图中可以看出该涵洞由进口段、洞身和出口段组成。

分析涵洞工程图，建模思路如下：

该模型整体为对称结构，可先创建一半，再采用三维镜像命令生成另一半。进口段、洞身和出口段结构各不相同，各部分分别建模。

进口段由八字墙、底板和端墙组成。八字墙可用放样命令创建。底板沿横断面变化，可用拉伸命令创建，但是宽度在纵向上有收缩，可再用倾斜面或剖切命令进行编辑。端墙也可用拉伸及

剖切命令完成。端墙帽石的断面沿横向不发生变化，可以拉伸创建，也可以先创建长方体，再用倒角边命令编辑。端墙基础可用拉伸命令创建。

洞身可分为拱顶、边墙和底板三部分。拱顶断面沿纵向不发生变化，可用拉伸命令，也可以先绘制拱顶曲面再加厚曲面。边墙和底板的断面沿纵向不变化，可用拉伸命令创建。

出口段由扭面、底板和端墙组成。扭面和底板若材料一致可整体创建，该结构断面沿纵向发生变化，适合用放样命令。端墙创建方法与进口段端墙方法一样。进一步分析发现，出口段和进口段端墙、帽石和基底存在相似性，可以复制已创建的进口段端墙、帽石和基础，再三维镜像并编辑。

根据以上建模思路，接下来详细介绍该涵洞的建模过程。首先将 AutoCAD 工作空间切换到"三维建模"，视图设定为"西南等轴测"，视觉样式调整为"线框"。

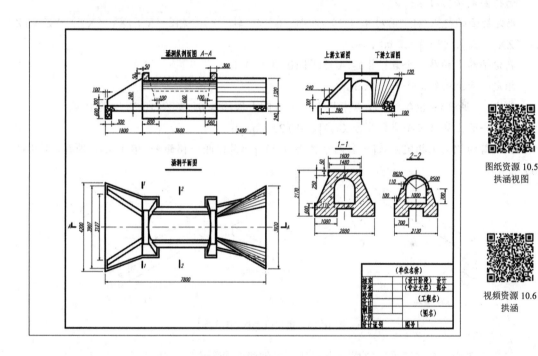

图纸资源 10.5
拱涵视图

视频资源 10.6
拱涵

图 10.22　涵洞三视图

（引自第六届"高教杯"全国大学生先进成图技术与产品信息建模创新大赛试题）

1. 进口段底板和八字墙

（1）底板。首先绘制进口段底板断面。新建 UCS，调整坐标轴方向，如图 10.23（a）所示。执行多段线命令，具体绘制步骤如下：

命令：PL✓

指定起点：0,0✓

指定下一个点或[圆弧（A）/半宽（H）/长度（L）/放弃（U）/宽度（W）]：@0,600✓

指定下一点或[圆弧（A）/闭合（C）/半宽（H）/长度（L）/放弃（U）/宽度（W）]：@1800,0✓

指定下一点或[圆弧（A）/闭合（C）/半宽（H）/长度（L）/放弃（U）/宽度（W）]：@0,-240✓

指定下一点或[圆弧（A）/闭合（C）/半宽（H）/长度（L）/放弃（U）/宽度（W）]：@-1500,0✓

指定下一点或[圆弧（A）/闭合（C）/半宽（H）/长度（L）/放弃（U）/宽度（W）]：@0,-360↙

指定下一点或[圆弧（A）/闭合（C）/半宽（H）/长度（L）/放弃（U）/宽度（W）]：C↙

沿 Z 轴负方向拉伸该断面，如图 10.23（b）所示。

命令：EXT↙

当前线框密度：ISOLINES=4，闭合轮廓创建模式 = 实体

找到 1 个

指定拉伸的高度或[方向（D）/路径（P）/倾斜角（T）/表达式（E）]：2100↙

采用沿着图 10.23（b）所示虚线垂直向下剖切上述实体，得到图 10.23（c）所示底板。

命令：SL↙

选择要剖切的对象：指定对角点：找到 1 个

选择要剖切的对象：↙

指定切面的起点或[平面对象（O）/曲面（S）/Z 轴（Z）/视图（V）/XY（XY）/YZ（YZ）/ZX（ZX）/三点（3）]<三点>：3↙

指定平面上的第一个点：指定 A 点[图 10.23（b）]；

指定平面上的第二个点：from↙

基点：<偏移>：660　以 D 点为基点在 Z 方向上偏移 660，如图 10.23 中的 B 点；

指定平面上的第三个点：指定 C 点[图 10.23（b）]；

在所需的侧面上指定点或[保留两个侧面（B）] <保留两个侧面>：单击 E 点所在侧[图 10.23（b）]。

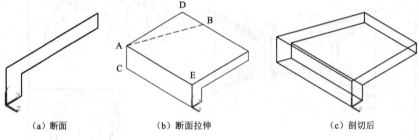

　　（a）断面　　　　　　　　　　（b）断面拉伸　　　　　　　　　　（c）剖切后

图 10.23　进口段底板创建过程

（2）八字墙。八字墙采用放样命令创建，先创建两个断面。

首先由底板边缘向内偏移 100，得两辅助线，如图 10.24（a）中的虚线。再新建 UCS，分别创建两个断面，如图 10.24（a）所示。

命令：PL↙

指定起点：0,0↙

指定下一个点或[圆弧（A）/半宽（H）/长度（L）/放弃（U）/宽度（W）]：@390,0↙

指定下一点或[圆弧（A）/闭合（C）/半宽（H）/长度（L）/放弃（U）/宽度（W）]：@0,300↙

指定下一点或[圆弧（A）/闭合（C）/半宽（H）/长度（L）/放弃（U）/宽度（W）]：@-240,0↙

指定下一点或[圆弧（A）/闭合（C）/半宽（H）/长度（L）/放弃（U）/宽度（W）]：C↙

新建 UCS，创建第二个断面，如图 10.24（b）所示。

命令：PL↙

指定起点：0,0↙

指定下一个点或[圆弧（A）/半宽（H）/长度（L）/放弃（U）/宽度（W）]：@830,0↙

指定下一点或[圆弧（A）/闭合（C）/半宽（H）/长度（L）/放弃（U）/宽度（W）]：@0,1320↙

指定下一点或[圆弧（A）/闭合（C）/半宽（H）/长度（L）/放弃（U）/宽度（W）]：@-240,0↙

指定下一点或[圆弧（A）/闭合（C）/半宽（H）/长度（L）/放弃（U）/宽度（W）]：C↙

对两断面执行放样命令，得到图10.24（c）所示的八字墙。

命令：LOF↙

当前线框密度：ISOLINES=4，闭合轮廓创建模式 = 实体

按放样次序选择横截面或[点（PO）/合并多条边（J）/模式（MO）]：找到 1 个

按放样次序选择横截面或[点（PO）/合并多条边（J）/模式（MO）]：指定对角点：找到 1 个，总计 2 个

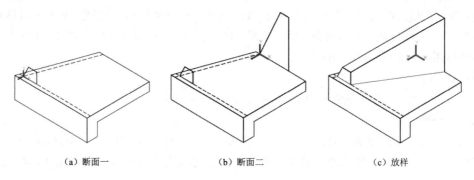

(a) 断面一　　　　　　　　(b) 断面二　　　　　　　　(c) 放样

图 10.24　进口段八字墙创建过程

2. 上游端墙、帽石和基础

端墙和帽石位于基础之上，建模顺序依次为基础、端墙和帽石。为方便绘图，将视图调整为东南等轴测视图。

（1）基础。首先绘制基础断面，如图10.25（a）所示，新建 UCS 并执行多段线命令，操作如下：

命令：PL↙

指定起点：0,0↙

指定下一个点或[圆弧（A）/半宽（H）/长度（L）/放弃（U）/宽度（W）]：@0,-240↙

指定下一点或[圆弧（A）/闭合（C）/半宽（H）/长度（L）/放弃（U）/宽度（W）]：@-360,0↙

指定下一点或[圆弧（A）/闭合（C）/半宽（H）/长度（L）/放弃（U）/宽度（W）]：@0,-360↙

指定下一点或[圆弧（A）/闭合（C）/半宽（H）/长度（L）/放弃（U）/宽度（W）]：@-1080,0↙

指定下一点或[圆弧（A）/闭合（C）/半宽（H）/长度（L）/放弃（U）/宽度（W）]：@0,600↙

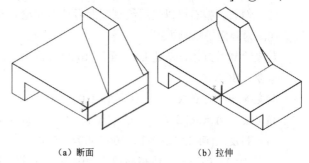

(a) 断面　　　　　　　(b) 拉伸

图 10.25　进口段端墙基础创建过程

指定下一点或[圆弧（A）/闭合（C）/半宽（H）/长度（L）/放弃（U）/宽度（W）]：C↙

拉伸基础断面，如图 10.25（b）所示，操作如下：

命令：EXT↙

当前线框密度：ISOLINES=4，闭合轮廓创建模式 = 实体

找到 1 个

指定拉伸的高度或[方向（D）/路径（P）/倾斜角（T）/表达式（E）] <-800.0000>：800↙

（2）端墙。首先绘制端墙断面，如图 10.26（a）所示，执行多段线命令。

命令：PL↙

指定起点：0,0↙

指定下一个点或[圆弧（A）/半宽（H）/长度（L）/放弃（U）/宽度（W）]：@0,1320↙

指定下一点或[圆弧（A）/闭合（C）/半宽（H）/长度（L）/放弃（U）/宽度（W）]：@-740,0↙

指定下一点或[圆弧（A）/闭合（C）/半宽（H）/长度（L）/放弃（U）/宽度（W）]：-1330,0↙

指定下一点或[圆弧（A）/闭合（C）/半宽（H）/长度（L）/放弃（U）/宽度（W）]：C↙

拉伸该断面，如图 10.26（b）所示。

命令：EXT↙

当前线框密度：ISOLINES=4，闭合轮廓创建模式 = 实体

找到 1 个

指定拉伸的高度或[方向（D）/路径（P）/倾斜角（T）/表达式（E）] <-800.0000>：700↙

对图 10.26（b）所示的端墙沿虚线剖切 SL（保留顶宽为 300），即可得到图 10.26（c）所示端墙。

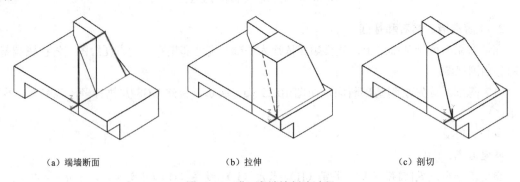

| （a）端墙断面 | （b）拉伸 | （c）剖切 |

图 10.26　进口段端墙创建过程

（3）帽石。帽石可以采用绘制断面后拉伸和绘制长方体后再倒角两种方法，这里介绍后者。调整视图为西南等轴测视图。

首先绘制长方体，新建 UCS 至图 10.27（a）所示位置，执行长方体命令：

命令：BOX↙

指定第一个角点或[中心（C）]：0,0↙

指定其他角点或[立方体（C）/长度（L）]：@300,250↙

指定高度或[两点（2P）] <-700.0000>：740↙

对图 10.27（a）长方体亮显边执行倒角边命令，完成帽石建模，如图 10.27（b）所示，操作如下：

命令：CHAMFEREDGE 距离 1= 50.0000，距离 2= 50.0000

选择一条边或[环（L）/距离（D）]：D↙

指定距离 1 或[表达式（E）] <50.0000>：50↙

指定距离 2 或[表达式（E）] <50.0000>：50↙

选择一条边或[环（L）/距离（D）]：↙

按 Enter 键接受倒角或[距离（D）]：↙

3. 洞身

洞身可以分为拱顶、边墙和底板。为防止已创建进口段端墙、帽石和基础对后续建模的视线干扰，可执行 HIDEOBJECTS 命令将其隐藏。调整视图至东南等轴测。

（1）边墙和底板。首先创建图 10.28（a）所示的边墙和底板断面，新建 UCS 然后执行多段线命令。

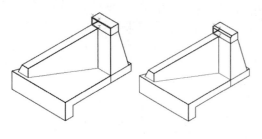

（a）帽石长方体　　　（b）倒角边

图 10.27　进口段帽石创建过程

命令：PL↙

指定起点：0,0↙

指定下一个点或[圆弧（A）/半宽（H）/长度（L）/放弃（U）/宽度（W）]：@500,0↙

指定下一点或[圆弧（A）/闭合（C）/半宽（H）/长度（L）/放弃（U）/宽度（W）]：@0,700↙

指定下一点或[圆弧（A）/闭合（C）/半宽（H）/长度（L）/放弃（U）/宽度（W）]：@230,0↙

指定下一点或[圆弧（A）/闭合（C）/半宽（H）/长度（L）/放弃（U）/宽度（W）]：960,0↙

指定下一点或[圆弧（A）/闭合（C）/半宽（H）/长度（L）/放弃（U）/宽度（W）]：@100,0↙

指定下一点或[圆弧（A）/闭合（C）/半宽（H）/长度（L）/放弃（U）/宽度（W）]：@0,-600↙

指定下一点或[圆弧（A）/闭合（C）/半宽（H）/长度（L）/放弃（U）/宽度（W）]：@-700,0↙

指定下一点或[圆弧（A）/闭合（C）/半宽（H）/长度（L）/放弃（U）/宽度（W）]：@0,360↙

指定下一点或[圆弧（A）/闭合（C）/半宽（H）/长度（L）/放弃（U）/宽度（W）]：@-360,0↙

指定下一点或[圆弧（A）/闭合（C）/半宽（H）/长度（L）/放弃（U）/宽度（W）]：C↙

拉伸该断面，得到图 10.28（b）所示的边墙和底板。

命令：EXT↙

当前线框密度：ISOLINES=4，闭合轮廓创建模式 = 实体

找到 1 个

指定拉伸的高度或[方向（D）/路径（P）/倾斜角（T）/表达式（E）] <740.0000>：3600↙

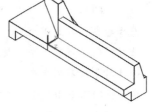

（a）断面　　　　　　（b）拉伸

图 10.28　洞身边墙和底板创建过程

（2）拱顶。可以采用先绘制拱顶断面再拉伸或者先绘制拱顶曲面再加厚两种方法，这里介绍后者。

首先绘制拱顶曲面，绘制图 10.29（a）所示圆弧。

命令：ARC↙

指定圆弧的起点或[圆心（C）]：C↙

指定圆弧的圆心：0,700↙

指定圆弧的起点：@500,0↙

指定圆弧的端点（按住 Ctrl 键以切换方向）或[角度（A）/弦长（L）]：A↙

指定夹角（按住 Ctrl 键以切换方向）：90↙

拉伸该圆弧，得到如图 10.29（b）所示的曲面。

命令：EXT↙

当前线框密度：ISOLINES=4，闭合轮廓创建模式 = 实体

找到 1 个

指定拉伸的高度或[方向（D）/路径（P）/倾斜角（T）/表达式（E）] <3600.0000>：3600↙

加厚该曲面，得到如图 10.29（c）所示的洞身拱顶。

命令：THI↙

选择要加厚的曲面：找到 1 个

选择要加厚的曲面：指定厚度 <120.0000>：↙

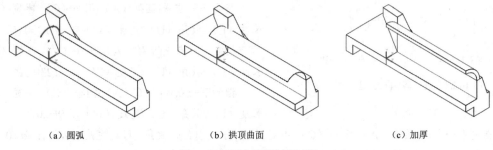

(a) 圆弧　　　　　　　　　　(b) 拱顶曲面　　　　　　　　(c) 加厚

图 10.29　洞身拱顶创建过程

4. 出口段端墙、帽石和基础

出口段端墙、帽石和基础的创建类似于进口段，也可以对进口段进行复制并编辑，为节省建模工作量，这里介绍后者。

执行 UNISOLATE 命令，结束对象隐藏，复制进口段端墙、帽石和基础至任意位置，并进行三维镜像，如图 10.30（a）所示。

命令：CO↙

选择对象：找到 1 个

选择对象：找到 1 个，总计 2 个

选择对象：找到 1 个，总计 3 个

命令：MIRROR3D↙

选择对象：指定对角点：找到 3 个

指定镜像平面（三点）的第一个点或[对象（O）/最近的（L）/Z 轴（Z）/视图（V）/XY 平面（XY）/YZ 平面（YZ）/ZX 平面（ZX）/三点（3）] <三点>：在镜像平面上指定第二点：在镜像平面上指定第三点：

是否删除源对象？[是（Y）/否（N）] <否>：Y↙

对端墙沿图 10.30（a）所示虚线位置（保留底宽为 460）横向剖切。

命令：SLI↙

选择要剖切的对象：找到 1 个

指定切面的起点或[平面对象（O）/曲面（S）/Z 轴（Z）/视图（V）/XY（XY）/YZ（YZ）/ZX（ZX）/三点（3）] <三点>：3↙

指定平面上的第一个点：

指定平面上的第二个点：

指定平面上的第三个点：

在所需的侧面上指定点或[保留两个侧面（B）] <保留两个侧面>：剖切结果如图 10.30（b）所示。

对基础沿纵向编辑，可以采用剖切、移动面和按住并拖动等方法。这里采用按住并拖动：

命令：PRES↙

选择对象或边界区域：

指定拉伸高度或[多个（M）]：240↙

编辑完成后得到图 10.30（b）所示的出口段端墙、帽石和基础，并将对象移动到图 10.30（c）所示的位置。

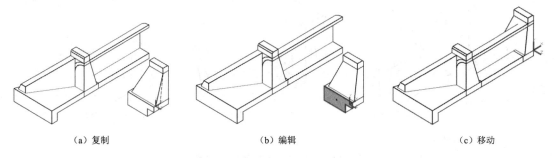

（a）复制　　　　　　　　　　（b）编辑　　　　　　　　　　（c）移动

图 10.30　出口段端墙、帽石和基础创建过程

5. 出口段扭面和底板

出口段扭面和底板采用放样命令创建。将视图切换至东南等轴测视图，新建 UCS 如图 10.31（a）所示。

创建放样断面一，如图 10.31（a）所示。

命令：PL↙

指定起点：0,0↙

指定下一个点或[圆弧（A）/半宽（H）/长度（L）/放弃（U）/宽度（W）]：@500,0↙

指定下一点或[圆弧（A）/闭合（C）/半宽（H）/长度（L）/放弃（U）/宽度（W）]：@0,1320↙

指定下一点或[圆弧（A）/闭合（C）/半宽（H）/长度（L）/放弃（U）/宽度（W）]：@120,0↙

指定下一点或[圆弧（A）/闭合（C）/半宽（H）/长度（L）/放弃（U）/宽度（W）]：960,0↙

指定下一点或[圆弧（A）/闭合（C）/半宽（H）/长度（L）/放弃（U）/宽度（W）]：@100,0↙

指定下一点或[圆弧（A）/闭合（C）/半宽（H）/长度（L）/放弃（U）/宽度（W）]：@0,-240↙

指定下一点或[圆弧（A）/闭合（C）/半宽（H）/长度（L）/放弃（U）/宽度（W）]：@-1060,0↙

指定下一点或[圆弧（A）/闭合（C）/半宽（H）/长度（L）/放弃（U）/宽度（W）]：C↙

新建 UCS 至所示位置，创建断面二，如图 10.31（b）所示。

命令：PL↙

指定起点：0,0↙

指定下一个点或[圆弧（A）/半宽（H）/长度（L）/放弃（U）/宽度（W）]：@1000,0↙

指定下一点或[圆弧（A）/闭合（C）/半宽（H）/长度（L）/放弃（U）/宽度（W）]：@840,1320↙

指定下一点或[圆弧（A）/闭合（C）/半宽（H）/长度（L）/放弃（U）/宽度（W）]：@120,0↙

指定下一点或[圆弧（A）/闭合（C）/半宽（H）/长度（L）/放弃（U）/宽度（W）]：1500,0↙

指定下一点或[圆弧（A）/闭合（C）/半宽（H）/长度（L）/放弃（U）/宽度（W）]：@100,0↙

指定下一点或[圆弧（A）/闭合（C）/半宽（H）/长度（L）/放弃（U）/宽度（W）]：@0,-240↙

指定下一点或[圆弧（A）/闭合（C）/半宽（H）/长度（L）/放弃（U）/宽度（W）]：0,-240↙

指定下一点或[圆弧（A）/闭合（C）/半宽（H）/长度（L）/放弃（U）/宽度（W）]：C↙

绘制路径，如图 10.31（b）中的虚线，对断面一和断面二执行放样命令，如图 10.31（c）所示。

命令：LOF↙

当前线框密度：ISOLINES=4，闭合轮廓创建模式 = 实体

按放样次序选择横截面或[点（PO）/合并多条边（J）/模式（MO）]：找到 1 个

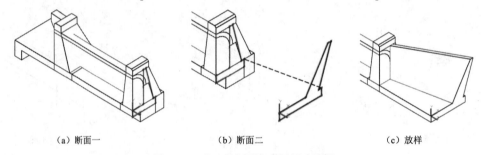

（a）断面一　　　　　　　　（b）断面二　　　　　　　　（c）放样

图 10.31　出口段扭面和底板创建过程

按放样次序选择横截面或[点（PO）/合并多条边（J）/模式（MO）]：找到 1 个，总计 2 个

输入选项[导向（G）/路径（P）/仅横截面（C）/设置（S）]<仅横截面>：P↙

选择路径轮廓：选择图 10.31（b）中的虚线并按 Enter 键。

至此，涵洞各部分结构均已完成建模，执行合并命令，得到图 10.32（a）所示三维模型。观察模型发现，进口段与出口段端墙没有打通，阻碍水流通过。有两种方法可以进行编辑：一种是绘制剖切曲面然后切除多余部分，另一种是使用删除面的方法。这里介绍后者，执行删除面命令，依次选择图 10.32（b）所示的两个亮显面，即可得到图 10.32（c）所示的三维模型，具体操作如下：

命令：SOLIDEDIT↙

输入实体编辑选项[面（F）/边（E）/体（B）/放弃（U）/退出（X）]<退出>：F↙

输入面编辑选项[拉伸（E）/移动（M）/旋转（R）/偏移（O）/倾斜（T）/删除（D）/复制（C）/颜色（L）/材质（A）/放弃（U）/退出（X）]<退出>：D↙

选择面或[放弃（U）/删除（R）]：找到一个面

选择面或[放弃（U）/删除（R）/全部（ALL）]：找到一个面↙

对图 10.32（c）所示的三维模型进行三维镜像并合并操作，即可完成整个涵洞的三维建模，如图 10.32（d）所示。

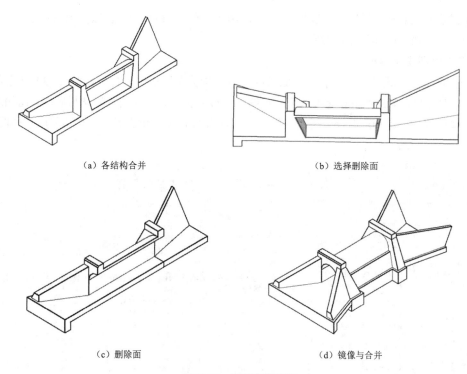

（a）各结构合并   （b）选择删除面

（c）删除面   （d）镜像与合并

图 10.32　涵洞三维模型

注意：工程实体建模不仅仅起到可视化的作用，还应具备统计工程量、各结构部件连接关系及展示的作用。本章案例仅结合工程案例介绍 AutoCAD 的相关命令，未考虑各部分的材料差异、施工工艺等因素。

10.2　三　维　渲　染

三维模型的真实感渲染，可以为用户提供直观清晰的概念设计视觉效果。渲染是通过三维场景创建光栅图像的过程，渲染工作流程是将材质附着到三维对象、设置光源、添加背景等，然后使用 RENDER 命令启动渲染器，创建二维图像。AutoCAD 2020 将所有渲染相关命令集成在"可视化"选项卡中。下面以 10.1.2 节中的旋转楼梯为例简要介绍渲染的基本操作过程，为增加渲染效果，添加某房屋屋顶三维模型作为背景，如图 10.33 所示。

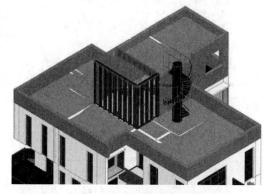

图 10.33　旋转楼梯渲染背景

10.2.1　材质与贴图

为增加渲染结果的真实性，在渲染之前为三维模型添加材质与贴图。AutoCAD 为用户提供了一个预定义材质库，如陶瓷、混凝土、石材和木材等。使用材质浏览器可以浏览材质，并将它们应用于三维对象。此外，还可以创建和修改材质以满足实际渲染需要。在编辑材质时，可以指定自定义贴图，增加可视化效果。以图10.33所示旋转楼梯为例简要介绍材质与贴图的添加流程。

1. 材质的创建与编辑

单击"可视化"选项卡→"材质"面板→"材质浏览器"按钮，打开如图 10.34 所示的"材质浏览器"对话框，单击"Autodesk 库"右边的三角展开按钮，可以浏览默认材质库，比如玻璃、地板、护墙板等，如图 10.34（a）所示。每一材质都有其对应展开的下一级具体材质，如图 10.34（b）所示。

（a）预定义材质库

（b）预定义材质库级联菜单

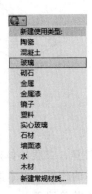

（c）新建材质列表

图 10.34 "材质浏览器"对话框

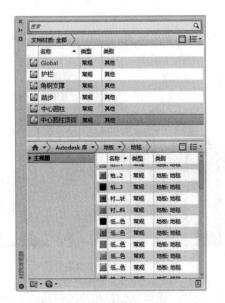

图 10.35 为旋转楼梯创建新材质

用户还可以创建新的材质，一种方法是单击"材质浏览器"对话框下方的"创建或复制新材质"按钮 ，根据新建使用类型创建新材质，如图 10.34（c）所示；另一种方法是右击材质浏览器文档材质列表中 Global 材质，在弹出的快捷菜单中选择"复制"创建新材质。图 10.33 所示旋转楼梯由中心圆柱、踏步、护栏和角钢支撑组成，可为每个结构添加一种材质，还可以为顶面添加一个贴图，共五种材质。具体操作为：

右击 Global 材质，选择"复制"，创建五个新材质。右击每个新材质，选择重命名，依次命名为"中心圆柱""踏步""角钢支撑""护栏"和"中心圆柱顶面贴图"，如图 10.35 所示。

接下来修改新建材质具体外观信息：

右击"中心圆柱"材质，在弹出的快捷菜单中选择"编辑"，打开材质编辑器，如图 10.36（a）所示。

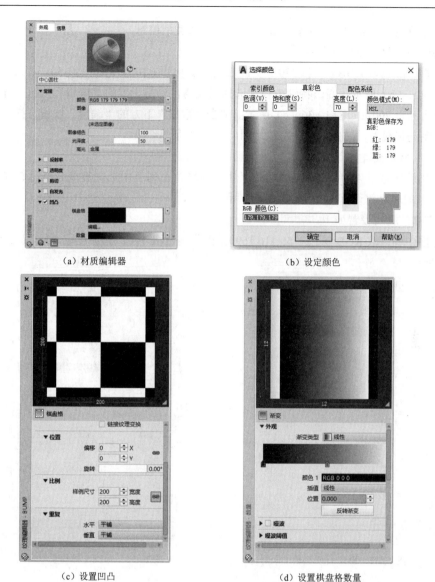

（a）材质编辑器　　　　　　　　　　（b）设定颜色

（c）设置凹凸　　　　　　　　　　（d）设置棋盘格数量

图 10.36　中心圆柱材质编辑

材质编辑器包括外"外观"和"信息"两个选项卡。"外观"选项卡界面显示默认通用材质的以下特性：常规、反射率、透明度、剪切、自发光、凹凸和染色等。常规特性又包括颜色、图像、图像褪色、光泽度、高光等。用户可以将特定的颜色指定给材质。图像控制材质的基础漫射颜色贴图。图像褪色控制基础颜色和漫射图像之间的组合。光泽度控制材质的光泽度或粗糙度。高光控制用于获取材质的镜面高光的方法。反射率模拟在有光泽对象的表面上反射的场景。完全透明的对象允许灯光穿过对象。值为 1.0 时，该材质完全透明；值为 0.0 时，材质完全不透明。剪切贴图以使材质部分透明，从而提供基于纹理灰度转换的穿孔效果。可以选择图像文件以用于剪切贴图。自发光贴图可以使部分对象呈现出发光效果。例如，若要在不使用光源的情况下模拟霓虹灯，可以将自发光值设定为大于 0。凹凸贴图使对象看起来具有起伏的或不规则的表面，从而增加真实感，但会显著增加渲染时间。染色特性设置与白色混合的颜色的色调和饱和度值。"信息"选项卡界面显示当前材质的名称、说明、关键字和类型信息。

"中心圆柱"材质设置如下：

常规特性中颜色取 RGB 颜色（179,179,179），图像褪色取 100，光泽度取 50，高光选择金属，如图 10.36（a）、（b）所示。凹凸特性中纹理选择棋盘格，单击下方的"编辑"按钮，打开纹理编辑器，修改比例为 200，如图 10.36（c）所示；单击"数量"下方的"编辑"按钮，打开纹理数量编辑器，类型选择线性，比例选择 12，如图 10.36（d）所示。

"踏步"材质设置如下：

单击材质编辑器下方"创建或复制材质"按钮 ，在列表中选择玻璃。颜色选择透明，反射设置为 15，玻璃片数设置为 2，如图 10.37 所示。

"角钢支撑"材质设置如下：

常规特性中颜色取 RGB 颜色（50,116,169），图像褪色取 100，光泽度取 50，高光选择金属，如图 10.38 所示。

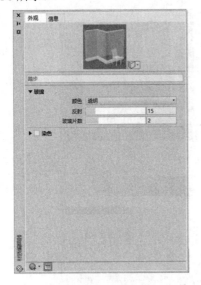

图 10.37　踏步材质编辑

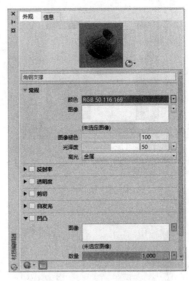

图 10.38　角钢支撑材质编辑

"护栏"材质设置如下：

单击材质编辑器下方"创建或复制材质"按钮 ，在列表中选择金属。类型选择为铝，饰面选择半抛光，染色取 RGB 颜色（137,137,137），如图 10.39 所示。

"中心圆柱顶面贴图"设置如下：

单击图像空白框，选择本地图像，图像褪色设置为 70，光泽度设置为 50，如图 10.40（a）所示；单击图像框右侧三角按钮，打开纹理编辑器，修改样例尺寸为 800，水平和垂直重复选择无，如图 10.40（b）所示。

2. 材质与贴图指定

指定材质主要有三种方法：①选择图形中要为其指定材质的对象，然后单击库中的某个材质；②选择图形对象，在库中的某个材质上右击，然后从快捷菜单中选择"指定给当前选择"；③将材质从库拖放到图形中的对象。以图 10.33 所示旋转楼梯为例，介绍材质指定方法，操作如下：

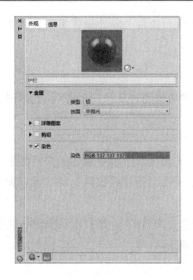
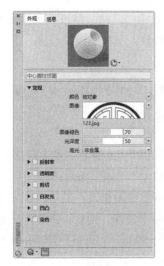

（a）添加图像　　　　　　（b）编辑图像

图 10.39　护栏材质编辑　　　　　　　　图 10.40　中心圆柱顶面贴图编辑

单击"可视化"选项卡→"材质"面板→"材质浏览器"按钮，打开图 10.35 所示材质浏览器。选择中心圆柱，右击材质列表中"中心圆柱"材质，从快捷菜单中选择"指定给当前选择"。重复上述操作，为踏步、角钢支撑、扶手和中心圆柱顶面添加材质。

为减少中心圆柱顶面贴图不适当的图案失真，可以使用材质贴图来调整纹理以适应对象的形状。材质贴图命令是 MATERIALMAP，也可以单击"可视化"选项卡→"材质"面板→"材质贴图"按钮。

AutoCAD 允许用户进行平面贴图、长方形贴图、柱面贴图和球面贴图。

命令：MATERIALMAP↙

选择选项[长方体（B）/平面（P）/球面（S）/柱面（C）/复制贴图至（Y）/重置贴图（R）]
<长方体>：P↙

选择面或对象：找到 1 个↙

选择圆柱体顶面贴图，如图 10.41（a）所示，然后通过拖动小控件的轴来调整、移动和旋转纹理，如图 10.41（b）所示。

添加完材质和贴图之后的旋转楼梯在真实视觉样式下的显示效果如图 10.42 所示。

（a）调整前

（b）调整后

图 10.41　中心圆柱顶面贴图调整

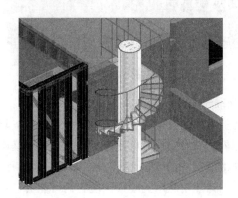

图 10.42　添加材质和贴图后的旋转楼梯

由于篇幅限制，本节仅对中心圆柱、踏步、角钢支撑和扶手材质部分特性进行了设置。而在实际渲染过程中还经常涉及场景、环境和渲染设置，其具体操作不再叙述。

10.2.2　光源

AutoCAD 中主要包括默认光源、阳光与天光、标准光源和发光体四种光源。打开默认光源时，无法在视口中显示日光和标准光源。

1. 默认光源

场景中没有光源时，可使用默认光源对场景进行渲染。默认光源来源于视点后面的平行光源，模型中所有的面均被照亮，以使其可见。使用默认光源时，无须自己创建或放置光源，可以调整渲染图像的曝光和白平衡完成渲染前设置，具体操作如下：

单击"可视化"选项卡→"光源"面板→"光源三角展开"按钮 光源 ▼ ，选择默认光源，将曝光调整为 7.00，白平衡调整为 5700，即可得到图 10.43 所示设置。

2. 阳光与天光

阳光与天光是自然照明的主要来源，是一种可用作光度控制工作流的一部分的特殊光源，可以通过指定的地理位置以及指定的日期和当日时间定义阳光的角度、强度和颜色。使用阳光时，一般关闭默认光源。打开阳光光源的具体操作如下：

单击"可视化"选项卡→"阳光和位置"面板→"阳光状态"按钮 ▒ 。

用户可以根据需求调整阳光的角度、强度和颜色，具体操作如下：

单击"可视化"选项卡→"阳光和位置"面板→"阳光和位置三角展开"按钮 阳光和位置 ▼ ；单击"设置位置"按钮→"从地图"，输入经度 108，纬度 34；调整日期为 2020/09/12，时间为下午 5 点，即可得到陕西杨凌初秋傍晚的阳光设置，如图 10.44 所示。

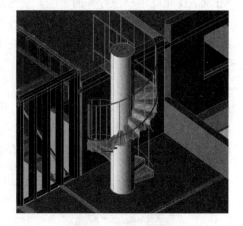

图 10.43　默认光源设置　　　　　　　　　　图 10.44　阳光光源设置

3. 标准光源

标准光源包括点光源、聚光灯、平行光和光域网灯光。点光源不以某个对象为目标，而是照亮它周围的所有对象，可以使用点光源来获得基本光源效果，并模拟蜡烛、灯泡等光源。聚光灯发射定向锥形光，用于亮显模型中的特定特征和区域，例如闪光灯、剧场中的跟踪聚光灯或前灯。平行光将均匀照明应用到场景，但它们可能会让场景显得太暗或太亮。光域网灯光用于表示各向异性（非统一）光分布，从而提供更加精确的渲染光源。这里以聚光灯为例介绍标准光源。创建聚光灯的操作如下：

新建 UCS 至中心圆柱底面中心点，单击"可视化"选项卡→"光源"面板→"创建光源"展开按钮→"聚光灯" 🔦，或命令行输入 SPOTLIGHT 并按 Enter 键，设置聚光灯光源位置和目标位置，如图 10.45（a）所示。

命令：SPO↙

指定源位置 <0,0,0>：-3000,0,8000↙

指定目标位置 <0,0,-10>：0,0,0↙

选择聚光灯，打开特性对话框，可对光源特性进行如下修改：

聚光角 30，衰减角度 50，强度因子 2，强度 3500，颜色高压钠灯，如图 10.45（b）所示。

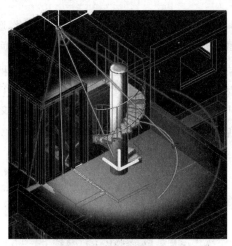

（a）光源位置 （b）光源特性

图 10.45 聚光灯光源创建

4. 发光体

发光体由自发光材料指定给发光体的几何图形产生，以使该发光体中的对象呈现光晕。这里以为旋转楼梯创建地面灯为例介绍发光体。

首先创建圆环体作为地面灯，如图 10.46（a）所示，具体操作如下：

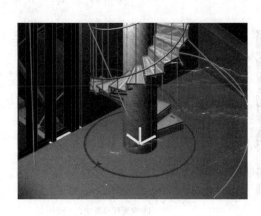

（a）创建发光体几何对象 （b）自发光设置

图 10.46 发光体创建

命令：TORUS↙

指定中心点或[三点（3P）/两点（2P）/切点、切点、半径（T）]：0,0,0↙

指定半径或[直径（D）]<1100>：1100↙

指定圆管半径或[两点（2P）/直径（D）]<10>：20↙

打开材质编辑器，创建新材质，并进行如下编辑：

单击自发光，过滤颜色取 RGB 颜色（230,182,51），亮度选取"暗发光"，色温选择"氙弧灯"，如图 10.46（b）所示。

将该材质添加到图 10.46（a）中圆环体，渲染效果如图 10.47（d）所示。

10.2.3　渲染

在给模型对象赋予材质和添加灯光后，即可进行渲染。渲染命令位于"可视化"选项卡渲染面板。用户可以根据需求选择渲染质量，质量等级越高渲染效果越逼真，需要的时间也越长。AutoCAD 允许用户在窗口、视口和面域中渲染。用户也可以在相机视图中进行渲染，此类渲染一般用于模型内部结构，比如房屋室内渲染。为增加场景真实性，可以使用纯色、渐变色填充、图像、阳光与天光或基于图像的照明（IBL）作为任何三维视觉样式中视口的背景。渲染之前还需要进行渲染环境和曝光设置。在所有设置完成之后，单击渲染按钮 🫖 即可开始渲染进程。不同光源渲染效果图如图 10.47 所示。

（a）默认光源

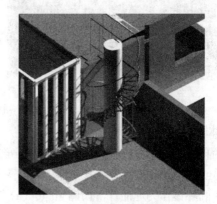

（b）阳光光源

（c）聚光灯光源

（d）聚光灯和自发光光源

视频资源 10.7
涵洞渲染

图 10.47　旋转楼梯渲染效果图

以 10.1.3 节中的涵洞为例的渲染操作与旋转楼梯类似，详见视频资源 10.7。

本 章 习 题

一、单项选择题

1. 下面哪个命令可以使三维实体模型的显示具有真实感（   ）。

A. 消隐   B. 重画   C. 渲染   D. 着色

2. 以下哪种着色方式不能显示出三维实体模型的前后遮挡关系（   ）。

A. 二维线框   B. 灰度   C. 消隐   D. 着色

二、绘图题

1. 完成本章引水隧洞进水口段（图 10.1）、旋转楼梯（图 10.12）和涵洞（图 10.22）三个工程建筑物的三维建模。

2. 渲染引水隧洞进口段模型（图 10.8），并生成渲染图（*.jpg）。

第 11 章 CAD 其他功能与布局打印

AutuoCAD 除了能执行高效的绘图和编辑命令、添加文字和表格、插入块和外部参照、精准进行三维模型创建等主要功能外，还有很多其他功能，诸如查询图形数据、快速计算器、在图形和应用程序间共享数据等，这些功能在绘图及结构设计中也经常用到。本章将对 CAD 的一些常用其他功能以及绘图完成后的打印出图设置做相应的介绍。

11.1 CAD 的其他功能

11.1.1 查询图形数据

AutoCAD 可以查询点坐标、两点之间距离、图形的面积、实体的体积等。

1. 查询点坐标

查询点坐标的命令是 ID，启动命令的方式有以下几种：

（1）命令行：输入 ID 按 Enter 键。

（2）单击"默认"选项卡→"实用工具"面板→"点坐标"按钮 。

（3）单击"工具"菜单→"查询"→"点坐标"。

启动命令后提示：

指定点：

在绘图窗口选择需要查询坐标的点后，命令行显示如下坐标：

X = 5215.2147   Y = 375.0000   Z = -2355.6469

2. 查询两点之间距离

查询两点之间距离的命令是 DIST，快捷命令为 DI，启动命令的方式有以下几种：

（1）命令行：输入 DI 按 Enter 键。

（2）单击"默认"选项卡→"实用工具"面板→"测量"→"距离"按钮 。

（3）单击"工具"菜单→"查询"→"距离"。

启动命令后提示：

指定第一点：

指定第二个点或[多个点（M）]：

距离 = 2500.0000,   XY 平面中的倾角 = 0,   与 XY 平面的夹角 = 0

X 增量 = 2500.0000,   Y 增量 = 0.0000,   Z 增量 = 0.0000

3. 查询面积

查询面积的命令是 AREA，快捷命令为 AA，启动命令的方式有以下几种：

（1）命令行：输入 AA 按 Enter 键。

（2）单击"默认"选项卡→"实用工具"面板→"测量"→"面积"按钮 。

（3）单击"工具"菜单→"查询"→"面积"。

启动命令后提示：

指定第一个角点或[对象（O）/增加面积（A）/减少面积（S）]<对象（O）>：

（1）第一个角点：计算由指定点定义多边形的面积和周长。

（2）对象（O）：计算选定对象的面积和周长，选定对象可以是圆、椭圆、多边形、多段线、样条曲线、面域和实体等。

注意：计算面积和周长时，使用的是宽多段线的中心线；开放的多段线或样条曲线也可以查询其面积，是假想用一直线将其首尾相连，计算出所围区域的面积，计算其周长时并不包含此线，如图 11.1 所示。查询立体的面积是计算其体表总面积，但不计算其周长，如图 11.2 所示。

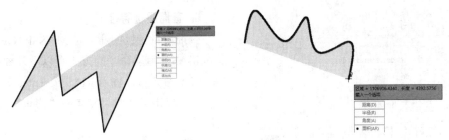

图 11.1 多段线和样条曲线查询面积

（3）增加面积（A）：打开"加"模式，该选项可累加计算各个定义区域和对象的面积、周长，也可以计算所有定义区域和对象的总面积，还可将"加"模式转为"减"模式。

（4）减少面积（S）：打开"减"模式，该选项可计算各个定义区域和对象的面积、周长，并从总面积中扣除，还可将"减"模式转为"加"模式。

4. 查询体积

查询体积的命令是 VOLUME，快捷命令为 VO，启动命令的方式有以下几种：

（1）命令行：输入 VO 按 Enter 键。

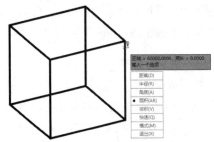

图 11.2 查询立体表面积

（2）单击"默认"选项卡→"实用工具"面板→"测量"→"体积"按钮 🔲 。

（3）单击"工具"菜单→"查询"→"体积"。

（1）使用菜单或者"实用工具"面板按钮调用该命令时，命令行都会出现如下提示：

命令：MEASUREGEOM

输入一个选项[距离（D）/半径（R）/角度（A）/面积（AR）/体积（V）/快速（Q）/模式（M）/退出（X）]<距离>：_Volume

指定第一个角点或[对象（O）/增加体积（A）/减去体积（S）/退出（X）]<对象（O）>：

1）第一个角点：分别指定查询对象底面各角点后，需要在命令行指定高度，才能查询出体积。

2）对象（O）：计算选定对象的体积，选定对象可以是实体、网格等。若选定对象是二维对象，则底面积的计算方法与查询面积的方法相同，但是还需要在命令行指定高度，才能查询出体积。

3）增加体积（A）：打开"加"模式，该选项可累加计算各个定义区域和对象的体积，也可计算所有定义区域和对象的总体积。

4）减去体积（S）：打开"减"模式，该选项可计算各个定义区域和对象的体积，并从总体积中扣除。

5）退出（X）：将退回到"输入一个选项[距离（D）/半径（R）/角度（A）/面积（AR）/体积（V）/快速（Q）/模式（M）/退出（X）]<体积>："。

（2）若使用命令行中直接输入 VOLUME 的方式调用命令时，则提示如下：

MASSPROP 选择对象：

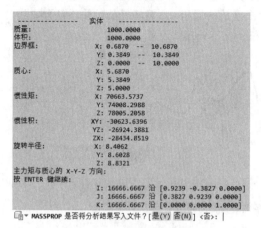

图 11.3　查询质量特性窗口

选择对象并按 Enter 键后，命令行直接弹出实体的体积及质量特性，如图 11.3 所示，同查询质量特性的命令。

5. 查询质量特性

查询质量特性的命令是 MASSPROP，快捷命令为 MAS，启动命令的方式有以下几种：

（1）命令行：输入 MAS 按 Enter 键。

（2）单击"工具"菜单→"查询"→"面域/质量特性"。

启动命令后提示：

选择对象：所选对象必须是实体或面域。

选择对象并按 Enter 键后，命令行直接弹出实体的体积及质量特性，如图 11.3 所示，在提示是否将分析结果写入文件时输入"Y"则可以将质量特性文本输出成".mpr"格式的文件，该文件能在 Word、Excel、记事本等软件中打开。

11.1.2　快速计算器

执行数学计算、转换测量单位、创建和使用变量的"快速计算器"命令是 QUICKXALC，快捷命令为 QC，启动命令的方式有以下几种：

（1）命令行：输入 QC 按 Enter 键。

（2）单击"默认"选项卡→"实用工具"面板→"快速计算器"按钮 ▦。

（3）单击"工具"菜单→"选项板"→"快速计算器"。

启动命令后弹出"快速计算器"对话框，如图 11.4 所示，界面中各项含义如下：

（1）工具栏。工具栏是执行常用函数快速计算的命令图标，各图标含义如下：

1）▧（清除）：清除输入框中的内容并重归 0。

2）▧（清除历史记录）：清除历史记录区域。

3）▢（将值粘贴到命令行）：将表达式输入框的值粘贴到命令行。

4）▧（获取坐标）：计算图中选择点的坐标。

图 11.4　"快速计算器"对话框

5）▭（两点间的距离）：计算图中两点间的距离，其值以"无单位"十进制显示。

6）◿（由两点定义的直线的角度）：计算图中选择两个点直线的角度。

7）✕（由四点定义的两直线的交点）：计算图中由四点构成的两线交点坐标。

（2）历史记录区。显示以前计算表达式列表。该区的快捷菜单（右击）提供了复制、将表达式或值附加到输入区域、清除历史记录、粘贴到命令行等选项。

（3）表达式输入框。为用户提供了一个可以输入和检索表达式的框。如果输入了数学表达式，再单击"="或按 Enter 键，"快速计算器"将计算表达式并显示计算结果。

（4）数字键区。提供输入算术表达式中数字和符号的标准计算器键盘。

图 11.5　用科学区的 r2d 计算式

（5）科学区。提供科学和工程中常用的三角函数、对数、指数等计算式。其中最后一行表达式 r2d | d2r | abs | rnd | trun 不太常见，它们的意义如下：

1）r2d：将弧度（rad）转换为度（°）。

2）d2r：将度转换为弧度。

3）abs：返回输入框中数字的绝对值。

4）rnd：将输入框数字四舍五入到整数。

5）trun：返回输入框中数字的整数部分。

（6）单位转换区。该区可以转换长度、面积、体积和角度值的单位类型。

（7）变量区。提供对预定义常量和函数的访问。可使用该区定义并存储其他常量和函数。

【例 11.1】　将 1.5 弧度转换为度。

通过以上打开方式中的任何一种，启动"快速计算器"命令。

使用"快速计算器"将弧度转换为角度有两种方法：一种是用科学区的 r2d 计算式；另一种是利用单位转换区中角度单位的转换。

（1）用科学区的 r2d 计算式（图 11.5）。

1）展开"科学区"，显示科学函数区域。

2）通过数字键区输入 1.5。

3）单击科学区的 r2d 函数并按 Enter 键，得 85.9436693。

（2）利用单位转换区（图 11.6）。

1）展开"单位转换区"。

2）"单位类型"选择"角度"。

3）"转换自"选择"弧度"。

4）"要转换的值"输入 1.5 并按 Enter 键。

5）"已转换的值"得 85.9436693。

11.1.3　在图形和应用程序间共享数据

AutoCAD 图形可以和 Windows 的其他应用程序之

单位转换	▼
单位类型	角度
转换自	弧度
转换到	角度
要转换的值	1.5
已转换的值	85.9436693

图 11.6　"单位转换区"对话框

间交换数据，如通过 Windows 剪贴板的剪切、复制、粘贴命令，链接或者嵌入对象，也可进行文件格式的转换等操作。

1. Windows 剪贴板

剪贴板是 Windows 应用程序间传递数据的工具。通过它，用户可以在不同图形文件间交换数据，这些命令大多存放在"剪贴板"面板和"编辑"菜单中，如图 11.7 所示。

（1）剪切：将选定的对象存储到剪贴板，并在图形中将其删除。

（2）复制：将选定的对象以不同格式存储到剪贴板，并在图形中保留源对象。

（3）带基点复制：可将选定对象连同基点存储到剪贴板，并在图形中保留源对象。

（4）复制链接：将当前视图复制到剪贴板中以便链接到其他 OLE 应用程序。

注意："修改"菜单的"复制"与"编辑"菜单的"复制"不同，前者只能在当前图形文件内操作。

（5）粘贴：将剪贴板的内容粘贴到图形中。

（6）粘贴为块：将复制到剪贴板的对象作为"块"粘贴到图形中按指定点插入。

（7）粘贴为超链接：将剪贴板中的数据以超链接形式插入到图形中。

（8）粘贴到原坐标：将复制到剪贴板的对象以原图形中相同的坐标粘贴到图形中。

（9）选择性粘贴…：打开"选择性粘贴"对话框，将剪贴板内容粘贴到图形中时，可从中选择可用格式，如图 11.8 所示。

图 11.7　"编辑"菜单

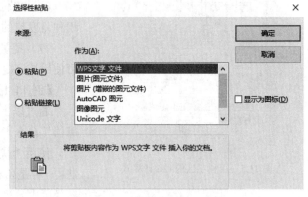

图 11.8　"选择性粘贴"对话框

若利用剪贴板将 AutoCAD 图形插入到 Word 文件中：选择需要复制的 CAD 图形，按"Ctrl+C"，打开 Word 文件在需要插入 CAD 图形的地方右击"选择性粘贴"，弹出如图 11.9 所示的"选择性粘贴"对话框。在"选择性粘贴"对话框中选择"图片（Windows 元文件）"，将 CAD 图形插入为图片；若选择"AutoCAD Drawing 对象"，则插入的对象和 CAD 文档之间还保持着链接关系，双击 Word 文件中的插入图形即可激活 CAD 软件，在 CAD 软件中进行插图的编辑。

2. 链接对象

链接对象是对其他文件信息的一种引用。若几个文件都引用同一信息，应采用链接。这样，若修改了源信息，只需要更新链接即可更新包含 OLE 对象的文件。例如，在 CAD 中插入一个表格，双击该表，系统则自动返回 Excel 应用程序中，进行表格编辑。

在 AutoCAD 中插入 OLE 对象的命令是 INSERTOBJ，快捷命令为 IO，启动命令的方式有以下几种：

（1）命令行：输入 IO 按 Enter 键。

（2）单击"插入"选项卡→"数据"面板→"OLE 对象"按钮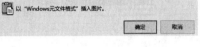。

（3）单击"插入"菜单→"OLE 对象…"。

启动命令后，将弹出"插入对象"对话框，如图 11.10 所示，选择需要插入的对象类型即可。

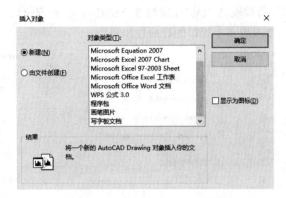

图 11.9　Word 中"选择性粘贴"对话框　　　　　图 11.10　"插入对象"对话框

11.2　布 局 与 打 印

　　AutoCAD 为绘图设计提供了两个并行的工作环境，即模型空间和布局空间。模型空间是一个三维空间，是设计者完成图形绘制工作的主要空间。布局空间是一个二维的、模拟的图纸布局空间，主要是创建浮动窗口，完成设计图纸的布局并为其打印出图做准备。

11.2.1　布局空间

　　布局是图纸空间含有不同的打印设置和不同比例图形的模拟图纸。用户需通过创建布局，才能使图纸空间满足图形布局与打印出图的环境要求。

　　使用向导创建布局的命令是 LAYOUTWIZARD，启动命令的方式有以下几种：

（1）命令行：输入 LAYOUTWIZARD 按 Enter 键。

（2）单击"插入"菜单→"布局"→"创建布局向导"。

（3）单击"工具"菜单→"向导"→"创建布局"。

　　启动命令后，将会弹出"创建布局"对话框，按照向导分别设置并依次点击"下一步"，完成创建布局，如图 11.11～图 11.18 所示。

（1）图 11.11 为"创建布局-开始"对话框，为创建的新布局命名。系统默认向用户提供了"布局 1"和"布局 2"，若不作重新命名则新建的布局名默认为"布局 3"。

（2）单击"下一步"打开"创建布局-打印机"对话框（图 11.12），可以选择实际的打印机，也可以选择虚拟打印，当打印为 pdf 格式的文件出图时，可以选择"DWG To PDF"。

（3）单击"下一步"打开"创建布局-图纸尺寸"对话框（图 11.13），此时可以选择图纸的尺寸，建议选择"ISO full bleed…"系列的图纸尺寸型号，此类图纸的打印边界较小，特别适用图框至纸边界小的情况。

（4）单击"下一步"打开"创建布局-方向"对话框（图 11.14），用于设置图形在图纸上的方向，预览图纸中字母 A 的方向即为图形中文字方向。

（5）单击"下一步"打开"创建布局-标题栏"对话框（图 11.15），用于选定图纸边框和标题栏样式，对话框右边是预览图像，同时在下方的"类型"区指定标题栏文件的插入方式是"块"还是"外部参照"。

（6）单击"下一步"打开"创建布局-定义视口"对话框（图 11.16），用于设置新布局的视口类型，若设置为"无"，将越过"创建布局-拾取位置"对话框；若设置为"阵列"形式布置视口，还需要设置多个视口的行列数和间距。

图 11.11　"创建布局-开始"对话框　　　　图 11.12　"创建布局-打印机"对话框

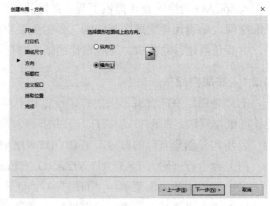

图 11.13　"创建布局-图纸尺寸"对话框　　　　图 11.14　"创建布局-方向"对话框

图 11.15　"创建布局-标题栏"对话框　　　　图 11.16　"创建布局-定义视口"对话框

（7）单击"下一步"打开"创建布局-拾取位置"对话框（图11.17），用于设置视口在图纸中的位置，点击"选择位置"将临时切换到图纸空间，在图纸中指定其大小和位置。若不做选择直接单击"下一步"，则默认视口充满整个图纸。

（8）单击"下一步"打开"创建布局-完成"对话框（图 11.18），单击"完成"关闭对话框，即在绘图窗口的左下角添加"布局 3"标签。

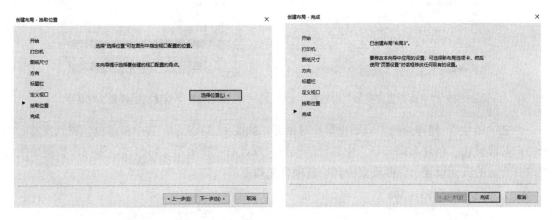

图 11.17 "创建布局-拾取位置"对话框　　　　图 11.18 "创建布局-完成"对话框

除了使用布局向导新建布局，还可以通过 LAYOUT 命令直接新建布局，快捷命令为 LO，启动命令的方式有以下几种：

（1）命令行：输入 LO 按 Enter 键。

（2）单击"布局"标签→"布局"面板→"新建"按钮。

（3）单击"插入"菜单→"布局"→"新建布局"。

（4）在状态栏右击选择"新建布局"。

启动命令后，命令行提示如下：

命令：LO↙

输入布局选项[复制（C）/删除（D）/新建（N）/样板（T）/重命名（R）/另存为（SA）/设置（S）/?] <设置>：N↙

输入新布局名 <布局 3>：↙

11.2.2 页面设置

为当前布局或图纸指定页面设置的命令是 PAGESETUP，快捷命令为 PAG，启动命令的方式有以下几种：

（1）命令行：输入 PAG 按 Enter 键。

（2）单击"输出"标签→"打印"面板→"页面设置管理器"按钮。

（3）布局空间下，单击"布局"标签→"布局"面板→"页面设置管理器"按钮。

（4）单击"文件"菜单→"页面设置管理器…"。

启动命令后将会弹出"页面设置管理器"对话框，如图 11.19 所示。点击对话框中的"新建"，将打开"新建页面设置"对话框，如图 11.20 所示，可为新建页面设置输入名称并指定基础样式。

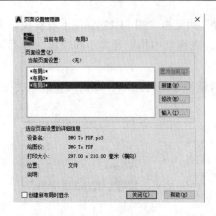

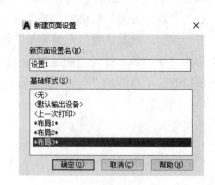

图 11.19　"页面设置管理器"对话框　　　　图 11.20　"新建页面设置"对话框

单击"确定"，随即弹出"页面设置"对话框，如图 11.21 所示。其中打印机、图纸尺寸、图形方向等设置在"创建布局向导"中若已经设置，则此对话框中不必再修改，否则应根据出图需要选择合适的页面设置。页面设置中其他各项含义如下：

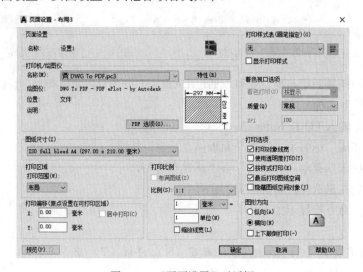

图 11.21　"页面设置"对话框

（1）"打印区域"：指从模型空间或图纸空间中所需打印的区域，其选择方式包括图形界限、范围、当前显示、视图和窗口等几种。

（2）"打印偏移"：设置图形单位与打印单位之间的比值。从图纸空间打印默认值为 1:1，从模型空间打印默认为"布满图纸"，其他范围打印可选"居中打印"。

（3）"打印样式表（画笔指定）"：设置、编辑或创建打印样式表。

（4）"着色视口选项"：指定着色和渲染视口的打印方式，并确定它们的分辨率和点数。

（5）"打印选项"中的"打印对象线宽"是指按对象和图层设定的线宽打印；"使用透明度打印"是指将图层设定的透明度打印出来；"按样式打印"是指按对象和图层已定的样式打印；"最后打印图纸空间"是指首先打印模型空间的图形；"隐藏图纸空间对象"仅用于布局空间。

【例 11.2】　创建适合于黑白打印机出图，名为"黑色线条"的打印样式表。

（1）打开"页面设置"对话框，找到右上角的"打印样式表（画笔指定）"，在下拉列表中单击"新建…"（图 11.22），弹出"添加命名打印样式表-开始"对话框（图 11.23）。

（2）按照提示点击"下一步"打开"添加颜色相关打印样式表-文件名"对话框（图 11.24），在此对话框中输入"黑色线条"文件名。

（3）在"添加颜色相关打印样式表-完成"对话框中点击"打印样式表编辑器"按钮（图 11.25），弹出"打印样式表编辑器"对话框，将"打印样式表编辑器-表格视图"对话框中的"打印样式"颜色全部在"特性"中由"使用对象颜色"改为"黑"，线型线宽等样式按照默认保持不变，如图 11.26 所示。

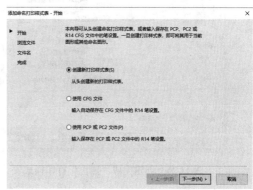

图 11.22　设置打印样式　　　　图 11.23　"添加命名打印样式表-开始"对话框

图 11.24　"添加颜色相关打印样式表-文件名"对话框　图 11.25　"添加颜色相关打印样式表-完成"对话框

（4）单击"打印样式表编辑器"对话框中的"保存并关闭"按钮，返回"添加颜色相关打印样式表-完成"对话框（图 11.25），单击"完成"后，即创建了"黑色线条"打印样式表（图 11.27），单击 按钮，可再次进入"打印样式表编辑器"对话框中进行修改。

11.2.3　布局视口

布局视口主要用于将模型空间绘制完成的图形、尺寸标注、图框、标题栏等，按照比例选定图纸的大小，并合理布局于图纸中。

1. 以对话框创建布局视口

在图纸空间中，可以创建多个浮动视口，浮动视口的形状和大小也随对象而调整变化。创建视口的命令是 VPORTS，在模型空间创建视口的方法在第 8 章中已介绍。在布局空间下，单击"布局"标签→"布局视口"面板→ "视口，新建视口…"按钮（图 11.28）也可以启动如图 11.29

所示的"视口"对话框，创建视图的方法与模型空间的创建方法相同，不再赘述。

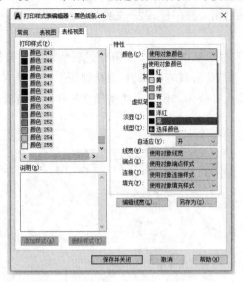

图 11.26　创建完成"黑色"打印样式表

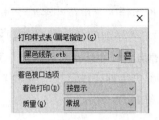

图 11.27　"黑色线条"打印样式表

图 11.28　"布局视口"面板

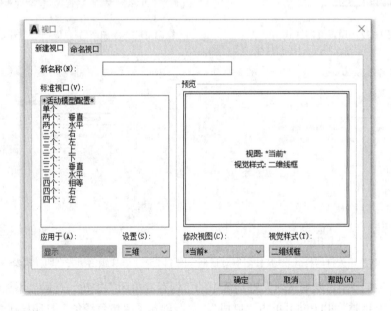

图 11.29　"视口"对话框

2. 将对象转换为布局视口

将对象转换为布局视口的命令是-VPORTS，在布局空间的快捷命令是 MV，启动创建布局视口的命令有以下几种方式：

（1）在布局空间下，命令行：输入 MV 按 Enter 键。

（2）在布局空间下，单击"布局"标签→"布局视口"面板→"对象"按钮 。

（3）单击"视图"菜单→"视口"→"对象"。

启动命令后提示：

指定视口的角点或[开（ON）/关（OFF）/布满（F）/着色打印（S）/锁定（L）/新建（NE）/

命名（NA）/对象（O）/多边形（P）/恢复（R）/图层（LA）/2/3/4] <布满>：O✓

选择要剪切视口的对象：选择布局中的图形对象，即可将所选对象创建为视口。

将布局空间绘制的对象转换为视口，并在视口内双击，激活视口（如图 11.30 中的椭圆视口边框呈粗实线，此时视口内绘制图形和模型窗口内操作一样且和模型空间相通），视口比例（如图 11.30 右下角状态栏）和视口内图形的方位和视角都可以根据打印需要调整。

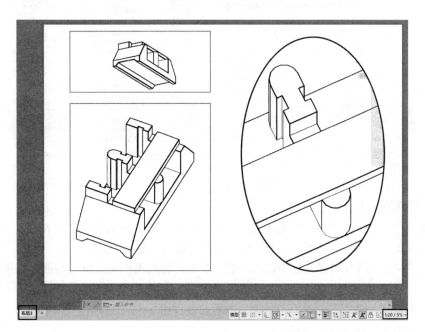

视频资源 11.1
视口

图 11.30　选定视口比例

在视口外双击即可关闭该视口，此时选择视口边界就如同普通对象，将该对象所在图层的"打印"按钮设置为关闭 🖶，或者将边界所在图层冻结或关闭，都可以达到不打印该视口边界线的目的。

11.2.4　打印出图

设计图既可以从模型空间直接打印输出，也可以在布局空间打印输出。模型空间操作简便，但因视点和比例的限制，当图纸数量大、图纸复杂、出图比例多样时，模型空间打印出图就不方便；而在布局空间，可以把不同视点和比例的图形布置在同一张图纸上（图 11.30）。当图纸要求复杂多样时，使用布局空间出图就更为方便。

打印出图的命令是 PLOT，启动命令的方式有以下几种：

（1）命令行：输入 PLOT 按 Enter 键。

（2）单击"快速访问工具栏"→"打印"按钮 🖶 。

（3）单击"输出"标签→"打印"面板→ "打印"按钮🖶。

（4）单击"文件"菜单→"打印..."。

启动命令后，弹出"打印"对话框（图 11.31），该对话框与"页面设置"对话框（图 11.21）相似，在"页面设置"中已经详细介绍，这里不再赘述。

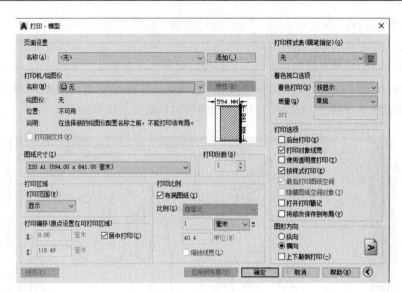

视频资源 11.2
打印与发布

图 11.31　"打印"对话框

1. 从模型空间打印

因为模型空间无限大小，用户通常采用 1:1 绘制图形。土建工程尺寸较大，在图形绘制后进行尺寸标注和文字注释时常遇到图形和注释不匹配的情况，如图 11.32 所示。

另外，在标注尺寸的时候，如果出现 ⚠ 警示符号，提醒图中尺寸标注与被标线段的关联性存在问题，单击 ⚠ 符号选择"重新关联"，或者将状态栏中的"注释监视器" ✚ 关闭（图 11.34），都可以消除 ⚠ 符号。⚠ 符号无论是否消除，都不会被打印。

在此种情况下，有通常有两种选择：

（1）放大注释的比例与图形相匹配，打印时再缩小比例。

1）放大尺寸标注特征比例，打开"标注样式管理器"（快捷命令 DIMS），在"修改标注样式-调整"对话框中的"标注特征比例"的"使用全局比例"改为 50，如图 11.33 所示，即标注特征如箭头大小、尺寸数字大小等将被放大 50 倍。

注意："特征比例"的放大倍数，要与打印出图的缩小比例一致，以保证尺寸、文字等特征值与图形相匹配。

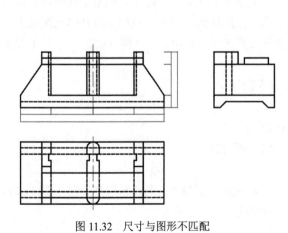

图 11.32　尺寸与图形不匹配

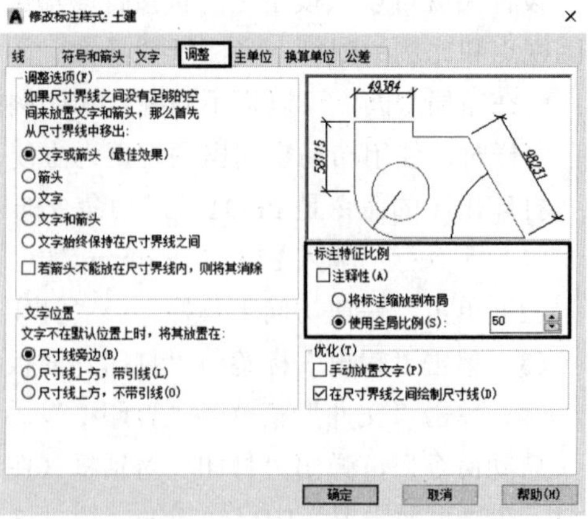

图 11.33　调整标注特征比例

2）选择注释性比例。绘制完成的图形如果在 A4 图纸中打印，则可将 A4 的图框和标题栏也放大 n 倍（如 50 倍），并将图形合理布局在图框中，如图 11.34 所示。除了尺寸注释比例要和图形保持协调（如图 11.33 所示，勾选标注特征比例的注释性），文字注释同样要放大到合适的比例，可以通过将在"文字样式"对话框（快捷命令 ST）中勾选"注释性"（图 11.35），标注尺寸、文字时在状态栏的"当前视图的注释比例"按钮 ⚘ 选择对应比例来实现与图形相匹配。如图 11.34 右下角，注释比例选 1:n（如 1:50）。此时，尺寸标注与图形大小相匹配。

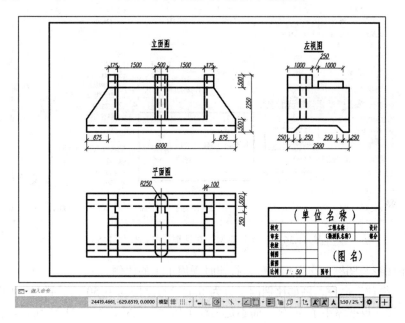

图 11.34 放大注释比例效果图

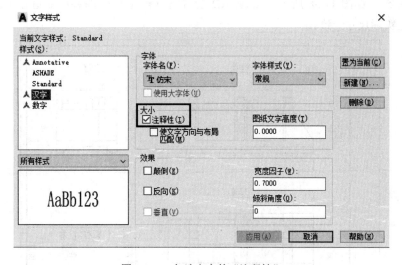

图 11.35 勾选文字的"注释性"

3）打开"打印-模型"对话框（命令为 PLOT），打印机、图纸尺寸、打印样式表等如前面讲述设置一样，"打印范围"选择"窗口"，回到模型空间的绘图界面选择图纸两对角点，确定打印窗口并弹回到"打印-模型"对话框，勾选"打印比例-布满图纸"，可以看到比例为 1∶50，如图 11.36 所示，单击"确定"，完成打印。

注意： 当"窗口"选择边界与图纸边界不对应时，勾选"布满图纸"打印将得到不确定的比例。

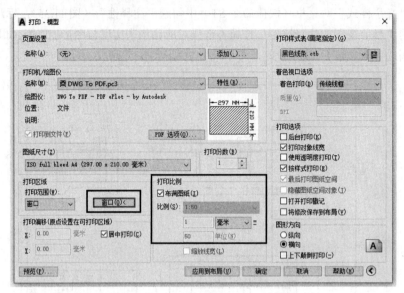

图 11.36　"打印-模型"对话框（打印比例 1∶50）

（2）缩小图形与图框、文字相匹配，打印时采用 1∶1 的比例。

1）通过"缩放"命令，例如比例因子设为 0.02，将原图缩小 50 倍放置在 A4 图纸中。此时图形中标注的尺寸也被缩小了 50 倍，而不是工程实际大小尺寸，如图 11.37 所示。打开"标注样式管理器"（快捷命令 DIMS），在"修改标注样式-主单位"对话框中将"测量单位比例"的"比例因子"改为 50，如图 11.38 所示，AutoCAD 会将图中测量的尺寸乘以 50 进行标注，以保证图中尺寸与工程实际尺寸一致。

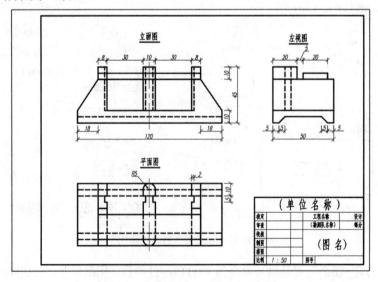

图 11.37　系统测量尺寸与工程尺寸不匹配

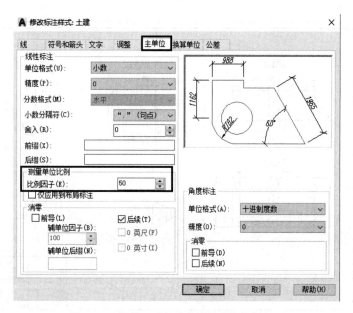

图 11.38　调整尺寸标注的测量单位比例因子

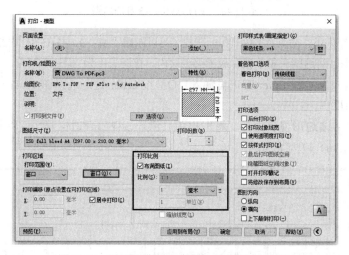

图 11.39　"打印-模型"对话框（打印比例 1:1）

2）打开"打印-模型"对话框（命令为 PLOT），与前述操作相同，勾选"打印比例-布满图纸"，此时的打印比例即为 1:1，如图 11.39 所示，单击"确定"，完成打印。

2. 从布局空间打印

从模型空间中打印出图前，通常需要"打印预览"，而布局空间遵循"所见即所得"原则，一般不需要"打印预览"，以[例 11.3]为例，介绍布局空间打印出图的步骤。

【例 11.3】 在布局空间中，将图 11.40 所示图形用 A3 图纸打印，并输出为.pdf 格式的文件。

（1）命令行输入 LAYOUTWIZARD 按 Enter 键，利用"布局向导"创建"布局 4"，打印机设为"DWG To PDF"，图纸尺寸设为"ISO full bleed A3（420×297）"。

（2）命令行输入 PAG 按 Enter 键，利用"页面设置"对话框检查"布局 4"的页面设置为 A3横向，"打印样式表"选择"黑色线条"。

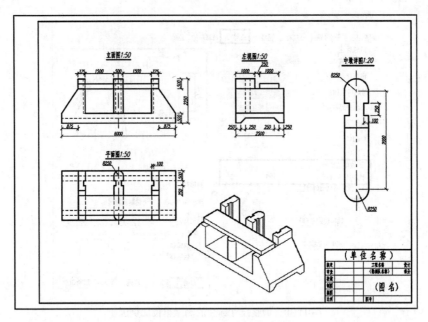

图 11.40　在布局空间 A3 打印出图

（3）在布局 4 空间下，插入 A3 图框和标题栏（可以做成"块"），并在图框内绘制如图 11.41 所示的多边形和椭圆对象，将这些对象单独存放于某一层内，该图层设为"不打印"。

（4）命令行输入 MV 按 Enter 键，再输入"O"按 Enter 键，选择图 11.41 中的多边形和椭圆对象，将其转换为视口。

（5）双击左上方多边形视口内部，将三视图显示于该视口合适位置，并将状态栏中"选定视口的比例"（图 11.30）设为 1:50。

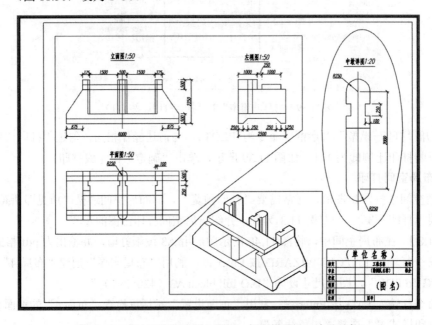

图 11.41　在布局空间中插入图框、标题栏及视口边界对象

（6）双击下方多边形视口内部，将西南等轴测图显示于该视口合适位置，"选定视口的比例"设为1:50。

（7）双击椭圆视口内部，将中墩详图显示于该视口合适位置，"选定视口的比例"设为1:20。

（8）图名和尺寸标注在文字样式和标注样式设置时勾选其"注释性"，标注尺寸时按视口比例设置其注释性比例（图11.34）。

（9）命令行：输入PLOT按Enter键，打开"打印-布局4"对话框，"打印范围"为"布局"，打印比例为1:1，如图11.42所示，单击"确定"按钮，弹出"浏览打印文件"对话框，在"保存于"下拉列表中指定打印文件保存路径，并在"文件名"框中输入打印文件的名称，单击"保存"，将.pdf格式的文件保存在指定路径，完成在布局空间中的打印及输出。

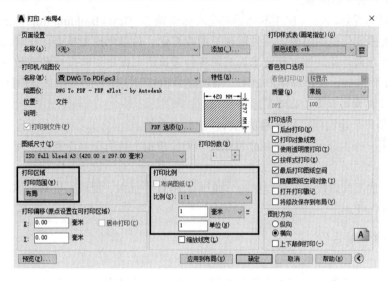

图 11.42 "打印-布局4"对话框

本 章 习 题

一、选择题（单项选择或多项选择）

1. 在图形文件中，布局空间和模型空间（ ）。

A. 都可以复制　　　　　　　　　　　　B. 都不能复制

C. 布局空间可以复制，模型空间不能复制　　D. 模型空间可以复制，布局空间不能复制

2. 使用"创建布局向导"创建布局时，向导会提示关于布局设置的信息包括（ ）。

A. 布局的名称　　　　　　　　　　　　B. 与布局相关联的打印机

C. 图纸尺寸　　　　　　　　　　　　　D. 标题栏

二、绘图题

1. 请按照图11.40创建三维模型，并查询中墩和闸底板的体积，注意单位。

中墩体积＿＿＿＿＿＿＿＿＿＿＿m³

闸底板体积＿＿＿＿＿＿＿＿＿＿m³

视频资源 11.3
布局

2. 由三维模型生成图11.40所示的二维工程图及轴测图，并打印成.pdf文件。

第12章　BIM技术及其在建筑工程中的应用

12.1　BIM 技 术 概 述

12.1.1　BIM技术的基本概念

在建筑工程的规划、设计、施工和运维的全寿命周期中，BIM（Building Information Modeling）技术有助于实现建筑信息的集成。通过对建筑的数据化、信息化模型整合，在项目全寿命周期过程中进行信息共享和传递，使工程技术人员对各种建筑信息做出正确理解和高效应对，为各相关单位提供协同工作基础，在提高生产效率、节约成本和缩短工期方面发挥重要作用。

BIM的定义常常被认定由以下三部分组成：

（1）BIM是一个建设项目物理和功能特性的数字表达。

（2）BIM是一个共享知识资源和建筑信息，为该建筑工程的全寿命周期中所有决策提供可靠依据的过程。

（3）在项目的不同阶段，各阶段参与方通过在BIM中插入、提取、更新和修改信息，以支持和反映各方协同作业。

12.1.2　BIM技术的特点

1. 可视化

传统的二维施工图纸只是将各个构件的信息在图纸上采用线条绘制表达，其真正的构造形式需要建筑从业人员自行想象。BIM提供了可视化的思路，可以将以往的线条式的构件形成三维立体实物图形展示在人们面前。以前工程项目也有三维效果图，但这种效果图仅含有构件的大小、位置和颜色等信息。而BIM信息模型的可视化是一种能够使构件之间形成互动性和反馈性的可视化，可视化的结果不仅可以用效果图展示及生成报表，更重要的是项目设计、建造、运营过程中的沟通、讨论、决策等都在可视化状态下进行。

2. 协调性

协调是建筑业中的重点内容，不管是施工单位，还是投资及设计单位，都在做着协调及相互配合的工作。一旦项目的实施过程中遇到了问题，就要将各有关人员组织起来开协调会，找出问题发生的原因及解决办法。在设计时，往往由于各专业设计师之间的沟通不到位，出现各种专业结构之间的碰撞问题，例如暖通等管道在施工布置时，由于施工图纸中结构、暖通各自绘制在不同的施工图纸上，具体布置管线时才发现矛盾，管线受到梁和柱等构件的阻碍。在以往的工程技术中，此类管线布置的碰撞问题通常在问题出现后才解决。而BIM的协调性在于建筑信息建模时就可以发现各专业的碰撞冲突问题并进行协调，生成协调数据解决碰撞问题。当然，BIM的协调性不仅在于解决各专业间的碰撞问题，还可以解决净空要求、防火分区、地下排水布置等多方面的协调问题。

3. 模拟性

模拟性并不是只能模拟设计出建筑物模型，还可以模拟不能够在真实世界中进行操作的事物。

例如，在设计阶段，BIM 可以对一些设计进行模拟实验，像节能模拟、紧急疏散模拟、日照模拟、热能传导模拟等；在招投标和施工阶段可以进行 4D 模拟（3D 模型+项目的发展时间），根据施工组织设计模拟实际施工，从而确定合理的施工方案来指导施工；还可以进行 5D 模拟（4D 模型+造价控制），从而实现成本控制；后期运营阶段可以模拟日常紧急情况的处理方式，如地震人员逃生模拟及消防人员疏散模拟等。

4. 优化性

整个设计、施工、运营的过程就是一个不断优化的过程，而优化受三种因素的制约：信息、复杂程度和时间。如果没有准确的信息，就做不出合理的优化结果。当建筑复杂程度较高、参与人员本身的能力无法掌握所有信息时，必须借助一定的科学技术和设备的帮助。BIM 模型就能够提供建筑物的几何信息、物理信息、规则信息等多种信息，BIM 及与其配套的各种优化工具能够提供对复杂项目进行优化的可能。

5. 可出图性

BIM 模型不仅能生成常规的建筑设计图纸及构件加工图纸，还能通过对建筑物进行可视化展示、协调、模拟、优化，并出具各专业图纸及深化图纸，使工程表达更加详细。

12.1.3 BIM 技术常用的软件

（1）规划软件：SketchUP、3D Studio Max、Rhino 等。

（2）设计软件：Auto Revit、Bentley、Catia、Inventor、Civil 3D 等。

（3）协调软件：Navisworks、Projectwise Navigator、Solibri Model Checker 等。

（4）详细设计软件：Dynamo、Xsteel、SDS/2 等。

（5）结构分析软件：PKPM、ETABS、STAAD 等。

（6）进度计划软件：Navisworks、Fuzor、Synchro 等。

（7）概预算软件：广联达、鲁班、Innovaya 等。

（8）渲染软件：Lumion、3D Studio Max、Twinmotion 等。

12.1.4 BIM 技术的发展前景

（1）BIM 技术是一门基于建筑技术和信息技术相结合的工程管理控制技术，它使得土建行业由粗放型向集约型管理过渡，决策依据向更全面、更直观的信息数据迈进。

（2）BIM 技术带动了装配式建筑的落地和发展，极大地提高了工程建造的质量，缩短了建设的周期。

（3）复杂的、大体量的超级工程项目将越来越多，而它们更加需要 BIM 技术的支撑，如上海中心、港珠澳大桥等项目。

12.2 Auto Revit 工作界面和基本操作

Revit 为 BIM 这种理念的实践和部署提供了工具和方法，成为 BIM 在全球工程建设行业内迅速传播并得以推广的重要因素之一。本章主要介绍 Revit 软件的工程应用。

Revit 系列软件可帮助建筑工程师设计、建造和维护质量更好及能效更高的建筑，是我国建筑业 BIM 使用最广泛的软件之一。它提供支持建筑（Architecture）工程设计，暖通、电气和给排水

（MEP）工程设计和结构（Structure）工程设计的工具。

12.2.1　Revit 工作界面

打开 Revit 2020 软件，标准界面如图 12.1 所示，用户可以根据需要创建相应专业的"模型"或"族"来选择样板（"族"是 Revit 中使用的一个功能强大的概念，将在 12.2.2 节中详细介绍）。

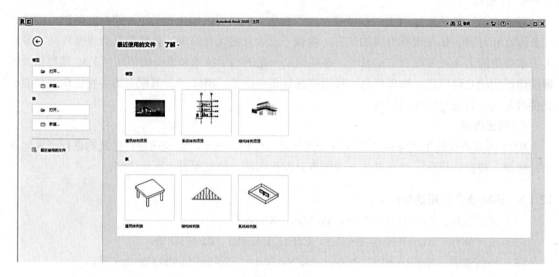

图 12.1　Revit 2020 主页

选择了相应专业的"模型"或"族"样板后，进入软件的操作界面。操作界面由快速访问工具栏、选项卡、功能区、选项栏、属性选项板、项目浏览器、状态栏、视图控制栏、绘图区域等部分组成，如图 12.2 所示。

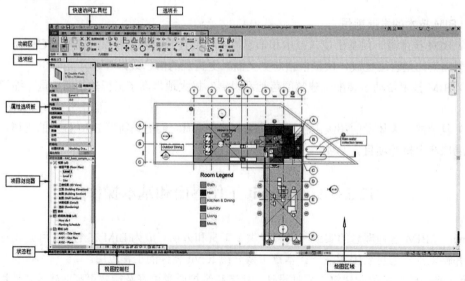

图 12.2　Revit 2020 工作界面

快速访问工具栏、选项卡、功能区、状态栏、视图控制栏、绘图区域这几部分类似于前面章节讲述的 CAD 软件，这里不再赘述。下面重点介绍选项栏、"属性"选项板和项目浏览器。

1. 选项栏

当选择不同的工具命令时，命令下对应的选项会出现在选项栏中；选择不同的图元时，与此图元相关联的选项也会显示在选项栏中。如选择墙、门、柱等不同按钮，选项栏将如图 12.3 所示。

图 12.3　选项栏

2. "属性"选项板

"属性"选项板展示了当前视图或图元的属性参数，其显示的内容随着选择对象的不同而改变，如图 12.4 所示为"基本墙"的属性，包括约束、结构、尺寸标注、标识数据等墙体相关属性

图 12.4　"属性"选项板

项。"属性"选项板的开关可由快捷键"VP"或者勾选"视图"选项卡→"用户界面"下拉菜单→"属性"来控制，如图 12.5 所示。

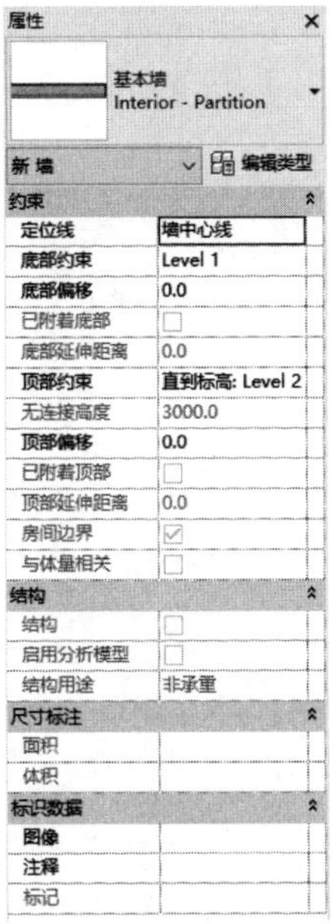

3. 项目浏览器

项目浏览器显示了当前项目中所有视图、图例、明细表、图纸、族和组的逻辑层次。项目类别前的"+"表示其包含子类别项目。项目浏览器具有打开或者关闭视图、复制或删除视图、创建新的族类型、重新载入族等功能。项目浏览器的开关可由"视图"选项卡→"用户界面"下拉菜单→"项目浏览器"来控制，如图 12.5 所示。

12.2.2　Revit 的基本术语与操作

1. 项目

Revit 中的项目是指单个设计信息数据库。一个项目文件包含了建筑的所有设计信息，项目中的信息之间都保持关联关系，Revit 会在整个项目中实现"一处修改，处处更新"。新建项目是基于项目样板文件建立的，如图 12.6 所示。通过单击"管理"选项卡中的"项目信息"按钮，可以打开"项目信息"对话框（图 12.7），填写项目相关信息。同样的方法也可以对项目单位、对象样式进行设置。

2. 图元

图元是图形软件包中用来描述各种图形元素的函数，Revit 的设计过程就是用添加参数化建筑图元来创建整个建筑的。Revit 图元有三种：模型图元、基准图元和视图专有图元。

（1）模型图元：表示建筑的实际三维几何图形，包括主体（如墙、楼板等）和模型构件（如门、窗、楼梯等）两类。

（2）基准图元：表示项目中定位的图元，如轴网、标高和参照平面等。

（3）视图专有图元：只显示在放置这些图元的视图中，可以帮助对模型进行描述和归档，分为注释图元（如尺寸标注、注释记号等）和详图（如详图线、填充区域等）两类。

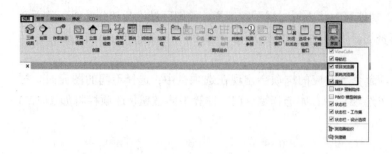

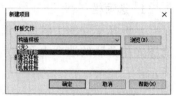

图 12.5 "属性"选项板、项目浏览器的显示与关闭　　　图 12.6 新建项目的样板文件

图 12.7 "项目信息"对话框

3. 类别

类别是一组用于对建筑设计进行建模或记录的图元，用于对以上三种基本图元进一步分类。例如墙、屋顶和梁属于模型图元类别，而标记和文字注释则属于注释图元类别。

4. 族

族是某一类别中图元的类，用于根据图元参数的共用、使用方式的相同或图形表示的相似来对图元类别进一步分组。例如，结构柱中的"圆柱"和"矩形柱"都是柱类别中的一个族。

一个族中不同图元的部分或全部属性可能有不同的值，但是属性的设置（其名称和含义）是相同的，有助于用户更轻松地管理数据和进行修改。

5. 类型

每一个族都可以拥有多个类型。类型可以是族的特定尺寸，如 450mm×600mm、600mm×750mm 的矩形柱都是"矩形柱"族的一种类型；类型也可以是样式，例如"线性尺寸标注类型""角度尺寸标注类型"都是尺寸标注图元的类型。图 12.8 是通过"编辑类型"按钮打开的"基本墙"的"类型属性"对话框。

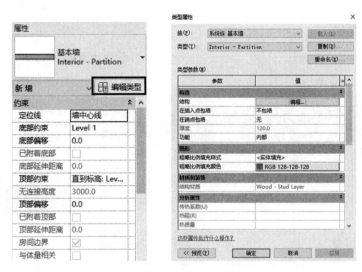

图 12.8　"类型属性"对话框

6. 实例

实例是放置在项目中的每一个实际的图元。每一个实例都属于一个族，且在该族中属于特定类型。如在项目中的轴网交点位置放置了 10 根 600mm×750mm 的矩形柱，那么每一根柱子都是"矩形柱"族中"600mm×750mm"类型的一个实例。

12.3　结构建模操作实例

本节以某学校综合楼为例，在 Revit 软件中进行该楼的结构建模（详细图纸见图纸资源二维码）。新建项目文件为"综合楼结构"，选择构造样板，如图 12.6 所示。本综合楼模型采用分专业分别建模，然后将各专业模型进行整合得到综合模型，该方法要求各专业单独建模时的基点保持一致。若采用链接 CAD 底图的方式建模时，应与创建块的插入基点保持一致。例如，所有专业底图都以轴线 14 和轴线 C 的交点为插入基点，插入空白的.dwg 文档时，可都插入至原点（0,0），并创建各自底图文档，链接底图的方法将在 12.4 节详细讲解。

12.3.1　轴网标高

1. 绘制标高

由施工图可以读出综合楼结构层楼面标高情况如图 12.9 所示，据此在项目浏览器中将视图切换到东立面，如图 12.10 所示。双击图中右侧的"标高 2"可以修改其楼层名称及其标高数值。单击"视图"选项卡→"平面视图"→"结构平面"按钮（图 12.11），弹出"新建结构平面"对话框，从中选择创建的结构平面并确定。通过复制、修改楼层名称及其标高数值，可创建其他楼层的结构标高，如图 12.12 所示，同时从图中左侧的项目浏览器中可见"结构平面"下创建的所有结构层。

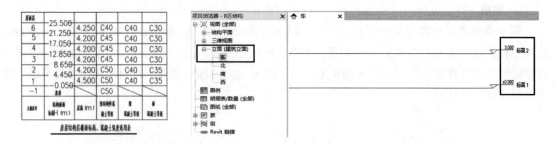

图 12.9　综合楼结构层楼面标高、
　　　　混凝土强度选用表

图 12.10　项目浏览器中切换到东立面视图

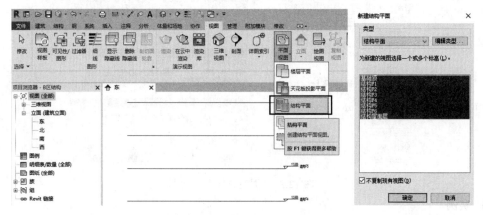

图 12.11　打开"新建结构平面"对话框

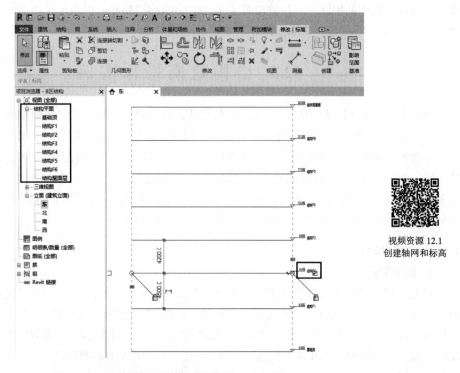

视频资源 12.1
创建轴网和标高

图 12.12　创建完成的结构标高（具体尺寸参照图 12.9）

2. 绘制轴网

双击项目浏览器中的"结构平面"下的"结构 F1"，并单击"结构"选项卡下的"轴网"命令，创建如图 12.13 的轴网（具体尺寸参照图纸资源 12.3）。同时注意，拖拽东、南、西、北立面视图，让轴网布置在四个视图之内。

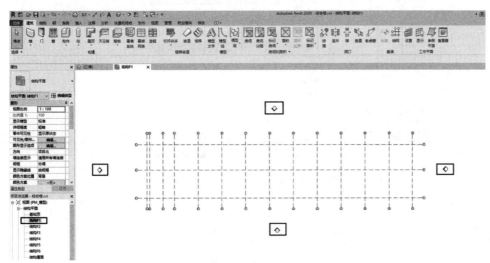

图纸资源 12.2
基础布置图

图 12.13　创建完成的轴网

12.3.2　布置基础

根据基础布置图（见图纸资源 12.2），已知综合楼的基础都是条形基础，且基础顶面标高是 5.5m，以图纸中一段（图 12.14）条形基础为例创建基础模型。"结构"选项卡→"基础"命令下可创建条形基础，但是它依附于墙体，而综合楼的条形基础主要参照的是柱，所以可以用"结构"选项卡→"梁"命令来创建基础梁，如图 12.14 所示。

在"属性"选项板下拉列表中找到"混凝土-矩形梁"，任意选择一个尺寸型号的柱，再点击"编辑类型"进入到"类型属性"对话框，在弹出的对话框中将"梁"名称改成需要创建的尺寸，如 800mm×800mm，并在类型参数中修改其对应参数，如图 12.16 所示。按照图 12.15 的条形基础位置布置基础第一级台阶（矩形梁 800mm×800mm），以此类推再加上第二级基础台阶（矩形梁 1800mm×500mm），如图 12.17 所示。另外，矩形梁的材质可在"属性"选项板的"结构材质"中更改其材料属性，如图 12.18 所示。

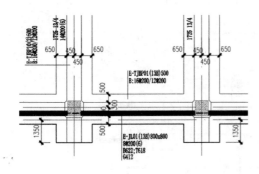

图 12.14　基础布置图截图

图 12.15　"梁"按钮和"基础"选项卡

图 12.16　编辑"梁"属性的名称、类型参数

图 12.17　编辑第二级基础台阶的类型属性

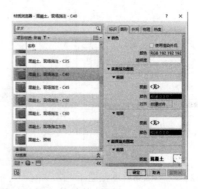

图 12.18　编辑基础"梁"的结构材质

第二级基础台阶可以通过单击"矩形梁 1800mm×500mm"更改其约束来实现，如图 12.19 所示。快速访问工具栏和视图控制栏中的"三维视图"和"视觉样式"按钮（图 12.20），可以查看基础梁的三维视图。基础梁定位的操作和 Auto CAD 软件相似，这里不再赘述，按照图纸资源 12.2 中的基础布置图完成基础的创建。

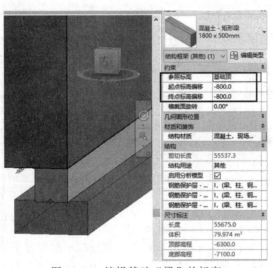

图 12.19　编辑基础"梁"的标高

图 12.20　"三维视图"和"视觉样式"按钮

12.3.3　布置柱、梁、板

1. 布置柱

以创建综合楼的 F1 层柱为例，单击"结构"选项卡→"柱"命令，在"属性"选项板下拉列表中找到"混凝土-矩形-柱"，选择任意尺寸型号的柱，如图 12.21 所示。再点击"编辑类型"进入到"类型属性"对话框，点击"复制"，在弹出的对话框中将"柱"名称改成需要创建的柱形尺寸，如 800mm×800mm，并在类型参数中修改其对应参数，如图 12.22 所示。按照设计说明及图 12.9，综合楼 F1 层柱的混凝土强度等级都是 C50，可在"属性"选项板的结构材质中更改其材料属性，如图 12.22 所示。同时注意"选项栏"的柱高度调至"结构F2"，如图 12.23 所示；或者单击"柱"更改其"属性"选项板上"约束"，通过底部标高、底部偏移、顶部标高、顶部偏移来设置柱的高度，如图 12.24 所示。

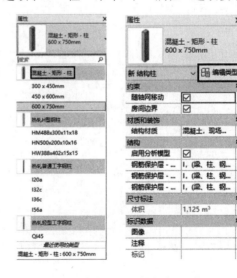

图 12.21　插入"混凝土-矩形-柱"

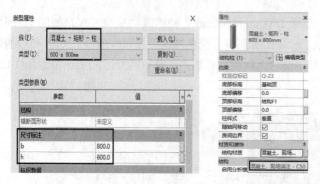

图 12.22　编辑属性的名称、类型参数、结构材质

图 12.23　"选项栏"约束柱高

图 12.24　"属性"选项板约束柱高

按照图纸资源 12.3 中各层柱布置图的定位尺寸布置柱，结构柱定位的操作方法和 AutoCAD 软件操作相似（界面如图 12.25 所示）。布置完成的结构层 F1 "柱"的平面和立面图，如图 12.26 和图 12.27 所示。

图 12.25　"修改|结构柱"界面图

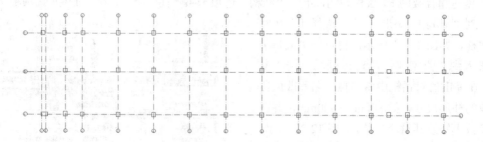

12.26　创建完成的柱平面图

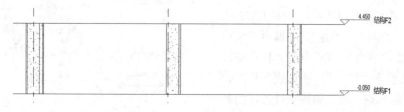

图 12.27　创建完成的柱东立面图

图纸资源 12.3
结构柱布置图

266

2. 布置梁

以5-8轴线间的二层梁为例，根据施工图纸（图12.28）布置"梁"。单击"结构"选项卡→"梁"命令，在"属性"选项板下拉菜单找到"混凝土-矩形梁 400mm×800mm"，将参照标高改为"结构F1"，参照图12.9将结构材质设为C40混凝土，如图12.29所示。

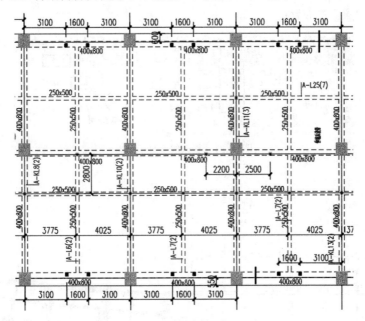

图 12.28　5-8 轴线间的二层梁布置图

布置"混凝土-矩形梁 250mm×500mm"，"结构"选项卡→"梁"→"混凝土-矩形梁 400mm×800mm"下单击"编辑类型"进入"类型属性"对话框，单击"复制"将名称改成 250mm×500mm 并在类型参数中修改其对应参数，如图12.30所示。

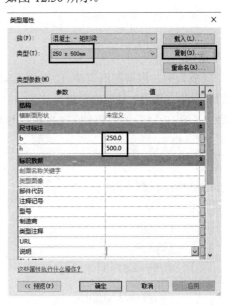

图 12.29　布置"混凝土-矩形梁 400mm×800mm"　　图 12.30　布置"混凝土-矩形梁 250mm×500mm"

在布置或编辑"梁"时，若其轴线显示很粗，可以单击"快速访问工具栏"或者"视图"选项卡→"图形"→"细线"按钮更改其线宽显示状态，如图 12.31 所示。按照图 12.28 布置完成"梁"，其定位方法类似于 AutoCAD 软件中的操作，也可以直接选中梁并编辑其定位尺寸，布置完成 5-8 轴线间的"梁"平面图和三维模型如 12.32 所示。按照图纸资源 12.4 中的各层梁布置图完成所有综合楼"梁"的布置。

图 12.31　更改线宽显示状态

图纸资源 12.4
梁板布置图

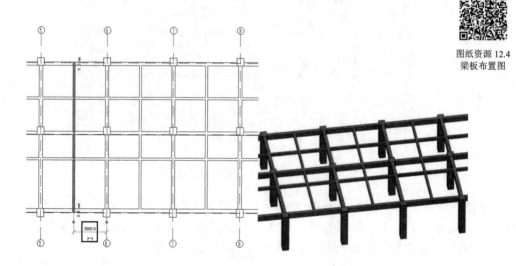

图 12.32　布置完成的"梁"

3. 布置板

以二层板为例，根据图纸资源 12.4 中的梁板结构布置图创建"板"，并且由梁板结构布置图右下角的板附注（图 12.33）确定板厚度为 110mm。单击"结构"选项卡→"楼板"→"楼板：结构"命令（图 12.34），在"属性"选项板"楼板-常规-300mm"下单击"编辑类型"，进入"类型属性"对话框，单击"复制"将其名称改为"常规-110mm"，其默认的厚度仍然为 300mm，单击结构属性的"编辑…"按钮，进入"编辑部件"对话框，将结构的厚度改为 110mm，材质改为 C35 混凝土（取值参照设计说明及图 12.9），如图 12.35 所示。其他层板的布置方法相似，按照梁板结构布置图中的各层布置图完成所有综合楼"板"的布置。

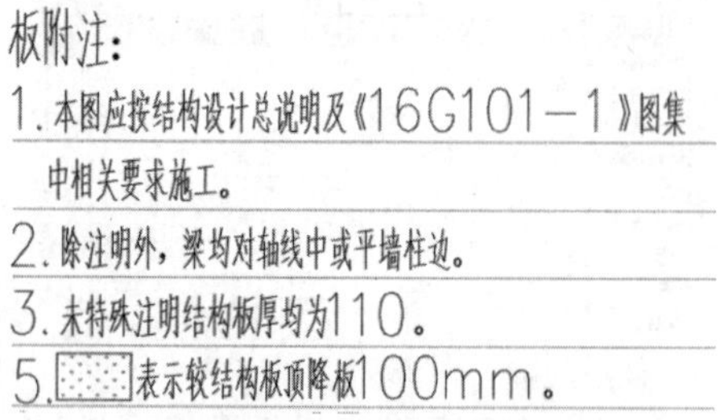

板附注：

1. 本图应按结构设计总说明及《16G101-1》图集中相关要求施工。

2. 除注明外，梁均对轴线中或平墙柱边。

3. 未特殊注明结构板厚均为110。

5. ▨表示较结构板顶降板100mm。

图 12.33　综合楼梁板布置图中的"板附注"

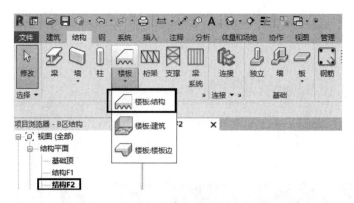

图 12.34　"结构" → "楼板" → "楼板：结构" 命令

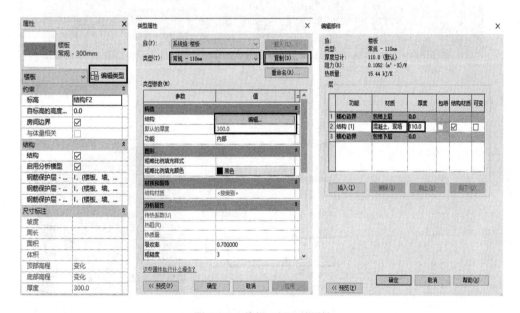

图 12.35　编辑"板"的属性

通常，使用绘制"矩形"的方式设置板边界来创建板，对于矩形孔洞也可以使用"矩形"根据位置开设，如图 12.36 所示。另外，由图 12.33 中的"板附注"知 1-3 轴线间的板应降低板顶高度 100mm，此处的板需要单独绘制并设置其约束高度，如图 12.37 所示。为了方便选择"板"，可以更改状态栏的右下角图标 "按面选择图元"。

当把 1-3 轴线间的板降低至设计标高时，此处的梁也应该降低相应高度，按住 Ctrl 键选择图示的 3 根梁并更改其属性中的约束高度，如图 12.38 所示。

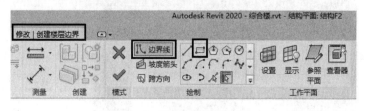

（a）绘制矩形创建楼板边界线

图 12.36（一）　布置二层板

269

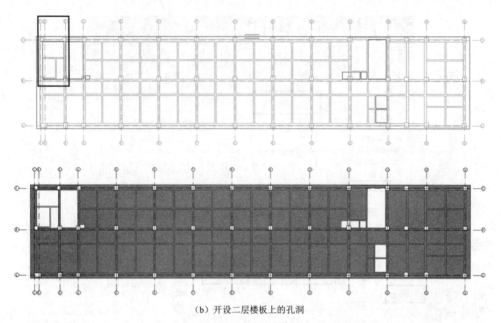

（b）开设二层楼板上的孔洞

图 12.36（二）　布置二层板

图 12.37　布置顶降板

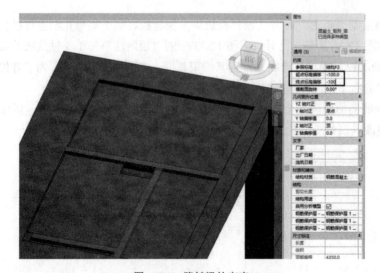

视频资源 12.5
创建楼板

图 12.38　降低梁的高度

　　按照结构图纸资源，将综合楼的基础、柱、梁、板抄绘完成后，得到其结构模型如图 12.39 所示。当各层结构相差无几时，可以将创建好的标准层复制后再稍做修改，如图 12.40 所示，利用剪切板将二层柱复制到三层

图 12.39　完整结构模型

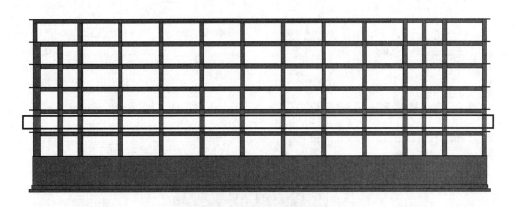

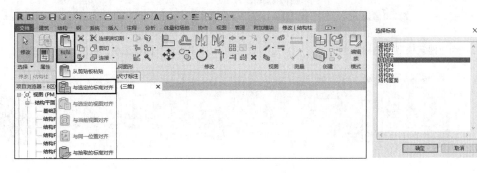

图 12.40　将二层的柱复制到三层

12.4　建筑建模操作实例

　　在 Revit 软件中进行综合楼的建筑建模，新建项目文件为"综合楼建筑"，选择建筑样板，如图 12.41 所示。与结构建模的步骤相似，新建的建筑样板下的项目首先应创建轴网和标高，如

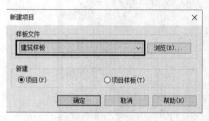

图 12.41　以"建筑样板"新建建筑项目

图 12.42 和图 12.43 所示。因为建筑图纸比结构图纸相对复杂，图上包含的细节更多，所以图 12.44 演示了如何在 Revit 中插入 CAD 图纸作为底图进行建模。链接底图后，单击"插入-管理链接"，打开"管理链接"对话框，选择"CAD 格式"卸载或者重新载入即可对底图进行关或开的管理，类似于 AutoCAD 软件中的"外部参照"相关命令。

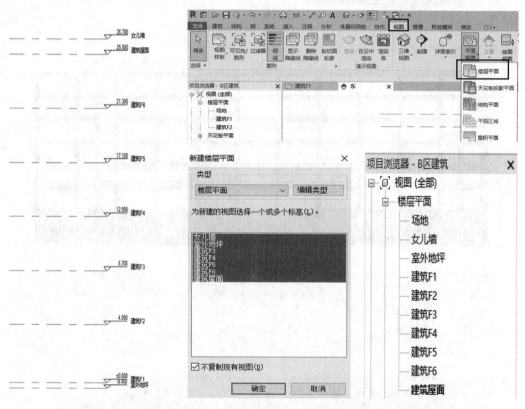

图 12.42　创建建筑模型中的标高　　　　　图 12.43　创建建筑平面视图中的楼层平面

（a）"链接 CAD"命令

图 12.44（一）　在 Revit 软件中链接 CAD 图纸

图纸资源 12.6
建筑施工图

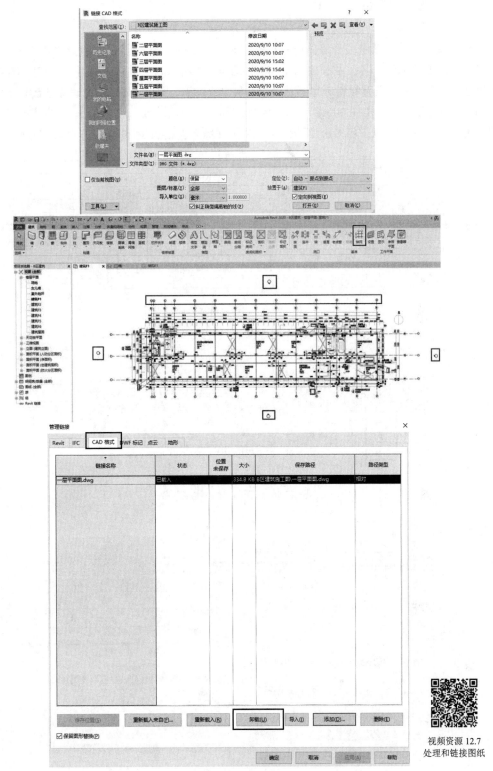

（b）载入或卸载 CAD 图纸

视频资源 12.7
处理和链接图纸

图 12.44（二）　在 Revit 软件中链接 CAD 图纸

12.4.1　创建墙、门、窗

1. 布置墙体

综合楼建筑施工图中关于墙体材料和厚度的说明如图 12.45 所示，根据此表在 Revit 中创建不同材料和厚度的墙体，具体做法如图 12.46 和图 12.47 所示。当材质浏览器中没有所需的材料时，可以通过复制（右击已有材料选择"复制"）和修改标识、图形、外观、物理等参数来新建材质，如图 12.48 所示。综合楼±0.000 标高以上的外墙都属于普通外墙，即 300mm 厚的蒸压轻质砂加气混凝土砌块，±0.000 以下邻接土壤墙体（主要是外墙）采用的是 200mm 厚页岩空心砖。

墙体类型	使用部位	填充墙体材料	图例	厚度(mm)
外墙	±0.000 标高以下临接土壤的墙体	页岩空心砖		200 (100)
	实验大厅	300 厚蒸压轻质砂加气混凝土 (AAC) 条板		(详建筑节能设计专篇)
	其他外墙	300 厚蒸压轻质砂加气混凝土 (AAC) 砌块		(详建筑节能设计专篇)
内隔墙及分户墙	内隔墙	200 厚加气混凝土砌块		200
	局部卫生间分隔墙	120 厚多孔砖		120
管道井隔墙	电梯井道、强弱电井、水井	200 厚加气混凝土砌块		200
	送排风井排烟井	200 厚加气混凝土砌块		200

工程内外砌体墙材料略图中特殊注明外，填充墙体材料及墙体如下：

图 12.45　墙体材料和厚度说明

图 12.46　打开"墙：建筑"命令

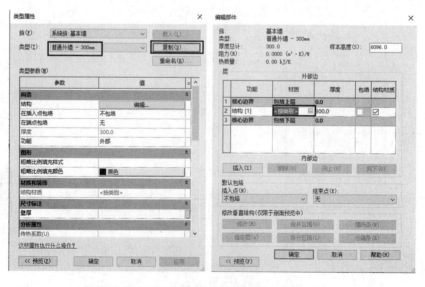

图 12.47　创建不同材料和厚度的墙体

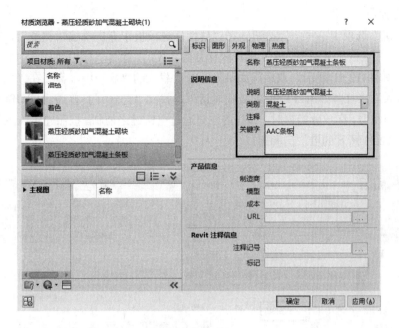

图 12.48　创建新的材质

　　墙的内边缘主要与立柱的内边缘对齐，所以可以在选项栏中设墙的内边缘线为定位线，如图 12.49 所示。为了起到装饰效果，在外墙窗户两侧还做了很多凸起的外饰墙，是 120mm 厚的素混凝土墙。如图 12.50 所示，墙体高度的设定和立面标高相关，下拉"底部约束"和"顶部约束"右侧的按钮可以看到"建筑 Fn""直到标高：建筑 Fn"的字样，对于高度为非正常层高的墙体，可以通过更改其底部（或顶部）偏移量来确定其高程和墙高。若顶部约束选择"未连接"，则该墙的高度与层高之间没有附着关系，在无连接高度上直接输入其"绝对墙高"来布置墙。

图 12.49　选项栏中更改定位线

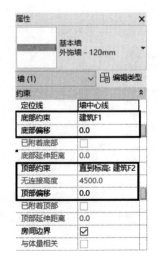

视频资源 12.8
创建墙和柱

图 12.50　设置墙高

2. 布置门窗

单击"建筑"选项卡→"门"按钮，在"属性"选项板中点击"编辑类型"，在弹出的"类型属性"对话框中点击"复制"，更改其名称及类型参数，注意将"标识数据"中的"类型标记"改为 M0921，如图 12.51 所示。双扇门如果没有在已载入的"族"中，需要在"类型属性"对话框中单击"载入"，打开如图 12.52 的查找对话框，找到"建筑-门-普通门-平开门-双扇"，布置窗的方法与门相似，在放置门窗时，其开启方向通过空格键来控制。按照建筑施工图，沿着 CAD 底图创建如图 12.53 所示的墙、门和窗。

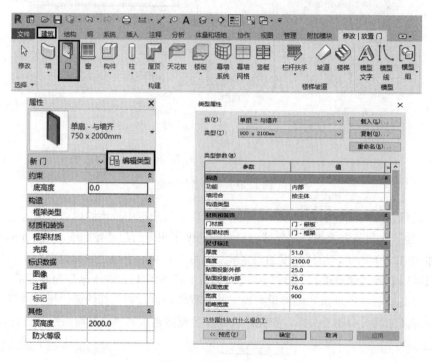

图 12.51 插入"门"

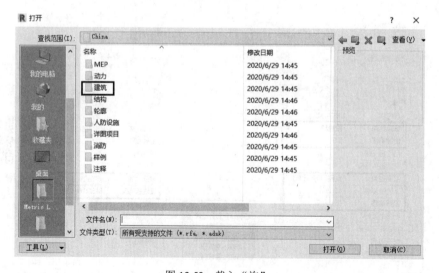

图 12.52 载入"族"

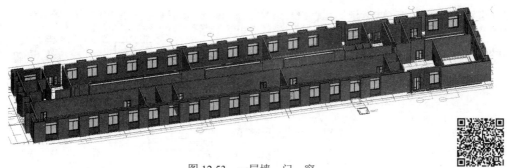

图 12.53　一层墙、门、窗

视频资源 12.9
创建门和窗

12.4.2　创建楼梯及其他

1. 创建楼梯

以 3-4 轴线间的消防楼梯为例，单击"建筑"选项卡→"楼梯"，将梯段的宽度设为 1550.0mm，高度约束、踢面数、楼梯模型如图 12.54 所示。另外，进入到室内的标高是-300mm，经过一段 1:12 的坡道才到达通往上方的楼梯，坡道的绘制可以借助"楼板""坡度箭头"来完成，如图 12.55 所示。

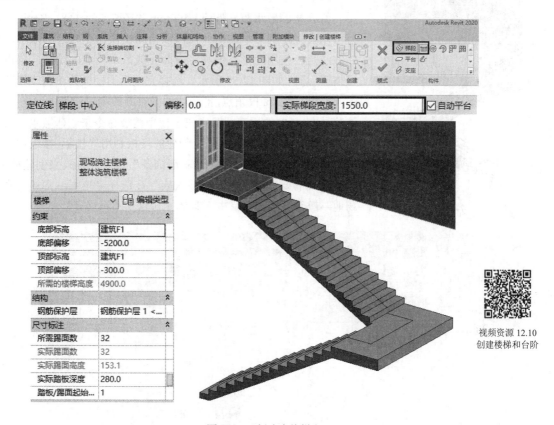

视频资源 12.10
创建楼梯和台阶

图 12.54　创建直线梯段

建筑楼板的布置和结构楼板相似，将此消防楼梯和坡道布置完成后，结果如图 12.56 所示，向下的楼梯通往地下室，向上的楼梯通往二层。

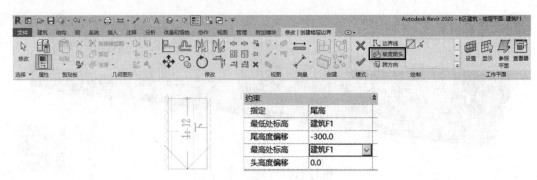

约束	
指定	尾高
最低处标高	建筑F1
尾高度偏移	-300.0
最高处标高	建筑F1
头高度偏移	0.0

图 12.55　创建坡道

2. 布置栏杆扶手

单击"建筑"选项卡→"栏杆扶手"选择"绘制路径"创建栏杆扶手，如图 12.57 所示。

有些楼梯扶手需要单独创建，而创建完成的扶手往往和楼梯之间没有关联，此时选中单独创建的楼梯扶手，单击"修改|栏杆扶手"选项卡→"工具"面板→"拾取新主体"按钮，选择此扶手需要附着关联的梯段即可，如图 12.58 所示。

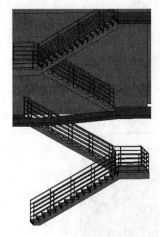

3. 绘制散水

综合楼的散水距离外墙 1500mm，其坡度为 1:8。Revit 中没有可以直接绘制散水的命令，可以借助楼板命令来绘制散水，具体做法是：使用矩形、偏移等命令完成散水轮廓的绘制，单击完成按钮 ✔，如图 12.59 所示。选择完成后的楼板并单击"修改子图元"，再单击楼板角点，把旁边的数字 0 改为-187.5（即 1500/8），使其具有 1:8 的坡度，即完成了使用楼板命令来创建散水，如图 12.60 所示。也可以依托已经创建的楼板利用"楼板-楼板边"，或依托已经创建的墙利用"墙-墙饰条"等其他方式来创建散水，这些方式需要选择"插入→载入族"，选择"轮廓→常规轮廓→场地→散水"载入项目中，具体操作这里不再展开。

图 12.56　布置完成的楼梯

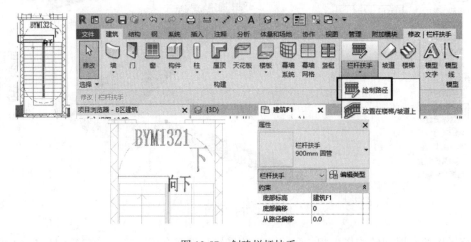

图 12.57　创建栏杆扶手

视频资源 12.11
创建栏杆、扶手

图 12.58　创建某一梯段的扶手

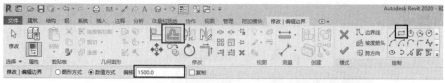

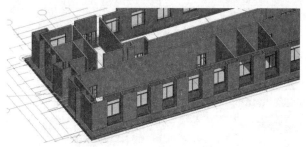

图 12.59　用楼板来创建散水

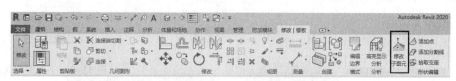

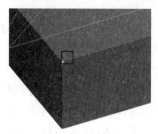
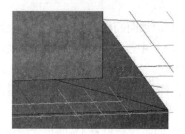

视频资源 12.12
创建散水

图 12.60　修改子图元

4. 创建屋面

以高程为 21.3m 的平屋面为例，屋面纵向坡度为 1%用以满足屋面的排水要求。单击"建筑"选项卡→"屋顶"→"迹线屋顶"命令，该屋面比较规则，可使用"矩形"来创建，如图 12.61所示。选择创建的屋顶边界线，在"属性"面板中去掉"定义屋顶坡度"的勾选，创建平屋面。选择基本屋顶并单击"编辑类型"，在"类型属性"对话框中选择结构参数的"编辑"，设置屋面的结构参数值，如图 12.62 所示。屋面层中除了钢筋混凝土结构板厚 110mm，其他层的材料和厚度设置如图 12.63 所示。

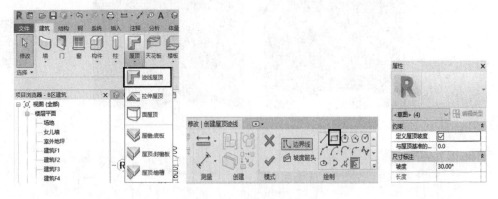

图 12.61　创建迹线屋顶

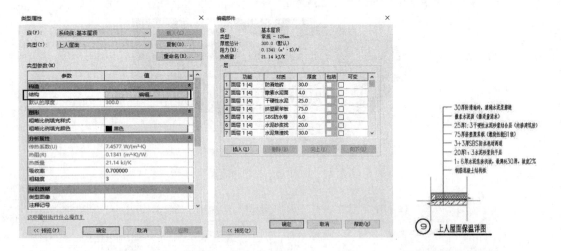

图 12.62　设置屋面层材质及厚度　　　　图 12.63　上人屋面保温详图

创建出来的屋面的顶面高程为 21.3m，故需要将其底部标高改为建筑 F6 以下 300mm 的位置，若平面视图"建筑 F6"中没有显示该屋面，可以打开"视图范围"对话框更改其视图范围和视图深度，如图 12.64 所示。

单击要修改的屋面，在功能区出现"修改|屋顶"选项卡，单击"修改子图元"→"添加分割线"，如图 12.65（a）所示。沿着底图添加如图 12.65（b）所示的分割线，再如同散水的绘制方法一样，通过修改点的高程来设置 1%的排水坡度，如图 12.66 所示，高程为 25.5m 的屋面绘制方法相似，不再赘述。

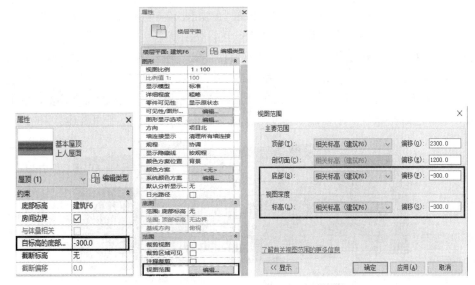

图 12.64　改变屋顶标高、设置视图范围

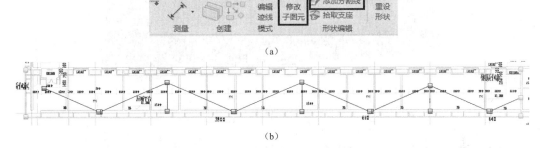

图 12.65　添加屋面分割线

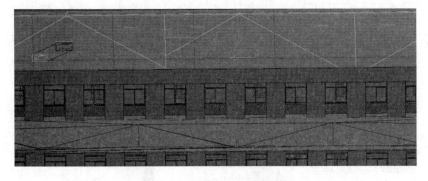

图 12.66　设置屋面的排水坡度

视频资源 12.13
创建屋顶和雨棚

　　根据建筑施工图可以创建如图 12.67 所示综合楼的建筑模型地上部分，其他楼层的创建方法和一层相似，参照图纸资源 12.6 建筑施工图即可完成所有楼层的建筑模型建模。如果在建模过程中，高程控制较多，需要查询建筑某处标高时，可以单击图 12.68 中"注释"选项卡→"高程点"按钮，或者输入 EL 快捷键都可查询高程；需要调整结构物的平面形状和位置时，应先单击该对象，

出现"临时尺寸标注"，调整其拾取点至被标位置上，如图 12.69 所示，单击关联后的临时尺寸，改动其尺寸数字即可；需要临时隐藏某一构件时，可以使用状态栏中的"眼镜"图标，如图 12.70 所示，也可以单击该构件并键盘输入 HH 来实现临时隐藏，输入 HR 则可以关闭临时隐藏；如果想编辑对象样式，可以输入 VV 来打开对话框，或者单击"属性"选项板中"可见性/图形替换"，打开"可见性/图形替换"对话框，如图 12.71 所示。在建模过程中使用的命令较多，以上建模过程中只使用了一小部分命令，很多命令的使用方法与 AutoCAD 相似，不再赘述。

图 12.67　创建完成的东南和西北方向的建筑模型轴测图

图 12.68　标注高程

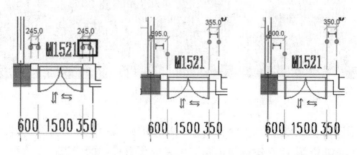

图 12.69　利用"临时尺寸标注"调整平面定形定位尺寸

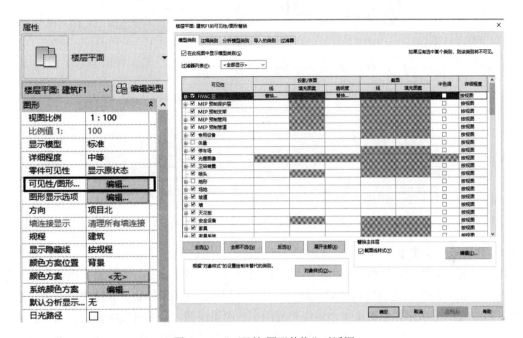

图 12.70 临时隐藏

图 12.71 "可见性/图形替换"对话框

12.5 设备建模操作实例

本节介绍在 Revit 软件中进行综合楼设备建模。新建项目文件为"综合楼设备",选择机械样板,如图 12.72 所示。与结构和建筑建模的操作一样,首先是轴网、标高的设置和楼层平面的显示,如图 12.73 所示,然后再链接 Revit 建筑模型、CAD 给排水底图、Revit 结构模型到设备项目中,类似于 AutoCAD 软件中的 "外部参照",可通过打开"管理链接"对话框,选择"Revit"或"CAD 格式"卸载或者重新载入即可管理其关与开,如图 12.74 所示。

图纸资源 12.14
给排水布置图

图 12.72 以"机械样板"新建设备项目　　图 12.73 轴网标高的设置和楼层平面的显示

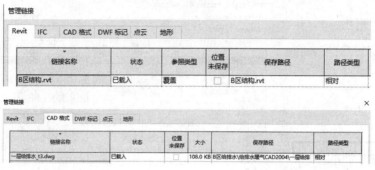

图 12.74　链接"综合楼结构.rvt"和"一层给排水.dwg"到设备项目中

12.5.1　创建给排水管道

以一层为例创建给水管线。点击"系统"选项卡→"管道"命令，将管道类型改为给水管，编辑"布管系统配置"，选择管道的对应材料，并在"属性"选项板中将其系统类型设为"家用冷水"，如图 12.75 所示。沿着给排水管线平面图和参照系统图，绘制时根据管径和高程的需要更改选项栏中的数值，如图 12.76 所示。对于管线的显示可以通过状态栏中的详细程度、视觉样式（图 12.77）、过滤器（图 12.71，类似于 CAD 中的图层管理）等调整到合适的效果。

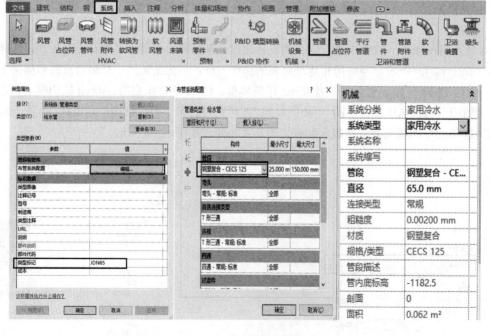

图 12.75　设置给水管属性

　　当管道之间需要创建"管道连接件"时，只需让两管道中线之间关联即可，或者通过"修改-修建/延伸为角""修改-修建/延伸单个图元"等命令来自动生成，如图 12.78 所示。根据图纸资源 12.14 中的给排水图纸创建一层的给水、消防管线及附件，如图 12.79 所示，其他管线及其他层的创建方法相似。在创建管线的时候需要随时观察其平面图和三维管线位置，注意各管线之间的交错避让，当遇到明显的管线之间碰撞时，可以通过改变某一管道的标高来实现避让，如图 12.80 所示。同时为了便于观察管线间的平面和高度位置，可以选择"视图-平铺视图"命令（或输入 WT 快捷命令），将两者平铺，如图 12.81 所示。

图 12.76　设置管线的直径和高程

图 12.77　设置详细程度、视觉样式

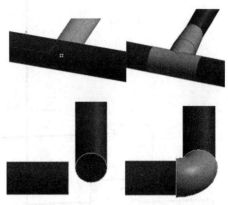

图 12.78　创建"管道连接件"

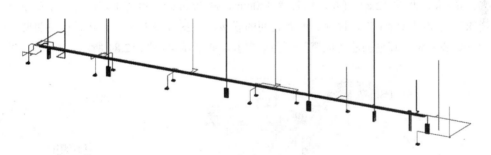

图 12.79　一层的给水、消防管线布置

图纸资源 12.15
消防系统图

视频资源 12.16
创建给水管道

图 12.80　管线避让

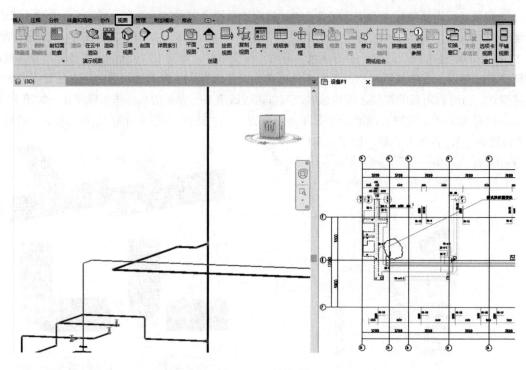

图 12.81　平铺视图

12.5.2　创建暖通管道

　　暖通水管道的布置和给排水管道布置方法相似，这里不再举例，下面主要举例布置暖通风管道。由于综合楼的房间和窗户足够大，自然通风效果较好，其通风排烟设备较少，因此仅以卫生间通风为例创建风管及附件。风管的管道截面形状常见的有矩形、圆形、椭圆形，本楼采用矩形截面，其标注为：宽×高。从图 12.82 可知，风管宽 320mm，高 250mm。风道末端的通风器在放置时选择"风道末端安装到风管上"，以建立两者之间的联接，如图 12.83 所示。按设计说明要求，管道尽量紧贴梁底安装，管道的法兰应避开结构梁布置，布置结果如图 12.84 所示。

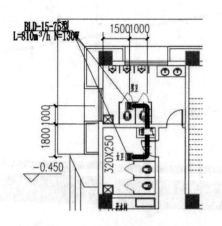

图纸资源 12.17
通风排烟布置图

图 12.82　一层卫生间通风平面图

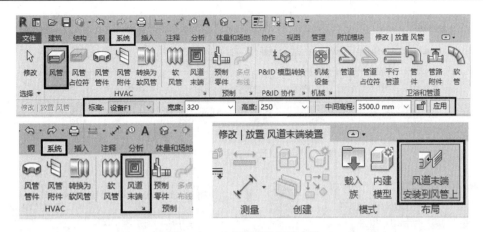

图 12.83　布置风管及风管未端

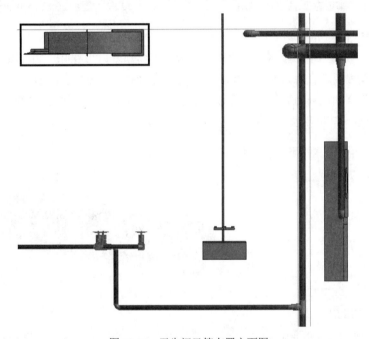

图 12.84　卫生间风管布置立面图

设备模型中有大量的管线及附件，其创建方法大同小异，这里不再赘述，可按给排水、消防、通风等图纸资源进行设备建模练习。

12.6　综合协同与生成图纸

打开"综合楼建筑"，在建筑模型中链接"综合楼结构"和"综合楼设备"，形成全专业综合模型，并另存为"综合楼综合模型"，如图 12.85 所示。链接进来的模型并不属于该项目，分别将"综合楼建筑"和"综合楼结构"与"综合楼设备"进行绑定，绑定后的模型仍然是一整块，还需要"解组"，如图 12.86 所示。绑定后的设备管线若需要显示相应的颜色，仍然是通过视图中的"过滤器""可见性/图形"（图 12.87）来实现更改。

管理链接

	Revit	IFC	CAD 格式	DWF 标记	点云	地形		

链接名称	状态	参照类型	位置未保存	保存路径	路径类型
B区建筑.rvt	已载入	覆盖	☐	B区建筑.rvt	相对
B区结构.rvt	已载入	覆盖	☐	B区结构.rvt	相对

图 12.85　链接建筑和结构模型创建综合模型

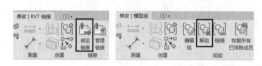

图 12.86　绑定链接、解组模型图

12.87　视图-过滤器、可见性/图形

12.6.1　碰撞检查

在生成的全专业模型中，设备管线位于模型内部不易观察，可打开"剖面框"（图 12.88），将"剖面框"调至楼板下且露出梁的位置进行管线综合协同，如图 12.89 所示。设备管线与土建结构之间的明显不合理在剖切后的全专业综合模型中很容易被发现，如图 12.90 所示，一般可以将穿梁而过的管线标高调低至合适位置。

图 12.88　打开剖面框

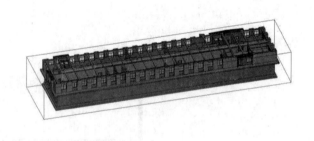

图 12.89　将"剖面框"调至一层楼板下

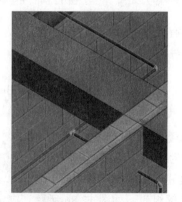

图 12.90　协调管线与土建结构

对于管线集中的位置可通过创建局部断面图的方法来精确协调，具体做法是，单击快捷访问工具栏上的"剖面"图标（图 12.91），在管道集中的平面图中给出剖切位置，右击选择"转到视图"即可得到局部的断面图，注意更改其显示的"详细程度"和"视觉样式"，如图 12.92 所示，考虑到施工误差和安装空间需求，如管道外壁与梁底要预留 50mm 的空间，可通过测量距离、更改管线标高来实现调整。

图 12.91　生成断面图

在进行碰撞检查之前先进行手动的综合协调，能避免大部分的碰撞，而对于细部的不易察觉的部位则可采用软件自带的"协作-碰撞检查"，可检查管道及管件与结构柱和结构框架（本模型中的结构梁）之间的碰撞，如图 12.93 所示。

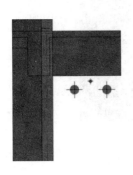

图 12.92　生成局部位置的断面图　　　　图 12.93　"碰撞检查"对话框

图 12.94　生成碰撞"冲突报告"

　　单击"冲突报告"对话框上的"导出"可以生成 html 格式的冲突报告，如图 12.94 所示。单击"冲突报告"对话框上的"显示"，视图界面将自动切换到冲突部位并且高亮显示，手动调整管线位置避免和结构柱或梁碰撞，如图 12.95 所示。单击"冲突报告"中的"刷新"即可看到冲突的解决与减少，如图 12.96 所示。

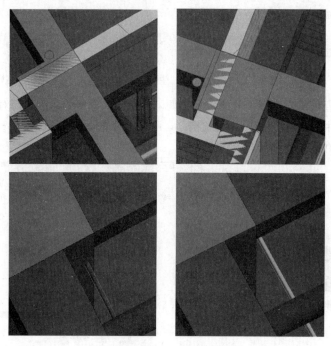

图 12.95　协调碰撞冲突

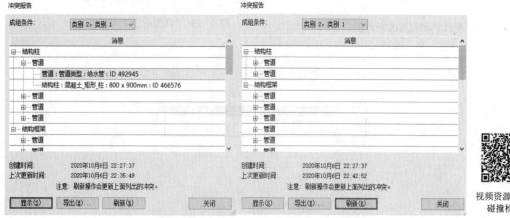

视频资源 12.18
碰撞检查

图 12.96　刷新"冲突报告"

　　如果在"碰撞检查"之前对设备与土建做了宏观协调，"碰撞检查"的冲突可能减少很多，就可以快速地协调并刷新报告做到零碰撞，因此建议在进行"碰撞检查"之前手动做一些宏观协调。以上仅以管道及管件与结构柱和结构框架之间的碰撞为例，演示了 Revit 的协同设计理念，其他构配件之间的碰撞及协调方法与之相似。

12.6.2　输出报表、生成图纸

1. 输出报表

输出的报表包括混凝土体积、钢筋用量、门窗明细等，这些都和工程量及成本估算有直接关系，因此可以实现 BIM 的自动化算量。下面仅以生成"窗明细表"为例讲解 Revit 中输出报表的方法。

在"项目浏览器"中找到"明细表/数量"[图 12.97（a）]，右击选择"新建明细表/数量…"，打开"新建明细表"对话框[图 12.97（b）]，在对话框中"类别"下找到"窗"，明细表名称为"窗明细表"，单击"确定"，弹出"明细表属性"对话框。

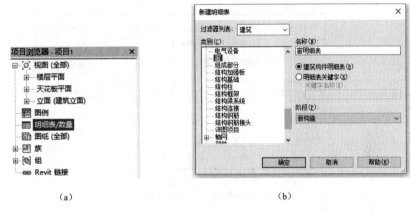

（a）　　　　　　　　　　　　　　（b）

图 12.97　新建"窗明细表"

在"明细表属性-字段"对话框中通过"添加参数""移除参数""上移参数""下移参数"按钮选择明细表中的列标题和排序，如图 12.98 所示。

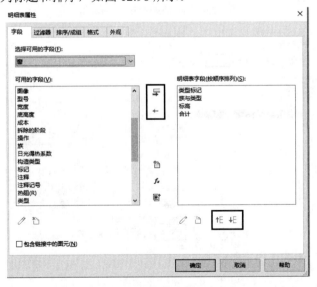

图 12.98　添加和排序明细表字段

"明细表属性"对话框中还有"过滤器""排序/成组""格式""外观"等选项用来设置表格的属性。如果想让表格首先按照"类型标记"排序，在类型标记相同的时候再按照"标高"

排序，同时还想统计每个相同"类型标记"的窗数量，以及统计所有窗数量时，可以如图 12.99 所示的方式勾选。需要合计数量时，还需要在"明细表属性-格式"对话框下选择"合计"字段，并将字段格式改为"计算总数"（图 12.100），否则即使有"合计"也没有总数的计算显示。经过明细表属性的设置，在对话框中单击"确定"即可得到如图 12.101 所示的"窗明细表"（由于数量较多仅展示表格的首和尾）。若创建的明细表属性需要编辑，可在明细表的"属性"选项板中继续选择"字段""过滤器""排序/成组""格式""外观"右边的"编辑…"打开"明细表属性"对话框进行修改，如图 12.102 所示。

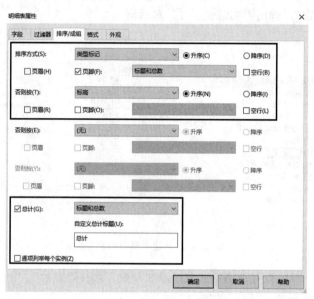

图 12.99　明细表属性-排序/成组

图 12.100　明细表属性-格式

<窗明细表>			
A	B	C	D
类型标记	族与类型	标高	合计
C0625	组合窗 - 双层单	建筑F6	1
C0625			1
C1515	组合窗 - 双层单	建筑屋面	1
C1515			1
C1823	组合窗 - 双层单	建筑F2	4
C1823	组合窗 - 双层单	建筑F3	4
C1823	组合窗 - 双层单	建筑F4	4
C1823	组合窗 - 双层单	建筑F5	4
C1823	组合窗 - 双层单	建筑F6	3
C1823			19

C2423	组合窗 - 双层单	建筑F2	2
C2423	组合窗 - 双层单	建筑F3	2
C2423	组合窗 - 双层单	建筑F4	2
C2423	组合窗 - 双层单	建筑F5	2
C2423	组合窗 - 双层单	建筑F6	2
C2423			10
C2426	组合窗 - 双层单	建筑F1	4
C2426	组合窗 - 双层单	建筑F2	1
C2426	组合窗 - 双层单	建筑F3	1
C2426	组合窗 - 双层单	建筑F4	1
C2426	组合窗 - 双层单	建筑F5	1
C2426	组合窗 - 双层单	建筑F6	1
C2426			9
总计			286

图 12.101　创建的"窗明细表"

明细表和模型之间是关联的，选择某一单元格并单击功能区的"在模型中高亮显示"（图 12.103），即可在模型中找到此类型窗，若有错误即可在模型中关联修改。

Revit 中生成的明细表也可以通过"文件"选项卡→"导出"→"报告"→"明细表"导出.txt 格式的明细表，如图 12.104 所示。若需要创建.xls 格式的明细表，可以直接通过重命名更改其后缀.txt 为.xls，也可以在打开"窗明细表.txt"文档时右击选择"打开方式"为 Excel，另存为"窗明细表.xls"，如图 12.105 所示。

图 12.102　明细表"属性"选项板

图 12.103　在模型中高亮显示表格所选内容

图 12.104　导出明细表

2. 生成图纸

以生成建筑施工图中的一层平面图为例，介绍 Revit 软件生成二维图纸的方法和步骤。在项目浏览器中找到"建筑 F1"右击选择"复制视图"，重命名视图名称为"一层建筑平面图"，如图 12.106 所示。建筑施工图中不需要显示机电管线，而在多专业综合模型的平面视图中是存在机电管线的，可通过"属性"选项板中的编辑"可见性/图形替换"来剔除。在"一层建筑平面的可见性/图形替换"对话框中，将"模型类别"过滤器列表中的管道、管件、管道附件、机械设备等前面的勾选去掉，如图 12.107 所示，即可在建筑视图中不显示机电设备。

图 12.105　创建 xls 格式的明细表

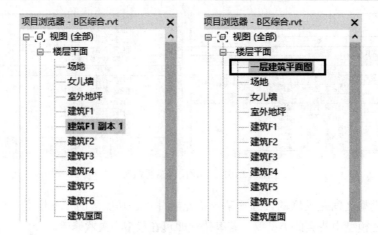

图 12.106　创建"一层建筑平面图"

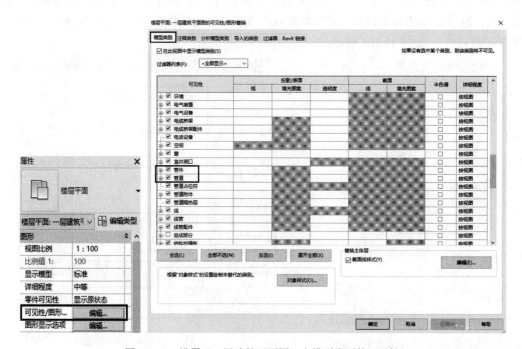

图 12.107　设置"一层建筑平面图"中模型类别的可见性

打开如图 12.108 所示"属性"选项板中的"裁剪视图"和"裁剪区域可见",将裁剪视图框调整至合适位置,避开"东、南、西、北立面视图图标",裁剪合适后,再将"裁剪区域可见"后的勾选去掉。将轴线拖拽至合适的位置,然后选择"注释→对齐"(图 12.109)对视图进行尺寸标注,根据需要在"选项栏"选择参照基准。

单击"注释→符号"在"属性"选项板中的下拉列表可以向视图中插入指北针、标高等符号,如图 12.110 所示。可以使用文字注释,也可以点击"注释→全部标记"并在"标记所有未标记的对象"对话框中选择"窗标记""门标记"标注门窗,如图 12.111 所示。

按照底图将视图上的注释完成后,即可在"项目浏览器→图纸"上右击选择新建图纸,并重命名为"建筑平面图",数量为 6 张,如图 12.112 所示。将创建的"一层建筑平面图"拖拽至图框内的合适位置，更改其标题栏内容，也可以将明细表、图例等内容拖拽至图框内布置到合适位置。最后，通过"文件-导出-CAD格式-DWG"将图纸打印成.dwg文档，如图12.113所示。也可以通过"文件→打印"的方式将图纸打印成.pdf格式或者直接连接打印机打印出图。

本章以Revit软件创建某学校综合楼为例，介绍了BIM技术在房建工程中的应用基础。而BIM技术在设计、施工、运维等全寿命周期各阶段的功能和作用远不止于此，本章仅介绍了Revit软件基本的工程应用，以满足初学者的入门学习需求。

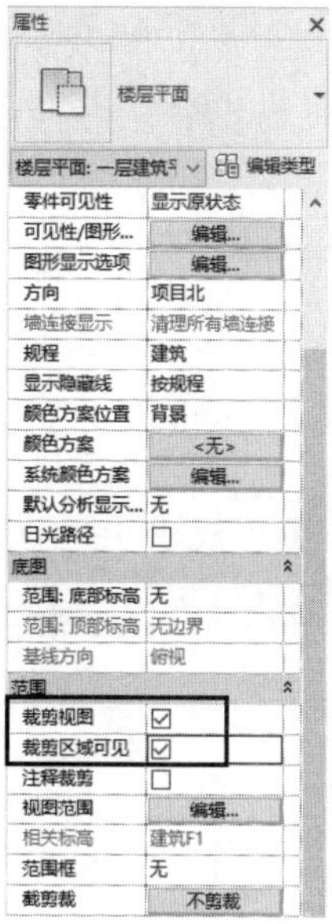

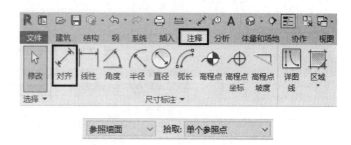

图 12.108　打开裁剪视图框

图 12.109　尺寸标注

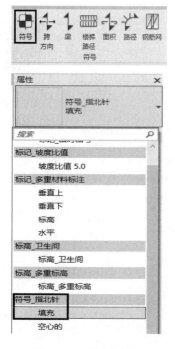

图 12.110　插入指北针

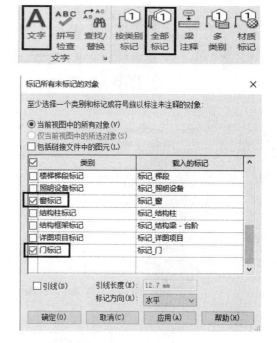

图 12.111　文字及门窗标记

295

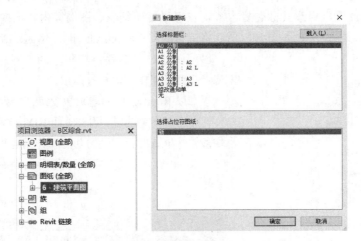

图 12.112　新建图纸

视频资源 12.19
创建明细表

图 12.113　将 Revit 创建的图纸导出为.dwg 格式

本 章 习 题

一、多项选择题

1. BIM 技术的特点有（　　）。

A. 可视化　　　　　　　B. 协调性　　　　　　　C. 模拟性　　　　　　　D. 优化性

2. Revit 软件默认为新建项目提供了（　　）。

A. 结构样板　　　　　　B. 建筑样板　　　　　　C. 机械样板　　　　　　D. 综合样板

二、填空题

1. 在 Revit 软件中，键盘输入 HH 命令是＿＿＿＿＿＿＿＿＿，输入 HR 命令是＿＿＿＿＿＿＿＿＿＿。

2. 在 Revit 软件中，放置门、窗的时候，其开启方向一般通过＿＿＿＿＿＿＿＿键来变换。

3. 单击"＿＿＿＿＿＿"选项卡→"＿＿＿＿＿＿"按钮，或者输入＿＿＿＿快捷键可查询某点高程值。

4. Revit 中生成的明细表可以通过"文件"选项卡→"导出"→"报告"→"明细表"导出默认为＿＿＿＿＿＿＿格式。

第 13 章　BIM 技术在道路、水利工程中的应用

13.1　BIM 技术在道路、水利工程中的应用现状

　　BIM 技术应用于道路、水利工程的规划、设计、施工及运维的全寿命期中，能显著提高工程质量、应急预警性能和协作管理效能，有助于工程技术及管理的转型升级。BIM 技术的应用是信息化、数字化集成的过程，以 BIM 应用为载体的工程设计、工程管理信息化，能逐步提升生产效率、提高工程质量、降低工程成本，为道路、水利工程项目的全寿命周期带来巨大影响和帮助，具有很大的应用价值。但是，道路和水利工程与房屋建筑工程有着明显的区别，其结构的非标准化、与地形地貌的密切相关性等，使得其 BIM 技术发展和应用相对比较滞后。

　　道路工程 BIM 模型通常分为环境模型和工程模型。仅就环境模型而言，道路工程项目的里程长、覆盖范围大，一条百余公里的道路所辐射的地形面积高达 100km^2 左右，其地形数据多达千兆字节，高清航片等影像数据可达上百万千兆字节。在形成环境信息模型过程中，地理信息难以获取，需要结合多种数据源，如路网、水网等平台，还要结合项目实测调查进行补充。只有构成了完备的环境模型才能开展道路 BIM 设计与应用。而工程模型就更为复杂，道路工程包含路基、桥梁、隧道、互通、交通工程等众多专业，里程长、工程模型类型与数量多，各专业工程模型的特点差异也比较大，这均导致了道路工程 BIM 工作开展困难。道路工程的环境模型与工程模型的创建方法、软件平台、数据格式等都不尽相同，而 BIM 成果必须对环境模型与工程模型进行融合，并提供承载平台，以实现设计成果的三维表达化，才能更好地支持道路工程的全寿命周期管理。

　　水利工程同样具有涉及面广、投资大等特点，地形、地貌、地质条件与水工建筑物密切相关，结构形式复杂，且多属于非标准化结构，往往需要特定的软件与方法来完成三维设计或模型建立。与道路工程遇到的问题一样，模型文件庞大，且对软硬件环境要求高，导致 BIM 技术在水利工程应用中起步晚、进展慢。传统的二维图纸设计方法，无法直观地展示设计的实际效果，还可能造成各专业之间冲突碰撞，导致设计变更、工程量漏记或重计、投资浪费等现象。同时，水利工程造价又具有大额性、个别性、动态性、层次性、兼容性等特点，BIM 技术在水利建设项目造价管理信息化方面有着传统技术不可比拟的优势，BIM 技术在水利工程全寿命周期的广泛和深入应用将是水利工程技术的发展趋势。

　　现阶段，BIM 软件开发商如 Autodesk 公司、Bentley 公司、Dassault 公司等，均针对道桥、水利工程行业，提出了相应的解决方案，以尽可能适应道桥、水利工程 BIM 的多样化需要。但由于 BIM 软件开发商多为通用软件平台开发，专业性、针对性偏弱，因此还需要结合专业特点进行相应的二次开发。实际上，各大 BIM 基础平台软件的开发商非常支持这种做法，提供支撑平台，并开放友好的开发接口，甚至针对专业人员给出了图形化、参数化、可视化编程工具。工程技术人员可以结合自身的专业特色，完成专业级的二次开发，实现专业设计的自动化。比如 Autodesk 公司的 Revit 软件中，提供了 Dynamo 插件方式实现模型的图形化参数编程自动创建；Civil 3D 中，

提供了部件编辑器实现参数化建模；Inventor 中，提供了 iFeature 实现参数化建模等。

　　上一章学习的 Revit 软件大多适用于房屋建筑，如板、梁、柱、墙、门、窗设计等较规整的建筑结构，对于道路、水利工程的地形复杂、建筑物不规整的特点，Revit 软件自带的族不能完全满足建模要求，因此需要新的软件以及新的建模方法。本章重点介绍适用于地形曲面建模的 Auto Civil 3D 软件，结合适用于精细化建模的 Auto Revit 软件，将 BIM 技术应用于道路和水利工程中的应用，并应用 Fuzor 软件制作施工动画。

13.2　Auto Civil 3D 在道路、水利工程中的应用

　　Auto Civil 3D 是一款能够帮助从事交通运输、土地开发和水利工程项目的专业人员更轻松、更高效地探索设计方案，分析项目性能，并提供相互一致、更高质量文档的软件。

　　Auto Civil 3D 是根据专业需要进行专门定制的 AutoCAD，可以加快土建工程设计理念的实现过程。它的三维动态工程模型有助于快速完成土建工程的地形曲面、土方分析、雨水/污水排放系统以及场地规划设计等工作。软件中所有曲面、横断面、纵断面、标注等均以动态方式链接，可更快、更轻松地评估多种设计方案，帮助专业人员做出更明智的决策并生成最新的图纸。

　　Civil 3D 的工作界面与 CAD 相似，如图 13.1 所示。它的"工作空间"选项里面除了有 CAD 中常见的"草图与注释"和"三维建模"，还有"Civil 3D"和"规划和分析"这两种特有的工作空间，如图 13.2 所示。选择"Civil 3D"工作空间后，可以在绘图窗口的左边看到"工具空间"窗口，如图 13.3 所示。打开或者关闭"工具空间"窗口可以单击"常用"或"视图"选项卡→"选项板"面板→✂"工具空间"按钮（图 13.4），而"工具空间"窗口还包含有"浏览""设定""测量""工具箱"等选项卡。

　　下面将以案例的形式简单介绍 Civil 3D 软件创建地形曲面、道路模型的相关操作方法。

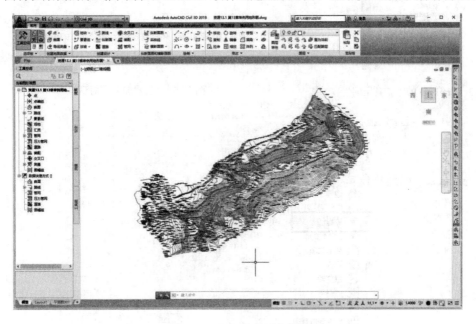

图 13.1　Civil 3D 的工作界面

13.2.1　Civil 3D 创建地形曲面

使用 Civil 3D 软件打开由图纸资源 13.1 提供的具有高程信息的地形图，找到 Civil 3D"工具空间"窗口→"浏览"选项卡→"曲面"，右击选择"创建曲面"，打开"创建曲面"对话框，如图 13.5 所示。创建的"曲面 1"下找到"定义→等高线"，右击选择"添加…"，弹出"添加等高线数据"对话框，如图 13.6 所示。在绘图窗口选择需要创建曲面的所有等高线，即可创建地形曲面，如图 13.7 所示。另外，在工具空间窗口找到"曲面 1"，右击选择"曲面特性…"，可以在"曲面特性"对话框中将其名称修改为"地形面"。

图 13.2　工作空间选项

图 13.4　打开或者关闭"工具空间"窗口

图 13.3　Civil 3D 的"工具空间"窗口

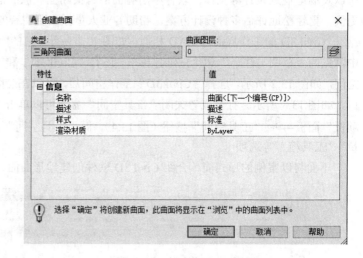

图 13.5　"创建曲面"对话框

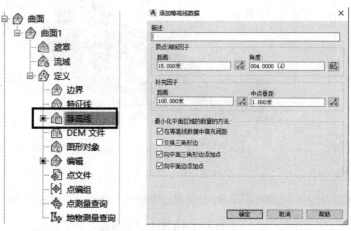

图 13.6　通过添加等高线创建曲面

图纸资源 13.1
举例用地形图

视频资源 13.2
创建曲面

图 13.7 创建完成的地形曲面

13.2.2 Civil 3D 创建道路模型

有了地形曲面的参照，下面介绍通过道路的平面、纵断面、横断面（装配）设计，创建道路模型。

1. 道路的平面设计

Civil 3D 为用户提供了"常用"选项卡→"创建设计"面板→"路线"命令，在"路线"的下拉选项中有"路线创建工具""从对象创建路线""从道路创建路线"等众多选项。若单击"路线创建工具"可打开"创建路线-布局"对话框，将名称改为"二级公路平面设计"，如图 13.8 所示。单击"确定"，弹出"路线布局工具条"，通过布局工具中的各命令可完成直线、圆曲线、缓和曲线等路线的平面设计，如图 13.9 所示。

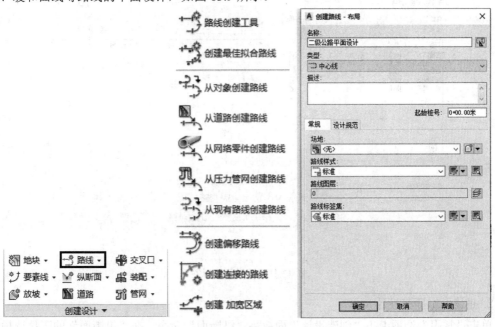

图 13.8 路线创建工具

图 13.9 路线布局工具条

　　如创建的路线默认里程桩号特别密[图 13.10（a）]，则单击桩号选择功能区的"修改-编辑标签组"[图 13.11（a）]，在对话框中调整主桩号和副桩号的增量，如图 13.11（b）将主桩号增量设为 1000m、副桩号增量设为 100m，单击"确定"后的效果如图 13.10（b）所示。

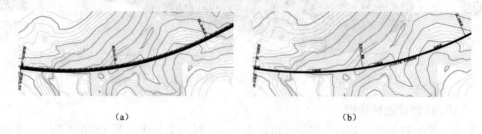

（a）　　　　　　　　　　　　　　　　　　　　　（b）

图 13.10　创建的路线及里程桩号

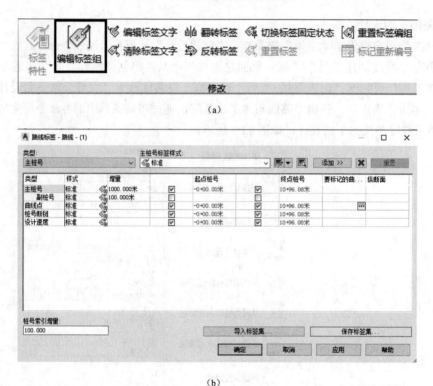

2. 道路的纵断面设计

　　单击"常用"选项卡→"创建设计"面板→"纵断面"命令，在"纵断面"的下拉选项中有"创建曲面纵断面""纵断面创建工具""从道路创建纵断面"等众多选项，如图 13.12（a）所示。单击"创建曲面纵断面"将弹出"从曲面创建纵断面"对话框，如图 13.12（b）所示，将"从曲面创建纵断面"对话框中的"路线"选择"二级公路平面设计"，"选择曲面"选择"地形面"，单击"确定"，将创建地形纵断面，如图 13.12（c）所示。再选择"常用"选项卡→"纵断面图横断面图"面板→"纵断面图"命令，在"纵断面图"的下拉选项中有"创建纵断面图""创建多个纵断面图""将对象投影到纵断面图"等 3 个选项，如图 13.13（a）所示。单击

"创建纵断面图"按钮，弹出"创建纵断面图"对话框，如图 13.13（b）所示，在"创建纵断面图"对话框中对纵断面图的路线、名称、桩号范围、纵断面图高度和显示选项等进行基本的设定后，即可创建出地形曲面纵剖图并放置于绘图窗口内。

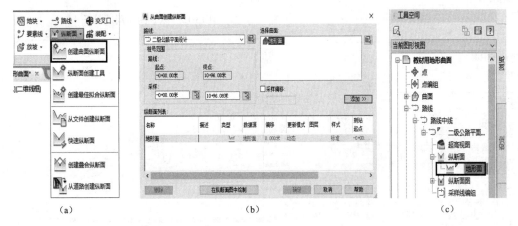

| (a) | (b) | (c) |

图 13.12　创建地形纵断面

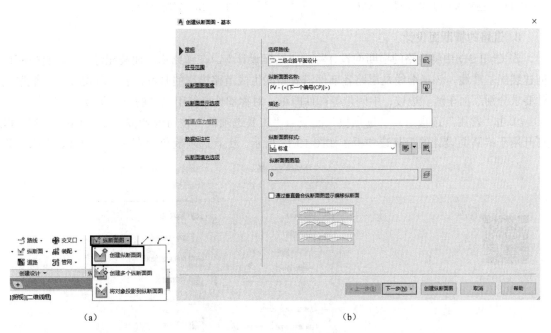

| (a) | (b) |

图 13.13　创建纵断面图

根据地形曲面纵剖图即可直观地进行道路的纵断面设计，单击"常用"选项卡→"创建设计"面板→"纵断面创建工具"命令，弹出"创建纵断面-新绘制"对话框，如图 13.14 所示，将对话框中的名称改为"二级公路纵断面设计"，单击"确定"后即会弹出纵断面布局的工具条，如图 13.15 所示，使用纵断面布局工具可完成道路纵坡、竖曲线等路线的纵断面设计。考虑地形曲面的走势同时兼顾填挖平衡，案例中的纵断面设计拟定了 1096m 长的直线单坡，坡度为 3.66%，地形与道路纵曲线关系如图 13.16 所示。

图 13.14　"创建纵断面-新绘制"对话框

图 13.15　纵断面布局工具条

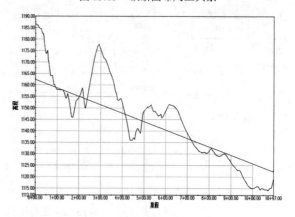

图 13.16　创建的路线纵断面

3. 道路的横断面设计

在 Civil 3D 中将道路的横断面设计称为"装配设计"。在道路横断面装配过程中，首先应该创建装配基准线，该基准线是道路各部件沿着路线生成道路模型的基准；有了基准线后，根据设计要求分别添加车道、边坡、中间带等部件即可，对称部件可使用镜像的方式生成。

单击"常用"选项卡→"选项板"面板→"工具选项板"按钮或者按快捷键 Ctrl+3，都可以打开用于横断面设计的工具选项板，如图 13.17 所示。工具选项板包含有车道、边坡、中间带等

视频资源 13.3
平纵设计

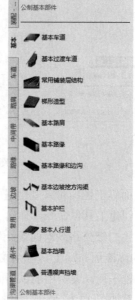

图 13.17　工具选项板

多种软件自带数据库中的部件，能够满足道路横断面设计中行车道、中央分隔带、路肩、边坡、边沟等各结构形式的设计，在使用过程中只需从数据库中调取即可。单击"常用"选项卡→"创建设计"面板→"装配"命令，在"装配"的下拉选项中选择"创建装配"，弹出"创建装配"对话框，如图 13.18 所示，在对话框中将名称改为"二级公路横断面设计"，本案例的横断面选择的装配类型为"无中间带的双向横坡路面"。单击"确定"后，需要"指定部件基准线位置"，即可在绘图窗口创建部件基准线，如图 13.19 所示。

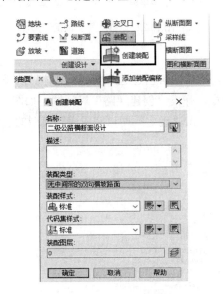

图 13.18　创建装配

图 13.19　创建横断面设计的部件基准线

本案例是一双向双车道的二级公路，车道宽度为 3.5m，路肩宽度为 1.5m。因地形起伏明显，存在高填深挖的路基，其边坡采用台阶型，台阶型的挖方边坡设置为 0.5:1（0～15m）、1:1（15～30m），台阶型的填方边坡设置为 1:1.5（0～8m）、1:1.75（8～12m）。从图 13.20 所示的工具选项板中选择车道、路肩、边坡等部件（边沟、路缘、挡墙等设置方法相似，案例中不再演示），并在弹出的特性窗口中修改部件特性，满足横断面的设计要求，创建完成的横断面如图 13.21 所示。对于各部件位置的编辑可以选择功能区的"修改部件"选项板上的"移动""镜像"等命令，如图 13.22 所示。

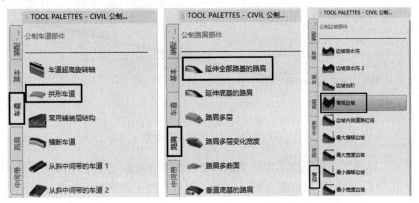

图 13.20　添加车道、路肩、边坡等部件

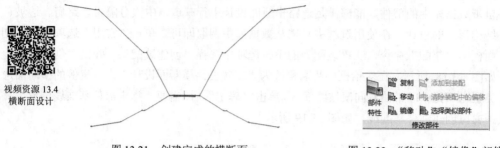

视频资源 13.4
横断面设计

图 13.21　创建完成的横断面　　　　　　图 13.22　"移动""镜像"部件

4. 创建道路模型

以上步骤已经完成了平面、纵断面、横断面设计，随后即可创建道路模型。具体做法是，单击"常用"选项卡→"创建设计"面板→"道路"命令，弹出"创建道路"对话框，如图 13.23 所示，在对话框中将路线、纵断面、装配对应选定后，单击"确定"即可完成道路模型的创建，如图 13.24 所示。

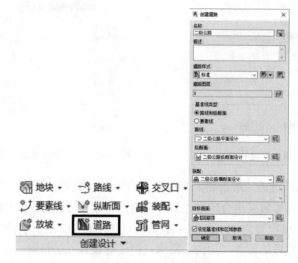

图 13.23　创建道路模型

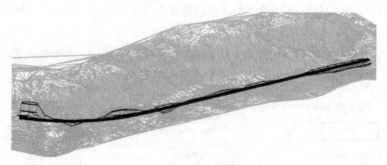

图 13.24　创建完成道路模型

若有需要，可以将道路模型生成道路曲面或者道路实体。创建的道路曲面可以和地形曲面之间形成体积曲面，体积曲面可以用来分析土石方工程量。创建道路曲面的具体做法是，单击绘图窗口中的道路模型并在功能区单击"修改道路→道路曲面"，即可创建道路曲面。若想单独查看道路空间曲面，可以在生成道路曲面后，单击该曲面并在功能区点击"常用工具→对象查看器"，如图 13.25 所示。注意，生成道路曲面时，需要把"top 代码"添加进来，如图 13.26 所示。

图 13.25　生成道路曲面

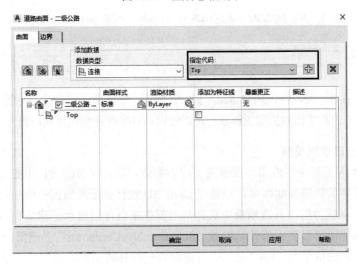

图 13.26　"道路曲面"对话框

Civil 3D 还拥有强大的分析功能，可以计算体积、材质，进行配装检查等分析。以利用体积面板来分析道路的土石方工程量为例，单击"分析"选项卡→"体积和材质"面板→"体积面板"命令（图 13.27），弹出"体积面板"对话框，再单击对话框中的"创建曲面"按钮（图 13.28），打开如图 13.29 所示的"创建曲面"对话框，在"体积曲面"下将"基准曲面"设为地形面，"对照曲面"设为二级公路曲面，在实际工程设计中还应确定填挖土石方的松散系数和压实系数，单击"确定"后即在"体积面板"对话框下出现填挖土石方量，如图 13.28 所示。

图 13.27　打开"体积面板"

名称	过	中点垂距	松散系数	压实系数	样式		二维面积(平方...	挖方(已调整)(立方...	填方(已调整)(立方...	净值(已调整)(立方...	净值图表
土方计算曲面			1.000	1.000	标准		35697.03	122116.81	86819.07	35297.74<挖方>	

图 13.28　"体积面板"对话框

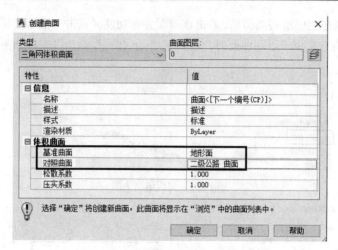

视频资源 13.5
道路建模

图 13.29　"创建曲面"对话框

利用 Civil 3D 软件，可以快速地对道路平面、纵断面、横断面进行设计，并创建道路模型，同时基于道路模型创建土方施工图和提取工程量，可以辅助项目实现精细化管理，提升项目管理成效。

13.2.3　Civil 3D 创建水坝模型

Civil 3D 在水利工程中的应用与在道路工程中类似，只需在装配设计中把道路横断面替换成渠道、水坝等水工建筑物横断面即可。但是在 Civil 3D 软件自带的数据库中一般不包含水工建筑物的横断面，需要从软件的工具选项板中选择常用部件来自行创建水工建筑物装配部件；一些更加复杂的水工建筑物还需要使用部件编辑器 "Subassembly Composer"（通常简称为 SAC）才能创建出符合设计意图的横断面。SAC 是一个可定制各种部件的图形编程软件（图 13.30），随着高

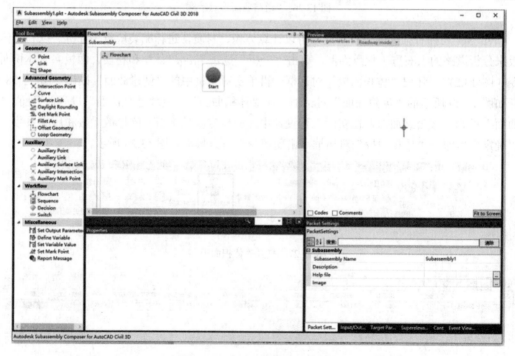

图 13.30　部件编辑器工作界面

图 13.31　打开部件编辑器
"Subassembly Composer"

版本 Civil 3D 软件会自动安装，可在"开始"菜单里找到，如图 13.31 所示。SAC 的安装程序一般位于"C：\Program Files（x86）\Autodesk\Subassembly Composer 20~"，软件名为"SubassemblyComposer.exe"，当不能正常使用时，工程技术人员可根据需要重新安装。

水坝的平面设计和纵断面设计与道路的相似，差别在于其纵断面设计既要有坝顶轴线设计，还要有坝基开挖线设计，如图 13.32 所示。

图 13.33 是本案例中坝体的标准断面图，坝体的其他断面形状是随着坝基开挖及地形高程而变化的，而准确的坝基基坑开挖线除了和坝基开挖的纵断面设计相关，还与坝体底宽相关。根据此种情况一般有两种建模思路：一种是采用部件编辑器进行大坝横断面部件设计；另一种是使用软件自带装配部件，创建坝基底曲面作为坝体横断面边坡的连接曲面。

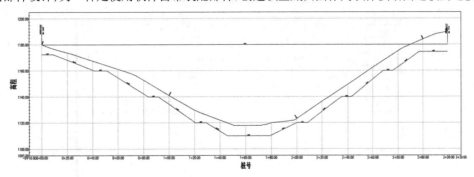

图 13.32　坝顶和坝基纵断面设计图

1. 使用部件编辑器

在部件编辑器中，首先需要设定几个目标参数（图 13.34），即坝顶高程、坝基高程、坝顶轴线水平定位、地形曲面。其中，坝顶高程和坝基高程属于"Elevation"目标参数，它们将和纵断面设计相关（图 13.32）；坝顶轴线水平定位属于"Offset"目标参数，它和大坝的平面设计相关；地形曲面属于"Surface"目标参数，它和地形曲面相关，图 13.34 中两个基坑开挖边坡的目标曲面就是地形曲面。除了应设定目标参数，还应设定相关的输入/输出参数，以实现

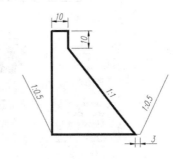

图 13.33　坝体的标准断面图（单位：m）

Civil 3D 中的参数化设计。根据大坝的几何属性和逻辑目标，在部件编辑器中设计完成大坝断面。最后，通过命名部件和保存图片（图 13.35）等方式将.pkt 文件进行保存，便于以后查找和使用。

在部件编辑器中创建好的部件需要导入到 Civil 3D 中使用。打开 Civil 3D 软件，在部件工具选项板的任意空白位置右击，可以选择"新建选项板"并命名为"大坝"的部件选项板，如图 13.36（a）所示；再选择右键菜单中的"导入部件…"或者单击功能区的"插入"选项卡→"导入"面板→"导入部件"按钮[图 13.36（b）]，单击按钮后将弹出如图 13.37（a）所示的"导入部件"对话框；选择 pkt 文件并导入到"大坝"选项板，即可将自定义的大坝部件导入到软件中使用，如图 13.37（b）所示。

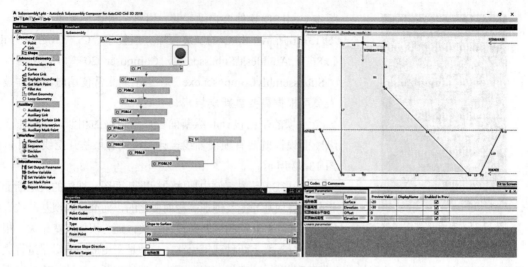

图 13.34　部件编辑器设计坝体横断面

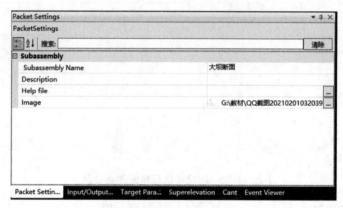

图 13.35　保存部件

（a）　　　　　　　　　　　　（b）

图 13.36　"导入部件"命令

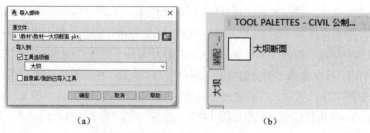

（a）　　　　　　　　　　　　（b）

图 13.37　"导入部件"对话框

视频资源 13.6
创建大坝部件

在 Civil 3D 软件中，按照 13.2.2 节创建道路模型的方法，将大坝的平、纵、横（图 13.38）各设计元素进行"装配"，单击"确定"按钮，弹出如图 13.39 所示的"道路特性-大坝"对话框，在"目标"下单击  按钮，打开"目标映射"对话框，将部件编辑器中定义的目标参数设定为如图 13.40 所示的目标对象。完成装配后，得到大坝多个变化的横断面，如图 13.41 所示。单击绘图区装配后的大坝模型，在"道路工具"面板上找到"提取道路实体"按钮，即可得到大坝实体，如图 13.42 所示。

图 13.38 "创建道路"对话框

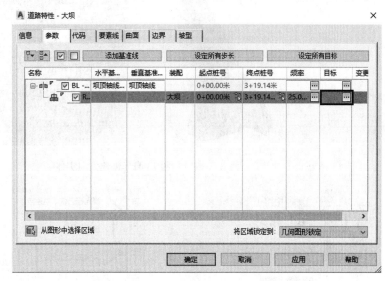

图 13.39 "道路特性-大坝"对话框

图 13.40 "目标映射"对话框

图 13.41 大坝变化的横断面

2. 使用软件自带装配部件

利用 Civil 3D 自带的公制常用部件（图 13.43），也可以通过多步骤创造关联曲面创建出上述水坝。

首先，可以使用简单的装配设计[图 13.44（a）]生成相对粗略的坝基底曲面，如图 13.44（b）所示。

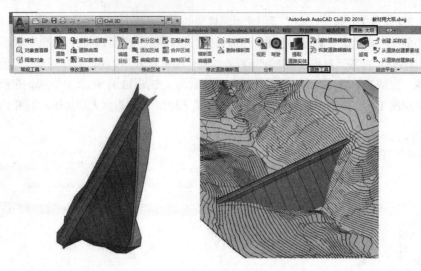

视频资源 13.7
创建大坝模型

图 13.42　创建大坝实体

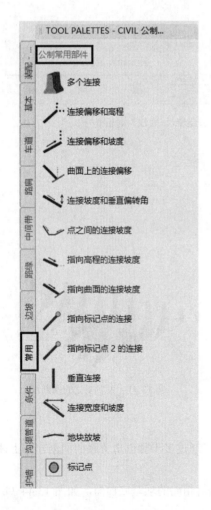

图 13.43　"工具选项板"中的"常用"工具

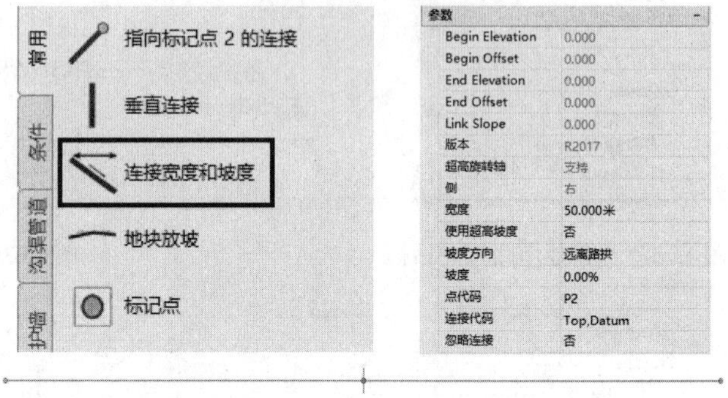

图 13.44　创建坝基底曲面

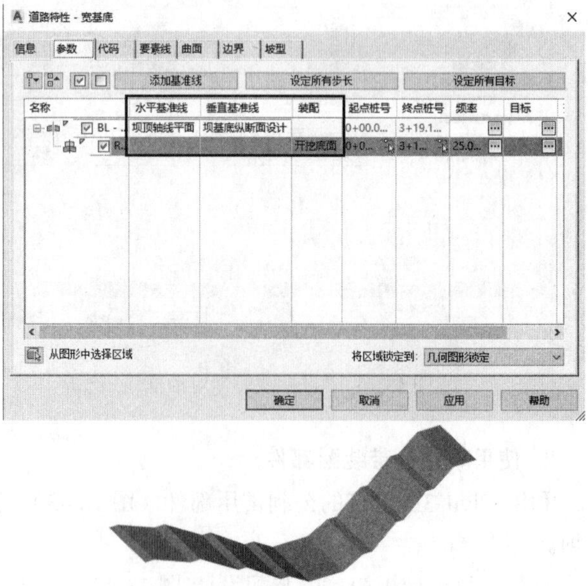

（a）

（b）

坝基底曲面创建完成后，再创建大坝主体，如图 13.45（a）所示。在大坝主体的装配设计中除了使用"连接宽度和坡度""垂直连接"外，还要使用"指向曲面的连接坡度"，以使坝底深度和宽度与坝基底部的曲面相适应，如图 13.45（b）所示。在创建大坝模型时选择坝顶轴线为水平基准线[图 13.46（a）]，而装配设计中的目标曲面设为已创建的坝基底曲面，如图 13.46（b）所示，点击"确定"后，大坝主体随即创建出来，如图 13.46（c）所示。大坝主体虽然已经创建完成，但还需要完成主体与地形面之间的开挖边坡及开挖线。大坝两侧边坡的开挖线除了与地形曲面有关，还与坝主体基底高度有关。因此，需要从大坝主体模型上提取主体基底"要素线"，如图 13.47 所示。有了大坝主体模型基底"要素线"后，再在装配部件的工具选项板中选择"指向曲面的连接坡度"方式来创建左、右边坡装配（图 13.48），以大坝基底边线的两根要素线来创建边坡模型，目标曲面设为"地形曲面"，如图 13.49 所示。

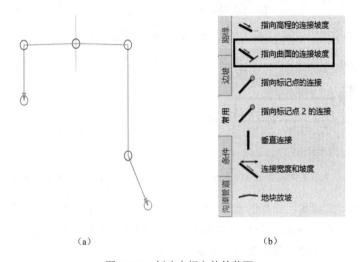

（a）　　　　　　　　　　　　　　　　　（b）

图 13.45　创建大坝主体的装配

（a）

图 13.46（一）　创建大坝主体的"道路模型"

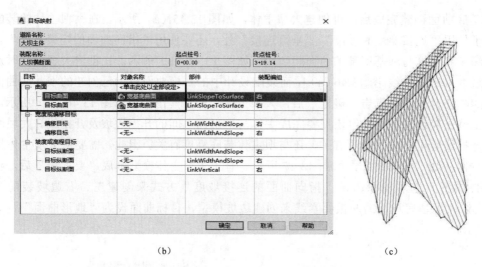

（b）　　　　　　　　　　　　　　　　　　　　（c）

图 13.46（二）　创建大坝主体的"道路模型"

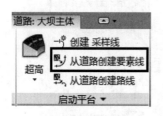

视频资源 13.8
创建大坝

图 13.47　从大坝主体模型创建要素线　　　图 13.48　创建左、右侧开挖边坡的装配

　　按照以上步骤，完成水坝模型的创建，如图 13.50 所示。以上仅通过案例简述了使用 Civil 3D 创建水坝的一般操作方法。Civil 3D 中"装配"的强大和复杂主要在于其逻辑关联关系设计，在软件自带的部件工具板上无法满足要求时，只能通过诸如调用部件编辑器进行简单编程才能完成。上述案例中的水坝边坡部分还可以使用"放坡"命令来完成，Civil 3D 还有很多功能需要有兴趣的学习者不断地探索，这里不再一一赘述。

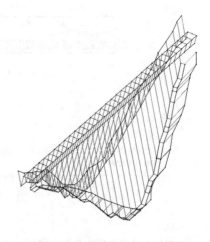

图 13.49　创建左、右侧边坡模型　　　　　　图 13.50　创建完成的水坝模型

13.3 Auto Revit 在道路、水利工程中的应用

在 Revit 中需要使用不同于房屋建筑常规建模的方法创建适合道路、水利工程建筑物模型。本节将介绍利用 Dynamo 创建空间曲线的方法和利用 Revit 族创建桥梁模型的方法。

13.3.1 利用 Revit–Dynamo 创建空间曲线

Dynamo 是 Autodesk 公司推出的一款功能强大、使用便捷的可视化编程软件，各类工程技术人员不需要写代码就可以通过图形化界面创建程序，现在已经集成为 Revit 内置的可视化编程工具，可辅助快速实现参数化设计、数据管理以及性能分析。打开 Revit 软件，在"管理"选项卡下即可看到如图 13.51 所示的"可视化编程"面板→"Dynamo"软件按钮。单击 Dynamo 按钮即可进入 Dynamo 软件的启动界面，如图 13.52 所示，单击"新建"按钮即可进入其工作界面，如图 13.53 所示。

图 13.51 "可视化编程–Dynamo"

图 13.52 Dynamo 软件的启动界面

如上一节所述，Civil 3D 在处理地形曲面、边坡坡面交线、道路中心空间曲线时拥有特有的优势，如果能将 Civil 3D 软件中获得的复杂空间曲线、曲面导入到 Revit 中，就可以利用 Revit 的建模平台来创建适合水利、道路工程的项目精细化模型。以上一节创建的水坝为例，先将 Civil 3D 中大坝主体空间曲线上的点导出，再将导出的点通过 Dynamo 导入到 Revit 中创建空间曲线。而空间曲线上点的批量处理常使用表格来完成，因此下面主要是简单介绍 Dynamo 处理表格数据的方法。

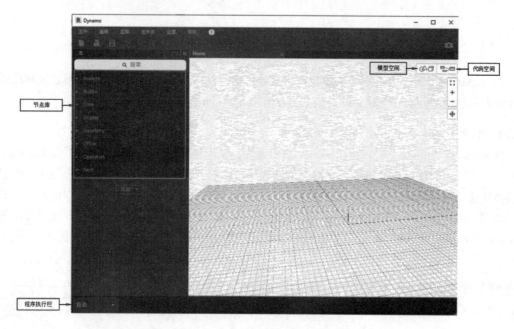

图 13.53　Dynamo 工作界面

　　首先，在 Civil 3D 软件中选择大坝主体及开挖线，单击"常用"选项卡→"创建地面数据"面板→"点"下拉列表中"从道路创建几何空间点"命令，可以看到"工具空间"窗口浏览→"浏览"选项卡→"点"，如图 13.54 所示。在"工具空间→浏览→点"上右击，选择"导出…"，弹出"导出点"对话框，如图 13.55 所示。

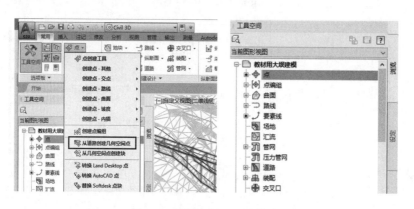

图 13.54　提取 Civil 3D 中的点

　　打开 Revit 软件，并在 Revit 项目中启动 Dynamo 软件。在 Dynamo 软件界面的右侧节点库搜索框中（图 13.56）输入"File Path"，在工作界面中即弹出"File Path"节点框，单击节点框中的"浏览"，找到上述点数据表格文件，并获取其路径；在节点库搜索框中输入"File.FromPath"，将"File Path"节点框右边的箭头拖拽到弹出的"File.FromPath"节点框左侧的"path"处，获取该路径下的表格文档，如图 13.57 所示；将该文档作为输入项，连接到"Excel.ReadFromFile"节点，另一个输入项是表格名称（如 Sheet1，注意区分字母大小写），这样即可读取表格中的数据。

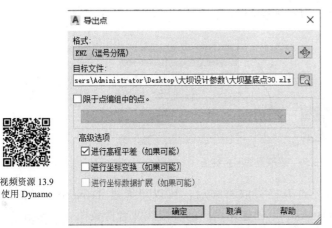

图 13.55 导出 Civil 3D 中的点　　　　　　　图 13.56 节点库及搜索框

视频资源 13.9
使用 Dynamo

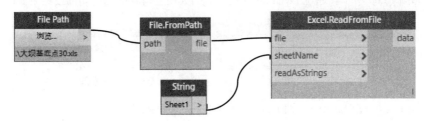

图 13.57 节点连接

Dynamo 读取表格数据是按照先读取行再读取列的顺序进行的。如果想要将第一列的 x 坐标值全部赋值给 point 中的 x，就需要进行行列转换。具体的操作是，在节点库搜索框中输入"List.Transpose"及"Watch"，将表格数据进行数据转换后，就可以通过"Watch"看到按列读取的数据，如图 13.58 所示。

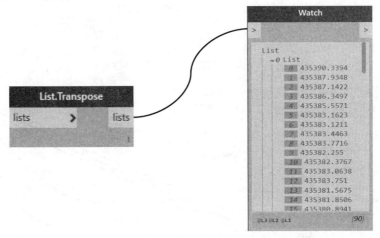

图 13.58 表格行列转换

从图 13.58 可以看出，x、y、z 坐标值数据是放在一起的，若要将它们单独提取出来，则需要在"Code Block"代码块里输入"pts[0][0..n]"将第 0 列的前 n+1 个数据单独提取出来，提取出需要点的 x、y、z 坐标数据后指定给"Point.ByCoordinates"节点框中的 x、y、z，如图 13.59 所示，演示 x 坐标数据的提取。

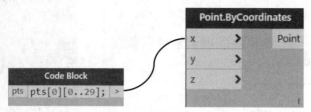

图 13.59　提取点的 x 坐标值

将 Civil 3D 中空间曲线上的点经过表格提取出来后，可以再通过 Dynamo 中的节点"PolyCurve.ByPoints"或"NurbsCurve.ByPoints"创建通过点的多段线或者样条曲线，通过节点"ReferencePoint.ByPoints"可以创建 Dynamo 与 Revit 中点的关联性，使得这些点成为 Revit 中可以捕捉到的点，如图 13.60 所示。通过 Dynamo 创建完成的大坝主体轮廓的空间曲线结果如图 13.61 所示。

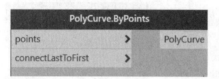 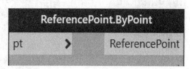

图纸资源 13.10
桥梁视图

图 13.60　创建多段线、关联 Revit

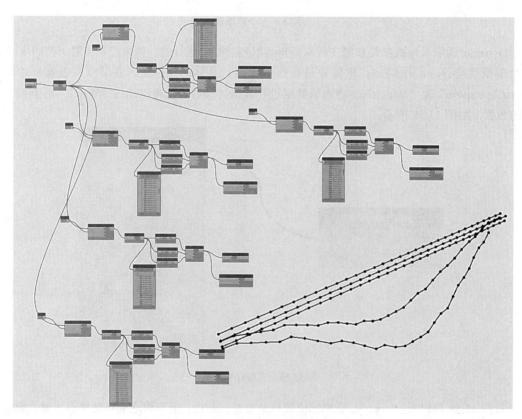

图 13.61　Dynamo 创建大坝主体轮廓的空间曲线

13.3.2　利用 Revit 族创建桥梁模型

Civil 3D 的优势主要在于带状建筑物的平、纵、横配合设计，而对于道路及水利工程中的非带状建筑物则并不适合 Civil 3D。另外，Civil 3D 中的默认单位是 m，而 Revit 中的默认单位是 mm，因此 Revit 比 Civil 3D 软件更适合精细化建模。利用 Dynamo 处理空间曲线和复杂结构，用 Revit 族创建非标准化部件，就可以在 Civil 3D 的基础上创建更加精细化的信息模型。下面通过一桥梁案例介绍利用 Revit 族创建非标准化部件的方法。

1. Revit 创建桥台族

打开 Revit 软件，新建"族"文件[图 13.62（a）]，选择"公制常规模型"族样板，如图 13.62（b）所示。

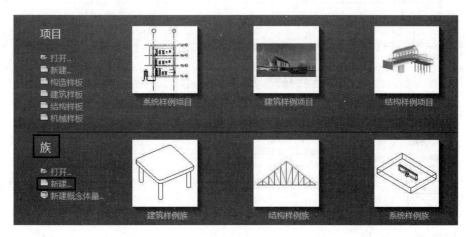

（a）新建"族"主界面

（b）选择新建"族"的样板文件

图 13.62　新建"族"

利用"族"样板文件创建如图 13.63 所示的"桥台族"，可以将这类族集中存放于"桥梁"族文件夹内，族文件可作为档案文件持续应用。在"桥台族"的工作界面下，将项目浏览器中立面选为"前"，单击"管理"选项卡→"设置"面板→"项目单位"按钮，弹出"项目单位"对话框，将项目的长度单位改成厘米（本示例的桥梁底图单位是厘米），再单击"插入"选项卡→"导入"面板→"导入 CAD"按钮，弹出"导入 CAD 格式"对话框，将 CAD 底图导入进来，并且根据底图单位选择"导入单位"为厘米，如图 13.64 和图 13.65 所示。

视频资源 13.11
桥台族

图 13.63　桥台构造图

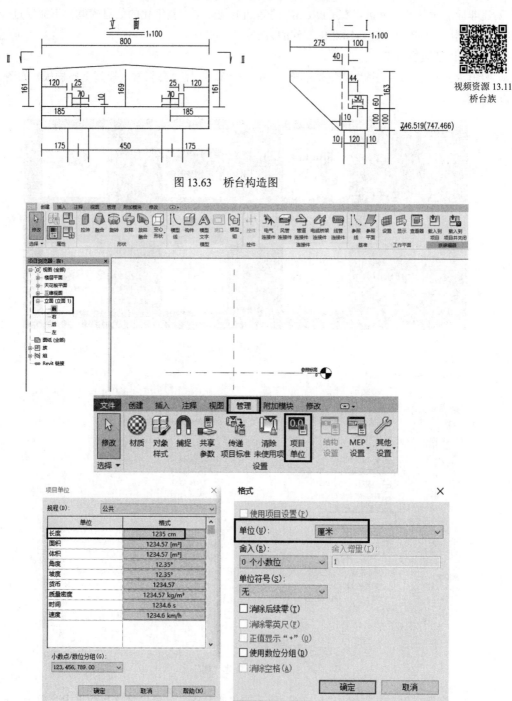

图 13.64　桥台构造图

图 13.65 导入 CAD 底图

根据底图使用拉伸命令创建桥台，创建过程中可根据模型各部分结构需要变换立面、平面视图的方向。创建的模型除了应设置其几何尺寸，还应赋予材质等属性值，如图 13.66 所示。当无法满足绘制需要时则应设置"工作平面"，例如拾取一个平面作为工作平面，如图 13.67 所示。当底图使用结束后，只需将"禁止或允许改变图元位置"的锁打开即可删除不需要的底图，如图 13.68 所示。族的具体创建方法和 CAD 三维建模相似，各构件的详细创建步骤不再赘述。

图 13.66 拉伸命令创建桥台

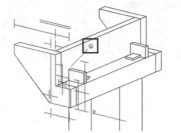

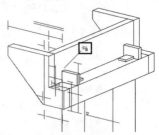

图 13.67　设置工作平面　　　　　　　　图 13.68　禁止或允许改变图元位置

2. Revit 创建参数化族

以上操作是族的最基本创建方法，而创建参数化族是 BIM 技术中更为常见的做法。参数化设计是 BIM 技术的灵魂，设计人员根据工程关系和几何关系来指定设计要求。参数分为两类：一类为各种尺寸值，称为可变参数；另一类为几何元素间的各种连续几何信息，称为不变参数。参数化设计的本质是在可变参数的作用下，系统能够自动维护所有的不变参数。因此，参数化模型中建立的各种约束关系，正是体现了设计人员的设计意图。

视频资源 13.12
族类型参数

下面简单介绍参数化族的创建过程：选中道路中线，单击尺寸数字旁边的 ⊢⊣，即可使此临时尺寸标注成为永久尺寸标注，单击创建的永久尺寸标注，并在"标签尺寸标注"面板下选择"创建参数"，打开"参数属性"对话框，如图 13.69 所示，如将参数数据名称设为"桩间距/2"，单击"确定"。单击"修改"选项卡→"属性"面板→"族类型"按钮，弹出"族类型"对话框，"桩间距/2"即可根据需要赋值。按照此方法即可对"桥台族"创建参数，将"桥台族"载入到其他项目中时，可根据需要设置不同的参数值，如图 13.70 所示。

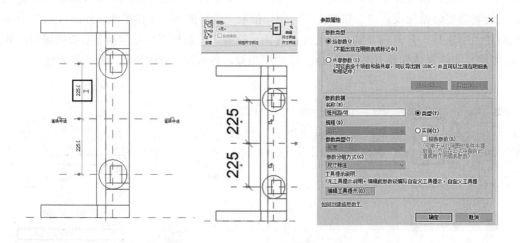

图 13.69　创建参数属性

使用同样的方法，创建"箱梁""桥墩"等族。在创建箱梁的时候将频繁使用"空心融合"命令，该命令类似于 CAD 软件中的放样实体再做差集运算，"融合"操作中注意融合底部轮廓完成后，单击"编辑顶部"才能编辑两个断面轮廓，如图 13.71 所示。

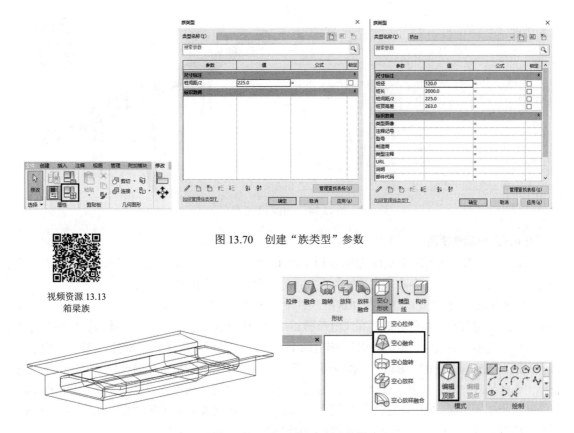

图 13.70 创建"族类型"参数

视频资源 13.13
箱梁族

图 13.71 "空心融合"创建箱梁

3. Revit 创建桥梁整体模型

桥梁的各分部构件族创建完成后，即可在 Revit 项目中创建桥梁的整体模型。具体操作是：在 Revit 软件中新建一桥梁项目，将创建的"桥台""桥墩""箱梁"等族载入到该项目中，如图 13.72 所示。载入箱梁构件时发现，本案例桥梁有 2%的纵坡。"箱梁"族可以使用旋转命令编辑得到 2%的坡度。而当族文件发生改变，只需要在项目中重新载入，即可弹出如图 13.73 所示的"族已存在"对话框，对现有版本进行覆盖即可实现项目中的联动修改。设置简单的轴网（0、1、2 和道路中线），按照桥梁的总体布置图即可完成桥梁模型的创建，如图 13.74 所示。

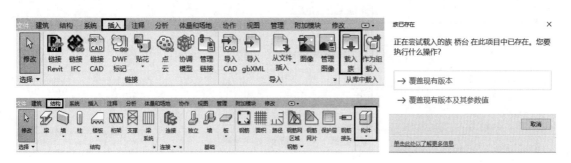

图 13.72 载入族至项目中

图 13.73 重载覆盖现有版本

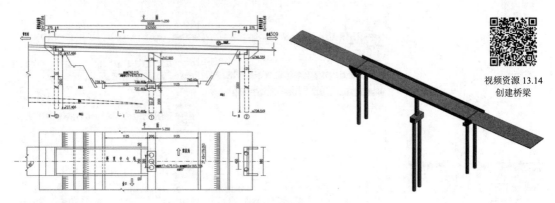

视频资源 13.14
创建桥梁

图 13.74　创建桥梁模型

4. Revit 创建地形面

Civil 3D 具有强大的场地处理功能，将 Civil 3D 中的地形曲面、边坡曲面导入到 Revit 中创建场地，常有两种方法：一种是采用链接的形式；另一种是采用导出点的形式。

（1）采用链接的形式。首先在 Revit 软件中点击"插入"选项卡→"导入"面板→"导入 CAD"按钮，将带有高程信息的等高线地形图.dwg 文档插入进来；然后单击"体量和场地"选项卡→"场地建模"面板→"地形表面"按钮[图 13.75（a）]，此时功能区界面如图 13.75（b）所示；再单击图 13.75（b）中的"修改 | 编辑表面"选项卡→"工具"面板→"通过导入创建"下拉列表下"选择导入实例"按钮，选择需导入的等高线，在弹出的"从所选图层添加点"对话框中选择等高线所在的图层（也可以连同高程点图层一起选），单击完成后即可创建地形面，导入的 CAD 图形解锁后可以选择删除，Revit 中创建完成的地形曲面，如图 13.76 所示。

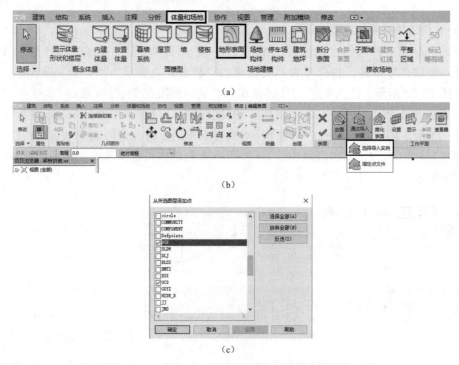

（a）

（b）

（c）

图 13.75　采用 CAD 链接的形式创建地形曲面场地

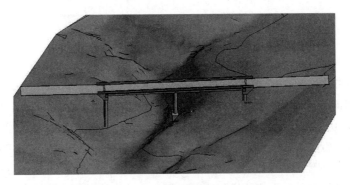

图 13.76　Revit 中创建完成的地形曲面场地

（2）采用导出点的形式。显示 Civil 3D 中的地形曲面的点，选择曲面对象并点击"三角网曲面：地形面"选项卡→"曲面工具"面板→"从曲面提取"下拉列表下"提取对象"按钮[图 13.77（a）]，从曲面中提取出全部对象；然后单击"常用"选项卡→"创建地面数据"面板→"点"下拉列表下"转换 AutoCAD 点"按钮[图 13.77（b）]，将 AutoCAD 的点转换为 Civil 3D 的点；再在"输出"选项卡→"导出"面板→"导出点"命令下将点输出为 csv 格式[图 13.75（c）]；最后打开 Revit 软件，在"体量与场地"选项卡→"地形表面"下选择"通过导入创建-指定点文件"即可。

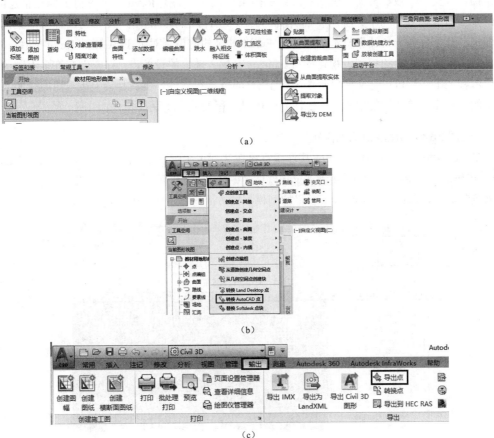

（a）

（b）

（c）

图 13.77　通过导出点的方式将 Civil 3D 中的地形曲面导入 Revit 场地

13.4　制 作 施 工 动 画

13.4.1　Fuzor 软件简介

Autodesk 公司的 Navisworks 软件和 KallocStudios 开发团队打造的 Fuzor 软件通常用来制作考虑时间维度的 BIM 4D 模型，同时 Navisworks 和 Fuzor 软件也常用于 BIM 模型的碰撞检查，两者所创建的碰撞检查报告要比 Revit 碰撞检查报告更详尽更直观。Navisworks 与 Fuzor 软件都能够将 AutoCAD 和 Revit 等创建的设计数据，与来自其他设计工具的几何图形和信息相结合，将其作为整体的三维项目，通过多种文件格式进行实时审阅，能从设计决策、建筑实施、性能预测等各个环节进行优化。但是相比之下 Fuzor 软件更加便于操作。Fuzor 的 Live Link 功能是在 Fuzor 和 Revit 之间建立一座沟通的桥梁。此功能可使两个软件实现实时同步变化，即一个改动，另一个也会相应变动。

Fuzor 还首次将多人游戏引擎技术引入建筑工程行业，把游戏引擎和 BIM 模型数据进行融合，利用 VR 和协同技术优化 BIM 工作方式和成果交付，客户可以通过这种方式像操作游戏一样去查看 BIM 模型，既快捷又方便，同时还可以对 BIM 成果进行标注，这些标注信息可以传递给工程相关技术和管理人员。Fuzor 软件的渲染效果也几乎可以与 Lumion 相媲美，它可创建四种渲染模式：素描、现实、一致、抽象。现实和一致的渲染模式使用的是 Revit 材质和灯光渲染信息的 3D 场景，素描渲染模式是为不具备所有的材质但仍想展示自己项目的用户发布的，抽象渲染模式用于低端机，几乎任何一台计算机都能够运行 Fuzor 软件的渲染。对大于 5GB 的 Revit 文件，Fuzor 可以为其提供非常快速的模型可视化支持。Fuzor 支持大部分的设备，允许它们在许多不同的环境和工作流程上工作，可以把文件打包为一个 EXE 的可执行文件，供其他没有安装 Fuzor 的人员查看及审阅。下面简单介绍使用 Fuzor 软件创建桥梁工程的施工动画模拟。

13.4.2　使用 Fuzor 制作施工动画实例

安装 Fuzor 软件后，再打开 Revit 软件就直接在选项卡中出现"Fuzor Plugin"，单击"Launch Fuzor"按钮即可将 Revit 模型链接到 Fuzor 软件中，如图 13.78 所示。进入到 Fuzor 软件中有多种模式来控制显示，如图 13.79 所示，可将控制模型的方式选择成 Revit 控制模式。

图 13.78　将 Revit 模型链接到 Fuzor 软件

1. 施工模拟

在 Fuzor 软件的菜单中找到"4D Simulation（模拟）"，如图 13.80 所示，打开 4D 模拟界面，并单击如图 13.81 的"Start"和"Finish"按钮，设置工程的开始和结束时间，例如将此桥梁工程的开始时间设为 2019 年 11 月 1 日，结束时间设为 2020 年 10 月 31 日，工期为 365 天。

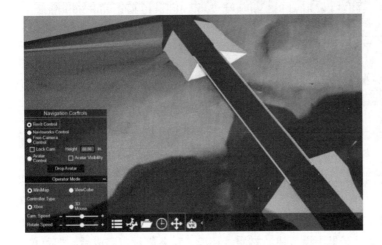

图 13.79　链接到 Fuzor 中的桥梁模型

图 13.80　打开工程"4D 模拟"

图 13.81　设置工程"4D 模拟"的起始日期

工程的起始日期设定后，即可单击图 13.82 中的"新建任务"按钮，例如为案例中的桥梁工程新建 9 个任务并分别设置各任务的起始日期。

图 13.82　设置工程各任务段的起始日期

选择某一构件后，单击"添加动画"按钮，再单击"编辑动画"按钮，如图 13.83 所示。对于桥墩的施工动画可以选择沿着"Vertical（垂直）"方向以"一端生长"的方式生成动画，通过"Preview（预览）"按钮预览该动画，符合预期后点击"Apply（应用）"按钮。

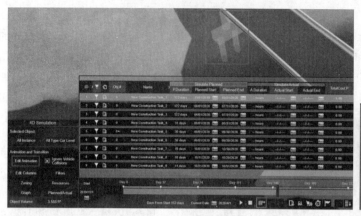

图 13.83　为构件添加动画

2. 生成动画

"4D 模拟"设定后，可以利用 Fuzor 的渲染功能对结构赋予材质。单击某一构件，在软件界面右上角的"Element Properties（元素特性）"对话框中可以对构件赋予材质，对于材质库中没有的材质，可以通过新建并贴图的方式创建，如图 13.84 所示。还可以在主菜单的"Content"中单击相应按钮添加机械设备和植物等，这里不再赘述。材质、环境、设备等设定完成后，即可单击主菜单"Media"下的"Fly Through"按钮[图 13.85（a）]进行"飞行"施工动画的创建。单击"Fly Through"按钮后，选择"Scene Effects"下拉选项的"建造阶段"，打开如图 13.85（b）所示的界面。在不同构件的施工阶段选择不同的飞行视角，并拖动进度条控制各分部施工阶段的飞行时间，本案例桥梁分部施工阶段的展示时间创建了 29s 的视频，如图 13.86 所示。设置完成后单击"Render"按钮，创建飞行模式下的施工动画视频，如图 13.87 所示，单击保存即可生成 MP4 格式的施工动画。

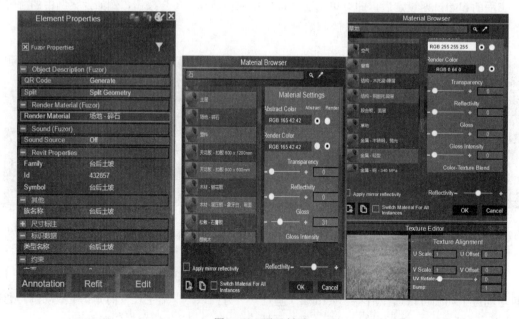

图 13.84　赋予材质

（a）

（b）

图 13.85 通过 "Fly Through" 创建动画

图 13.86 为不同施工段选择不同的飞行视角和停留时间

视频资源 13.16
创建施工进度
动画

视频资源 13.17
桥梁施工动画

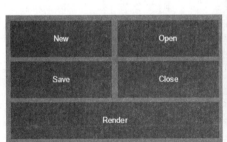

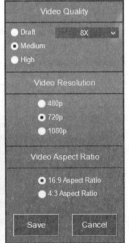

图 13.87 生成施工动画

　　本章介绍了 BIM 技术在道路、水利和桥梁工程中的应用概况，而 BIM 技术可应用于规划、设计、施工和运维等全寿命周期各阶段，目前已经在土建工程领域有了 BIM 7D 的应用案例并且还将不断发展。BIM 技术在我国的道路和水利等工程应用还不够广泛，本书也只简略地介绍了 BIM 技术的基本应用，旨在通过对本书的阅读学习，激发大家对 BIM 技术的不断探索与钻研，进一步促进新技术的发展和推广应用。

本 章 习 题

一、论述题

1. BIM 技术在道路工程中的应用特点和现状。

2. BIM 技术在水利工程中的应用特点和现状。

二、填空题

1. 在 Revit 软件中，其默认单位是＿＿＿＿＿；在 Civil 3D 软件中，其默认单位是＿＿＿＿＿。

2. 在 Civil 3D 的部件编辑器软件中，地形曲面属于"＿＿＿＿＿＿＿＿＿＿＿"目标参数。

三、多项选择题

1. 在创建道路模型之前，应先创建（　　）。

A. 路线　　　　　　　　B. 纵断面　　　　　　　　C. 装配　　　　　　　　D. 目标曲面

2. 下列关于 Fuzor 软件的说法正确的是（　　）。

A. 对大于 5GB 的 Revit 文件，Fuzor 可以为其提供非常快速的模型可视化支持

B. Fuzor 支持大部分的设备，允许它们在许多不同的环境和工作流程上工作

C. Fuzor 可以把文件打包为一个 EXE 的可执行文件，供其他没有安装 Fuzor 的人员查看及审阅

D. Fuzor 软件可创建四种渲染模式：素描、现实、一致、抽象

参 考 文 献

[1] 蒋允静. 计算机绘图——AutoCAD 2009[M]. 北京：中国水利水电出版社，2011.

[2] 孙海波，姚新港. AutoCAD 2016 使用教程[M]. 北京：机械工业出版社，2016.

[3] 陶冶，邵立康，樊宁，等. 全国大学生先进成图技术与产品信息建模创新大赛命题解答汇编（1～10 届）（机械类与建筑类）[M]. 北京：中国农业大学出版社，2018.

[4] 邵立康，陶冶，樊宁，等. 全国大学生先进成图技术与产品信息建模创新大赛命题解答汇编（1～11 届）（机械类、水利类与道桥类）[M]. 北京：中国农业大学出版社，2019.

[5] 邵立康，陶冶，樊宁，等. 全国大学生先进成图技术与产品信息建模创新大赛第 12、13 届命题解答汇编[M]. 北京：中国农业大学出版社，2021.

[6] 郭进保. 中文版 Revit 2016 建筑模型设计[M]. 北京：清华大学出版社，2016.

[7] 罗嘉祥，宋姗，田宏钧. Autodesk Revit 炼金术——Dynamo 基础实战教程[M]. 上海：同济大学出版社，2017.